高等院校"互联网+"系列精品教材

自动生产线技术应用

主编　许红艳　徐永乐
副主编　钟金　王伟　付雯　王晋陶

电子工业出版社
Publishing House of Electronics Industry
北京·BEIJING

内 容 简 介

本书按照教育部新的职业教育教学改革要求,以培养自动生产线的岗位技能为核心进行编写,注重专业综合技术的应用和工程实践能力的提高,主要内容包括:认识自动生产线、供料站安装与调试、加工站安装与调试、装配站安装与调试、分拣站系统安装与调试、输送站系统调试,以及整机运行等。本书的内容体系完整典型、结构清晰、图文并茂,易于学生学习和理解。

本书为高等职业本专科院校相应课程的教材,也可作为开放大学、成人教育、中职学校及培训班的教材,以及自动化工程技术人员的参考用书。

本书配有免费的微课视频、电子教学课件、习题参考答案等教学资源,详见前言。

未经许可,不得以任何方式复制或抄袭本书之部分或全部内容。
版权所有,侵权必究。

图书在版编目(CIP)数据

自动生产线技术应用 / 许红艳,徐永乐主编. —北京:电子工业出版社,2021.8
高等院校"互联网+"系列精品教材
ISBN 978-7-121-41750-4

Ⅰ. ①自… Ⅱ. ①许… ②徐… Ⅲ. ①自动生产线-高等学校-教材 Ⅳ. ①TP278

中国版本图书馆 CIP 数据核字(2021)第 159418 号

责任编辑:陈健德(E-mail:chenjd@phei.com.cn)
印　　刷:涿州市京南印刷厂
装　　订:涿州市京南印刷厂
出版发行:电子工业出版社
　　　　　北京市海淀区万寿路 173 信箱　邮编 100036
开　　本:787×1 092　1/16　印张:12.25　字数:313.6 千字
版　　次:2021 年 8 月第 1 版
印　　次:2025 年 10 月第 7 次印刷
定　　价:49.00 元

凡所购买电子工业出版社图书有缺损问题,请向购买书店调换。若书店售缺,请与本社发行部联系,联系及邮购电话:(010)88254888,88258888。

质量投诉请发邮件至 zlts@phei.com.cn,盗版侵权举报请发邮件至 dbqq@phei.com.cn。
本书咨询联系方式:chenjd@phei.com.cn。

前 言

"自动生产线技术"是高等职业本专科院校自动化类、机电设备类等多个专业的一门综合性实践课程。本课程的目的是培养学生对自动生产线设备的现场安装和调试能力，使其具备改进自动生产线技术的能力；培养学生对自动生产线设备现场基本故障的诊断和确定故障原因并排除故障的能力，使其具备设备管理和维护的能力。

本书面向应用，突出技能，理论部分简明实用，应用部分详实操作性强，力求使整体教学过程围绕自动生产线的核心技术技能展开；以"YL-335B型自动生产线实训考核装置"为载体，基于工作过程组织教学内容，强调专业综合技术应用，注重工程实践能力提高；各单元可以独立运行，可以根据任务要求任意组合，也可以联机运行，教学内容灵活性强，能培养学生的创新能力，提高学生的学习积极性；体系完整，结构清晰、内容典型、图文并茂，更易于学生学习理解。

本书主要内容分为6个项目，包括：供料站安装与调试、加工站安装与调试、装配站安装与调试、分拣站系统安装与调试、输送站系统调试，以及整机运行。为了满足不同层次学生的要求，本书按由浅入深的方式安排教学内容，前5个项目是基本专业知识和基本技能实训，最后一个项目难度稍大，对学生综合能力要求较高，旨在拓展知识面。

本书由许红艳、徐永乐任主编，钟金、王伟、付雯、王晋陶任副主编。此外，杨靖、刘刚、陆祝琴，以及企业专家王仕海和陆钦锋对本书的编写提出了大量宝贵建议，在此一并表示衷心感谢！

由于作者水平及时间有限，书中难免存在不足和缺陷，敬请读者批评指正！

为了方便教师教学，本书配有免费的微课视频、电子教学课件、习题参考答案等教学资源，请有此需要的教师扫一扫书中二维码进行阅览或登录华信教育资源网（http://www.hxedu.com.cn）注册后免费下载，如有疑问，请在网站留言或与电子工业出版社联系（E-mail:hxedu@phei.com.cn）。

编　者

目 录

绪论 ·· 1
    课后习题 0 ·· 14

项目 1 供料站安装与调试 ·· 15
    任务 1.1 供料站机械部件安装与调整 ·· 15
        1.1.1 供料站机械部件的功能 ··· 15
        1.1.2 知识点链接 ·· 17
            1．双作用气缸 ··· 17
            2．单作用气缸 ··· 17
            3．单向节流阀 ··· 17
        1.1.3 机械部件安装 ·· 19
    任务 1.2 完成供料站电路设计及接线 ·· 21
        1.2.1 任务描述 ·· 21
        1.2.2 知识点链接 ·· 21
            1．传感器 ·· 21
            2．PLC 控制系统 ·· 25
        1.2.3 供料站电路设计 ··· 28
        1.2.4 供料站电路连接 ··· 29
        1.2.5 供料站接线测试 ··· 29
    任务 1.3 编制供料站程序并调试 ·· 30
        1.3.1 供料站控制要求 ··· 30
        1.3.2 供料站单站控制的编程思路 ··· 30
        1.3.3 调试与运行 ·· 31
        1.3.4 供料站参考程序 ··· 31
    总结与思考 1 ·· 36
    课后习题 1 ··· 37

项目 2 加工站安装与调试 ·· 39
    任务 2.1 加工站机械部件安装与调整 ·· 39
        2.1.1 加工站机械部件的功能 ··· 39
        2.1.2 知识点链接 ·· 40
            1．加工台及滑动机构 ·· 40
            2．加工（冲压）机构 ·· 40
            3．直线导轨 ··· 41
            4．薄型气缸 ··· 41
            5．气动手爪 ··· 42

                2.1.3 机械部件安装 ··· 42
    任务 2.2 完成加工站电路设计及接线 ··· 45
        2.2.1 任务描述 ··· 45
        2.2.2 加工站电路设计 ··· 45
        2.2.3 加工站电路连接 ··· 46
        2.2.4 加工站接线测试 ··· 46
    任务 2.3 编制加工站程序并调试 ··· 47
        2.3.1 加工站控制要求 ··· 47
        2.3.2 加工站单站控制的编程思路 ··· 48
        2.3.3 调试与运行 ··· 48
        2.3.4 加工站参考程序 ··· 49
        2.3.5 加工站 PLC 符号表 ··· 53
    总结与思考 2 ··· 54
    课后习题 2 ··· 54

项目 3 装配站安装与调试 ··· 57
    任务 3.1 装配站机械部件安装与调整 ··· 57
        3.1.1 装配站机械部件的功能 ··· 57
        3.1.2 知识点链接 ··· 57
            1. 管形料仓 ··· 57
            2. 落料机构 ··· 58
            3. 回转台 ··· 58
            4. 装配机械手 ··· 59
            5. 装配台料斗 ··· 59
            6. 气动摆台 ··· 60
            7. 导向气缸 ··· 60
        3.1.3 机械部件安装 ··· 61
    任务 3.2 完成装配站电路设计及接线 ··· 63
        3.2.1 任务描述 ··· 63
        3.2.2 知识点链接 ··· 63
            1. 光纤传感器 ··· 63
            2. 警示灯 ··· 64
        3.2.3 装配站电路设计 ··· 64
        3.2.4 装配站电路连接 ··· 65
        3.2.5 装配站接线测试 ··· 66
    任务 3.3 编制装配站程序并调试 ··· 67
        3.3.1 装配站控制要求 ··· 67
        3.3.2 装配站单站控制的编程思路 ··· 67
        3.3.3 调试与运行 ··· 68

    3.3.4 装配站参考程序 ··· 69
    3.3.5 装配站 PLC 符号表 ··· 78
 总结与思考 3 ··· 79
 课后习题 3 ··· 79

项目 4 分拣站系统安装与调试 ··· 82
 任务 4.1 分拣站机械部件安装与调整 ·· 82
   4.1.1 分拣站机械部件的功能 ·· 82
   4.1.2 知识点链接 ·· 83
    1．直流电动机 ·· 83
    2．交流电动机 ·· 85
    3．变频器的作用与分类 ·· 88
   4.1.3 机械部件安装 ··· 91
 任务 4.2 完成分拣站电路设计及接线 ·· 93
   4.2.1 任务描述 ··· 93
   4.2.2 知识点链接 ·· 93
    1．旋转编码器 ·· 93
    2．西门子 MM420 变频器 ·· 95
    3．MM420 变频器的接线 ··· 95
    4．MM420 变频器的操作面板 ··· 97
    5．用操作面板修改设置参数 ··· 98
    6．变频器主要参数运行与操作 ·· 98
    7．变频器的外部运行操作 ·· 100
    8．变频器的模拟信号操作控制 ·· 101
    9．变频器的多段速运行操作 ··· 103
   4.2.3 分拣站 PLC 系统接线 ·· 104
   4.2.4 分拣站接线测试 ··· 106
 任务 4.3 编制分拣站程序并调试 ·· 107
   4.3.1 分拣站单站运行工作要求 ··· 107
   4.3.2 分拣站单站控制编程思路 ··· 108
   4.3.3 PLC 高速计数器 ··· 108
   4.3.4 分拣站参考程序 ··· 112
 课后习题 4 ··· 117

项目 5 输送站系统调试 ·· 119
 任务 5.1 输送站机械部件安装与调整 ·· 119
   5.1.1 输送站机械部件的功能 ·· 119
   5.1.2 知识点链接 ·· 120
    1．步进电动机工作原理与选择 ·· 120
    2．步进电动机驱动器 ·· 124

• VII •

5.1.3 机械部件的组成与安装 ·· 126
任务 5.2 输送站电路设计及电路连接 ·· 129
　　5.2.1 任务描述 ·· 129
　　5.2.2 知识点链接 ··· 130
　　　　1. 伺服电动机工作原理 ··· 130
　　　　2. 伺服驱动器与控制系统 ·· 131
　　5.2.3 PLC 的脉冲输出功能及位置控制编程 ································ 135
任务 5.3 编制输送站程序并调试 ·· 148
　　5.3.1 输送站控制要求 ··· 148
　　5.3.2 主程序编写的思路 ·· 148
　　5.3.3 输送站参考程序 ··· 149
课后习题 5 ··· 164

项目 6　整机运行 ··· 167

任务 6.1 整体控制的网络组建 ·· 167
　　6.1.1 西门子 PPI 通信 ··· 167
　　6.1.2 PPI 通信网络的安装与连接 ·· 168
　　6.1.3 组态 PPI 通信网络 ·· 168
任务 6.2 网络组态 ··· 170
　　6.2.1 数据规划 ·· 170
　　6.2.2 组态过程 ·· 171
任务 6.3 编制整机运行程序 ··· 174
　　6.3.1 任务描述 ·· 174
　　6.3.2 知识点链接 ··· 178
　　　　1. 认知 TPC7062KS 人机界面 ··· 178
　　　　2. TPC7062KS 人机界面的硬件连接 ·································· 179
　　6.3.3 触摸屏用户界面设计 ··· 182
　　6.3.4 程序编制及调试 ··· 183
课后习题 6 ··· 185

参考文献 ·· 187

绪　　论

1. 认识自动生产线

1) 常见的自动生产线

扫一扫看本课程和实训平台介绍教学课件

扫一扫看本课程和实训平台介绍微视频

自20世纪80年代起，许多工厂和企业开始采用计算机进行管理，从而进入工厂自动化时代。自动生产线（也称为自动化生产线）作为核心组件将机械工程与电子工程融为一体，兼顾了制造业高速度、高性能与高经济性的要求，并迅速得到普及，翻开了现代工业自动化的新篇章。可以说，自动生产线是现代工业的生命线，机械制造、电子信息、石油化工、轻工纺织、食品制药、汽车生产以及军工领域等现代化工业的发展都离不开自动生产线的主导和支撑作用，其对整个工业及其他领域都有着重要的地位和作用。

自动生产线既然可以用在那么多的领域，那它究竟是什么装置呢？实际上，自动生产线由基本工艺设备及各种辅助装置、控制系统和工件传输系统组成，且由于产品或零件的具体情况、工艺要求、工艺过程、生产率要求和自动化程度等因素不同，其结构及复杂程度往往有很大差别。按照结构特点，可将自动生产线分为通用设备自动生产线、专用设备自动生产线、无储料装置自动生产线和有储料装置自动生产线等，它们都是在流水线和自动化专机的功能基础上逐渐发展形成的自动工作的机电一体化的装置系统。自动生产线通过自动化输送及其他辅助装置，按照特定的生产流程，将各种自动化专机连接成一体，并通过气动、液压、电动机、传感器和电气控制系统使各部分的动作联系起来，整个系统按照规定的程序，实现自动工作，连续、稳定地生产出符合技术要求的特定产品。

图0-1为方便面自动生产线，主要完成混合、压延、切丝、蒸煮、淋汁、切断、油炸、冷却、充填、包装等生产过程，全程采用PLC程序控制技术，提高了劳动生产率，降低了损耗和产品成本。

图0-2为汽车整车装配自动生产线。一般来说，一个完整的汽车生产厂家都拥有四大生产工艺，即冲压、焊接、涂装、总装。由于各个工艺环节都采用了自动化设备，因此在工作效率、质量与安全性方面比人工操作都有很大提高。

自动生产线技术应用

图 0-1　方便面自动生产线

图 0-2　汽车整车装配自动生产线

图 0-3 为组合机床和自动生产线。组合机床和自动生产线作为机电一体化产品，是控制、驱动、测量、监控、刀具和机械组件等技术的综合反映，是一种专用高效自动化技术装备，因而被广泛应用于汽车、拖拉机、内燃机和压缩机等许多工业生产领域。显然，在大批量生产的机械工业企业，大量采用了组合机床和自动生产线。

(a) 桑塔纳轿车发动机自动生产线

(b) 捷达轿车离合器自动生产线

(c) 上海通用汽车组装自动生产线

(d) 某轴承数控加工自动生产线

图 0-3　组合机床和自动生产线

图 0-4 为正泰公司的塑壳式断路器自动生产线，包括：自动上料、自动铆接、五次通电检查、瞬时特性检查、延时特性检查、自动打标等工序，采用 PLC 控制，每道工序都有独立的控制、声光报警等功能，采用网络技术将生产线构成一个完善的网络系统。

图 0-5 为蒙牛公司的自动生产线，主要完成上料、灌装、封口、检测、打标、包装、码垛等几个生产过程，实现了集约化大规模生产的要求。

绪 论

图0-4　正泰公司的塑壳式断路器自动生产线　　　图0-5　蒙牛公司的自动生产线

图0-6为烟草自动生产线。该生产线引入了工业网络，是制丝生产、卷烟生产、包装成品等一体化的全过程自动化系统；通过采用先进的计算机技术、控制技术、自动化技术、信息技术，集成工厂自动化设备，对卷烟生产全过程实施控制、调度、监控。同时，该生产线充分应用了工控机、变频器、人机界面、PLC、智能机器人等自动化产品。

图0-7为某电子产品生产企业的自动化焊接生产线，包括丝印、贴装、固化、回流焊接、清洗、检测等工序单元。该生产线每个工序单元都有相应独立的控制与执行等功能；通过工业网络技术构成了一个完整的工业网络系统，确保整条生产线高效有序地运行，实现了大规模的自动化生产控制与管理。

图0-6　某企业的烟草自动生产线　　　图0-7　某企业的电子产品自动化焊接生产线

以上自动生产线都是在流水线的基础上发展起来的。具有自动控制功能的流水线不仅要求线体上各机械加工装置能自动地完成预定的工序及工艺过程，而且要求装卸工件、定位夹紧工件、输送工件、分拣工件，甚至成品的包装等都能自动地进行。一般地，我们将按照规定的程序自动地完成多道工序的机电一体化系统称为自动生产线。自动生产线能将各个部分的动作联系起来，完成预定的生产加工任务。

2）自动生产线的概念

生产线指产品生产过程所经过的路线，即从原料进入生产现场开始，经过加工、运

送、装配、检验等一系列生产活动所构成的路线。生产线按范围大小分为产品生产线和零部件生产线，按节奏快慢分为流水生产线和非流水生产线，按自动化程度高低分为自动化生产线和非自动化生产线。

自动化生产线简称自动生产线或自动线，是在连续流水线基础上进一步发展形成的，是一种先进的生产组织形式，由工件传送系统和控制系统组成，能实现产品生产过程自动化的一种机器体系。即通过采用一套能自动进行加工、检测、装卸、运输的机器设备，组成高度连续的、完全自动化的生产线，来实现产品的生产。

自动生产线的自动执行装置（包括各种执行器件、机构，如电动机、电磁铁、电磁阀、气动、液压装置等），经各种检测装置（包括各种检测器件，如传感器、仪表等）检测工作进程、工作状态，接收逻辑、数学运算、判断得出的指令，按生产工艺要求的程序，自动进行生产作业。

自动生产线的任务就是实现自动生产。为实现这一任务，自动生产线综合应用机械技术、控制技术、传感器技术、驱动技术、工业网络控制技术等，通过一些辅助装置按照工艺顺序将各种机械加工装置连成一体，并控制气动、液动、电动系统各部件协调地工作，完成预定的生产过程。

3）自动生产线的特点

自动生产线在不同的领域有着不同的生产需要，并根据不同的生产需要来优化整体设备，它虽然是源于传统的流水生产线，但功效远远优于传统的流水生产线。自动生产线的主要特点是有非常高的自动化控制技术，还有传统的流水生产线所没有的紧密的生产节奏，它是一个统一的自动控制系统，其工作要按照规定的工序来完成，具有较高的自动化程度。自动生产线融合了检测、传输、信息处理、自动控制、执行、驱动等多方面的技术。自动生产线的产品对象通常固定不变，或在较小范围内变化，而且在改变品种时要花费许多时间进行人工调整。此外，自动生产线的初始投资较多。自动生产线的综合性和系统性如图0-8所示。

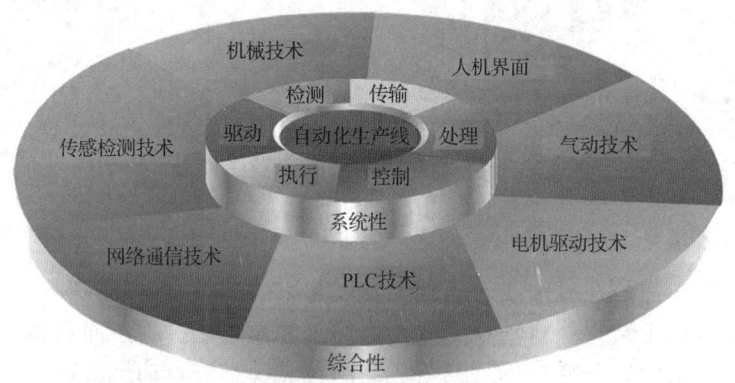

图0-8 自动生产线的综合性和系统性

4）自动生产线的功能

由于生产的产品不同，各种类型的自动生产线的大小不一、结构有别、功能各异。一般来说，自动生产线可以分为5个部分：机械本体部分、检测及传感器部分、控制部分、

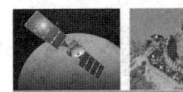

执行机构部分、动力源部分。从功能上来看，不论何种类型的自动生产线都应具备最基本的 4 个功能：运转功能、控制功能、检测功能和驱动功能。

运转功能依靠动力源来提供。控制功能是由微型计算机、单片机、可编程控制器或其他一些电子装置来完成的。在工作过程中，设在各部位的传感器把信号检测出来，控制装置对信号进行存储、运输、运算、变换等，然后用相应的接口电路向执行机构发出命令，完成必要的动作。检测功能主要由位置传感器、直线位移传感器、角位移传感器等各种传感器来实现。传感器收集生产线上的各种信息，如位置、温度、压力、流量等，传递给信息处理部分完成控制作用。驱动功能主要由电动机、液压缸、气压缸、电磁阀、机械手或机器人等执行机构来完成。整个自动生产线的主体是机械部分。

2. 自动生产线的发展历史及趋势

1）我国自动生产线的发展历史

（1）20 世纪 60 年代以前

需求动力：市场竞争，资源利用，减轻劳动强度，提高产品质量，适应批量生产需要。主要特点：此阶段主要为单机自动化阶段，各种单机自动化加工设备出现，并不断扩大应用和向纵深方向发展。

自动化专机是单台的自动化设备，它的功能是有限的，只能完成产品生产过程的某一或是少量工序，而且完成后还需要人工将完成的半成品传递给其他专机进行下一工序的操作，场地利用率低，生产成本高。

（2）20 世纪 60 年代中期至 70 年代初期

需求动力：市场竞争加剧，要求产品更新快、产品质量高，并适应大中批量生产需要和减轻劳动强度。主要特点：此阶段主要以自动生产线为标志，即在单机自动化的基础上，出现了各种组合机床、组合生产线。此时生产线的出现，使自动化专机不仅能完成产品的单一工序，还可以将产品的生产中所有的工序都在同一设备上进行，既可以有效地利用生产场地，又可以大大地提高生产效率，同时为企业节约生产成本。

（3）20 世纪 70 年代中期至今

需求动力：市场环境的变化，使多品种、中小批量生产的普遍性问题愈发严重，要求自动化技术向其广度和深度发展，与各方面相关技术高度融合，发挥整体最佳效能。主要特点：将产品生产所需要的一系列不同的自动化专机按照生产工序的先后次序排列，然后通过自动化输送系统将全部专机连接起来，可以省去专机之间的人工参与过程。产品的生产流程是由一台专机完成相应工序操作后，经过输送系统将已经完成的半成品及生产过程信息传送到下一台专机继续进行新的工序操作，直到完成所有的生产工序为止。这样不仅可以减少整个生产过程中所需要的人力、物力，还大大地提高了场地利用率、生产效率，降低了生产成本，产品质量也得到了保障。

自动生产线是在流水线和自动化专机的基础上逐渐发展形成的。它通过自动化输送系统及其他辅助装置，按照特定的生产流程，将各种自动化专机连接成一体，并通过气动、液压、电动机、传感器和电气控制系统使各部分联合动作，整个系统按照规定的程序自动地运行，连续稳定地生产出符合技术要求的产品。

随着多学科技术领域的发展，现阶段的自动生产线涉及多种技术：PLC 技术，传感技

术，液压和气压传动技术，机械手、机器人技术，网络技术。这些技术的发展也使自动生产线逐步发展、逐步完善，具体介绍如下。

① PLC 技术。一种以顺序控制为主、回路调节为辅的工业控制技术。不仅能完成逻辑判断、定时、计数、记忆和算术运算等功能，而且能大规模地控制开关量和模拟量。PLC 替代了大部分传统的顺序控制，如继电器逻辑控制等，并广泛应用于自动生产线的控制。

② 传感技术。从自然信源获取信息，并对其进行处理（变换）和识别。

③ 液压和气压传动技术。特别是气压传动技术，采用空气作为介质，具有传动反应快、动作迅速、气动元件制作容易、成本小和便于集中供应和长距离传输等优点，在自动生产线中得到迅速发展和广泛的应用。

④ 机械手、机器人技术。机械手在自动生产线中的装卸工件、定位夹紧、工件在工序间的输送、加工余料的排除、加工操作、包装等部分得到广泛使用。目前研制的智能机器人不但具有运动操作功能，还有视觉、听觉、触觉等感觉的辨别能力。具有判断、决策能力的机器人已逐渐应用到自动生产线中。

⑤ 网络技术。网络技术的飞速发展，使得自动生产线中的各个控制单元构成一个协调运转的整体。

2）自动生产线的发展趋势

自第三次工业革命后，全球化分工使生产要素加速流动和配置，市场风向变化和产品个性化的需求对企业反应时间和柔性化能力提出了更高要求，全球进入了创新密集和产业变革时代。基于此，以物联网和智能制造为主导的第四次工业革命悄然到来。

2011 年，德国在汉诺威工业博览会上提出"工业 4.0"的概念，之后美国也推出工业互联网、互联企业等类似概念。无论是"工业 4.0"还是工业互联网，其主要特征都是智能和物联，而主旨都在于将传统工业生产与现代信息技术相结合，从而提高资源利用率和生产灵活性，增强客户与商业伙伴的紧密度，并提升工业生产的商业价值。

"工业 4.0"的基础是数字化、网络化和集成化。与此相应的是，"工业 4.0"时代的工业自动化将在原有自动化技术和架构下，实现集中式控制向分散式增强型控制的基本模式转变，让设备从传感器到因特网的通信能够无缝对接，从而建立一个高度灵活、个性化和数字化、融合了产品与服务的生产模式。在这种模式下，生产自动化技术可通过自我诊断、自我修正和各种功能软件让设备更加智能，以更好地辅助工人完成生产。因此，要求自动化设备的通信功能和集成能力更强，自动化软件需要具备更强大的分析处理及与企业其他软件系统数据共享的能力。

在自动化层面，统一的控制平台，顺畅的通信网络是基础。而要实现"工业 4.0"，自动化需要在以下 4 个层面进一步拓展。

（1）自动化系统内部的横向连接。通过全集成自动化、集成架构等统一平台将控制、驱动、低压配电等系统深度集成，在单一的编程环境中为可扩展运动和机器控制提供集成的平台。这种集成可减少需要储存的备件数量，而控制平台的开放性则可确保与第三方组件的轻松集成。此外，在每台机器上使用的可视化信息软件需实现标准化处理。

（2）与下层现场传感和数据采集层及上层企业管理系统的纵向连接。从机器运行和能

源使用到变量处理和材料使用,在生产过程的每个环节中,控制器、传感器及其他设备均会产生大量数据。来自生产车间的数据在几年内就会在数量上超过公司产生的业务数据。即便是现在,也有大量的生产数据正在通过现场的 PLC 进行分析。当务之急是将所有来自各工厂运行系统不断剧增的数据与来自业务应用的信息相结合,从而打造运营智能系统,尤其是远程维护解决方案和基于云技术的服务,以应对持续增加的围绕数据分析的服务需求。例如,远程状态监测可以对个别部件的运动进行分析或对整个驱动链实施在线连续监测。

(3)基于开放标准和统一协议的通信网络。若要充分利用智能化网络技术的优势,需要借助统一协议的网络基础设施来实现工厂内所有设备彼此之间的相互通信。未来,网络交换设备将得到更广泛的应用。独立 IP 的应用可以使产品和设备具备可识别的独立身份、便于追踪、定位和监测。此外,标准通信可使更多的数字设备融入生产线网络,如摄像机、RFID 读卡器、数字平板、安全磁卡等,以提高生产管理的精细化程度。

(4)移动技术和虚拟化。目前,在平板电脑或智能手机上可以访问生产数据、业务信息,工厂员工已能够实现"移动"并随时随地访问应用程序。未来,很多情况下需要使用云技术处理和存储来自各地的数据,又要在各地实时地使用这些数据。移动技术让人们变得机动灵活,可以随时随地与任何相关人和事联系,可以与全球同事交流和分享经验、解决业务问题。不管技术专家身在何处,呼叫中心代表都可以实时向其咨询问题,而专家本人也可以随地访问世界上任意地点的设备服务历史以及其他装置的历史,还能够核对工厂更新和其他咨询。例如,很多油井地处分散的偏远地区,过去,技术人员需要奔波于各个油井之间,将数据下载到闪存卡中;现在,可以直接从云端下载数据,远程监视设备和过程,实时生成报告,而不是按天或者按周。

虚拟化技术可以降低对物理服务器和其他硬件的依赖性,同时节约工厂的能源成本;可以改善机器的可靠性,打造低成本、高可靠性的备份解决方案,同时允许操作系统的多个实例在单一硬件设备上运行。新的 DCS 系统已经应用虚拟化服务器实现了更快的处理速度及更低的生命周期成本。

现阶段,上述自动化技术都已投入使用,但大部分公司至今仍在单一地使用其中某一项技术。一旦公司理念趋于成熟,开始接受这些新技术,就能够出现同时应用所有这些技术的局面。目前,在控制层面,新的 PLC、变频器等产品都有标准的网络通信接口,现场设备通过传感器数据采集和联网传输即可实现诊断等智能功能;在信息层面,各种数据库软件、制造执行系统、制造运行管理系统、产品生命周期管理软件等,同企业资源规划解决方案连接起来,可实现数据到信息的转换、辅助商业决策;在分析运营层面,现有的云平台也具备了远程分析优化的基础和经验;在安全层面,业界主流厂商都已与信息安全企业合作推出了实际方案。而未来的挑战主要在于需要在生产工程、机械工程、工艺工程、自动化工程、IT 和互联网领域建立起一个共同认可的问题处理方式和标准。

本书以 YL-335B 型自动生产线实训考核装置(下称 YL-335B 自动生产线)为载体,介绍自动生产线技术相关知识与操作技能。

3. 认识亚龙 YL-335B 自动生产线

1)YL-335B 自动生产线的基本组成

亚龙 YL-335B 自动生产线由安装在铝合金导轨式实训台上的送料单元、加工单元、装配单元、输送单元和分拣单元组成，其外观如图0-9所示。

每一工作单元既可自成一个独立的系统，同时又共同构成一个机电一体化系统。各个单元的执行机构基本以气动执行机构为主，但输送单元的机械手装置则采取步进电动机驱动、精密定位的位置控制，该驱动系统具有长行程、多定位点的特点，是一个典型的一维位置控制系统。分拣单元的传送带的驱动则采用了通用变频器驱动三相交流异步电动机的传动装置。位置控制和变频器技术是现代工业应用最为广泛的电气控制技术。

图0-9　YL-335B自动生产线

在YL-335B设备上应用了多种类型的传感器，分别用于判断物体的运动位置、物体通过的状态、物体的颜色及材质等。传感器技术是机电一体化装备应用技术中的关键技术之一，也是现代工业实现高度自动化的前提之一。

在控制方面，YL-335B自动生产线采用基于RS-485串行通信的PLC网络控制方案，即每一工作单元由一台PLC承担其控制任务、各PLC之间通过RS-485串行通信实现互连的分布式控制方式。用户可根据需要选择不同厂家的PLC及其所支持的RS-485通信模式，组建成一个小型的PLC网络。小型PLC网络以其结构简单、价格低廉的特点在小型自动生产线上有着广泛的应用，在现代工业网络通信中仍占据相当的份额。另一方面，掌握基于RS-485串行通信的PLC网络技术，将为进一步学习现场总线技术、工业以太网技术等打下基础。

2）YL-335B自动生产线的基本功能

YL-335B自动生产线各工作单元在实训台上的分布情况如图0-10的所示。

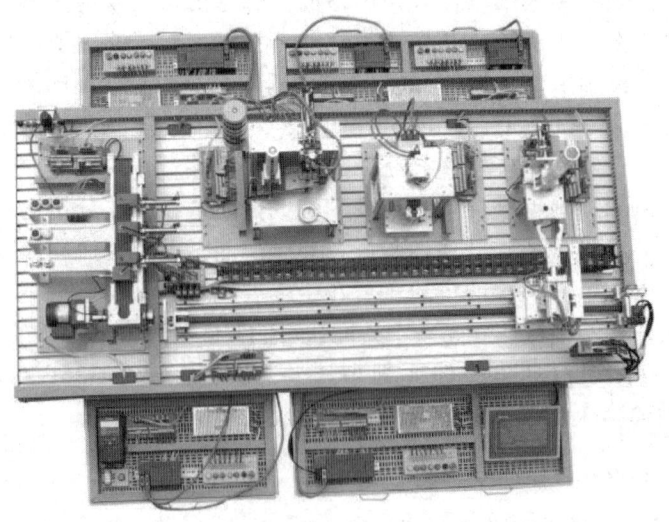

图0-10　YL-335B自动生产线各工作单元在实训台上的分布情况

各个单元的基本功能如下。

（1）供料单元：YL-335B 自动生产线中的供料单元（也称供料站），主要由工件库、金属传感器、气缸、物料台、光电传感器等组成，如图 0-11 所示。基本功能：向系统中的其他单元提供原料，即按照需要将放置在料仓中的待加工工件（原料）自动地推出到物料台上，以便输送单元的机械手将其抓取，输送到其他单元上。

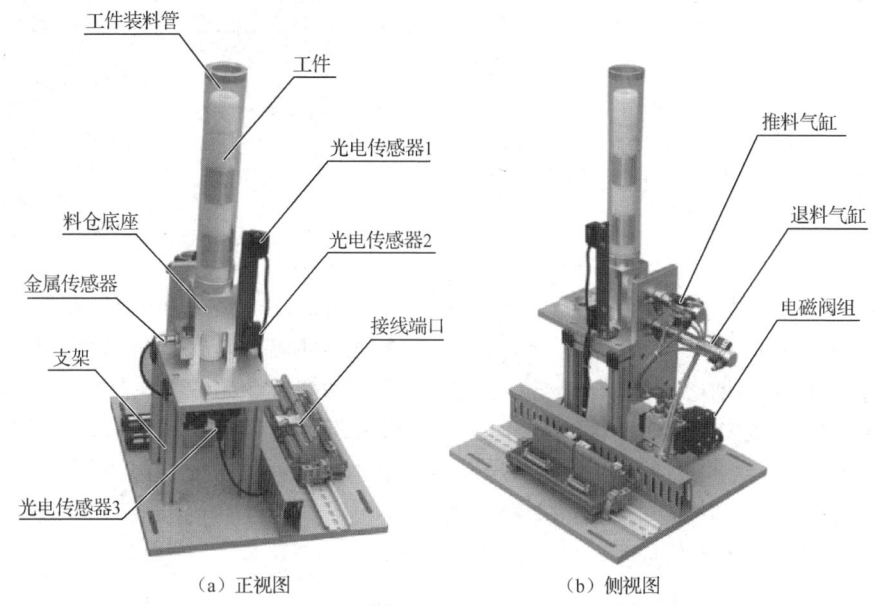

图 0-11　YL-335B 自动生产线的供料单元

（2）加工单元：YL-335B 自动生产线的加工单元（也称加工站），包括工件搬运和工件加工装置，配置有气缸、传感器、夹紧装置、导轨等，如图 0-12 所示。基本功能：把该单元物料台上的工件（工件由输送单元的抓取机械手装置输送）送到冲压机构下面，完成一次冲压加工动作，然后再送回到物料台上，待输送单元的抓取机械手装置取出。

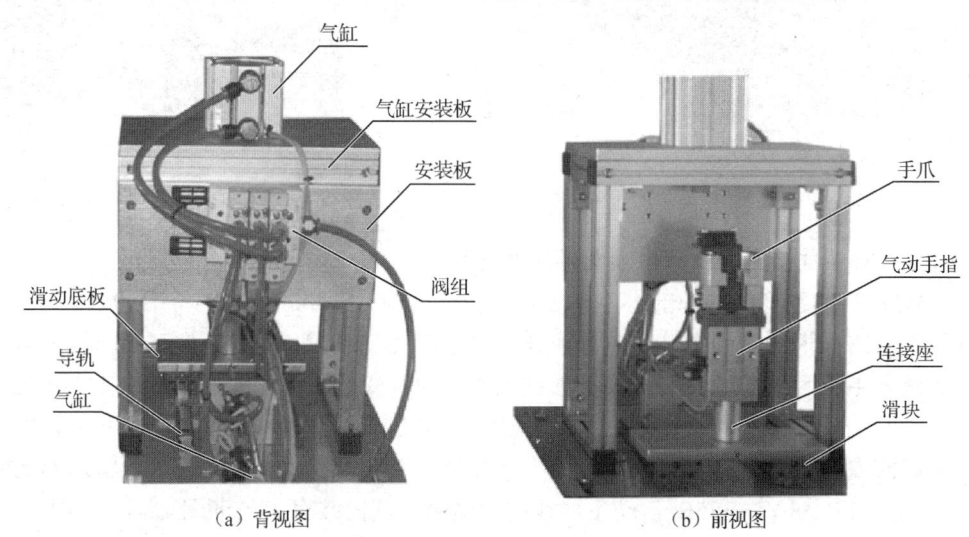

图 0-12　YL-335B 自动生产线的加工单元

（3）装配单元：YL-335B 自动生产线的装配单元（也称装配站）包括装配工件库和装配工件搬运装置，配置有工件库、摆台、传感器、气动手抓、直线气缸、传感器等，如图 0-13 所示。基本功能：把该单元料仓内的黑色或白色小圆柱工件嵌入到已加工的工件中。

（4）分拣单元：YL-335B 自动生产线的分拣单元（也称分拣站）包括皮带输送线和成品分拣装置，配置有直线皮带输送线、气缸、传感器、电动机、编码器等，如图 0-14 所示。基本功能：完成将上一单元送来的已加工、装配的工件进行分拣，使不同颜色的工件从不同的料槽分流。

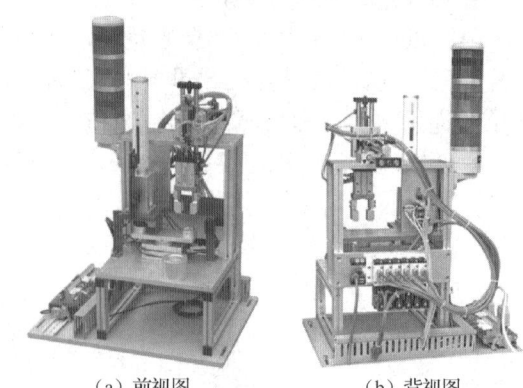

图 0-13　YL-335B 自动生产线的装配单元

（5）输送单元：YL-335B 自动生产线的输送单元（也称输送站）包括直线移动和工件取送装置，配置有驱动电动机、气动手指、气缸、气动摆台、磁性开关等，如图 0-15 所示。直线运动传动机构的驱动器可采用伺服电动机或步进电动机，视实训目的要求而定。YL-335B 自动生产线的标准配置为伺服电动机。基本功能：该单元通过直线运动传动机构驱动抓取机械手装置到指定单元的物料台上精确定位，并在该物料台上抓取工件，把抓取到的工件输送到指定地点后放下，实现传送工件的功能。

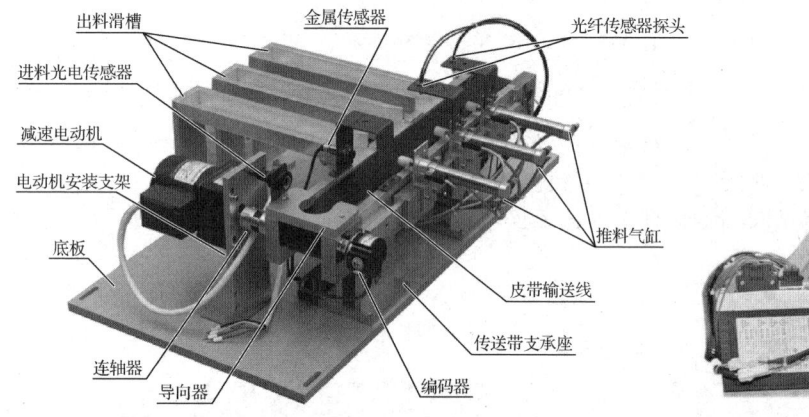

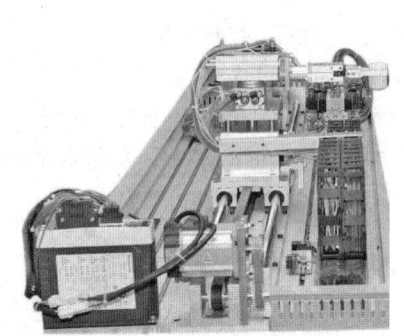

图 0-14　YL-335B 自动生产线的分拣单元　　　图 0-15　YL-335B 自动生产线的输送单元

3）YL-335B 自动生产线的供电电源及电气控制

YL-335B 自动生产线的外部供电电源为三相五线制 AC 380 V/220 V，图 0-16 为供电电源模块一次回路原理图。图中，总电源控制开关选用 DZ47LE-32/C32 型三相四线漏电保护开关。系统各主要负载通过自动开关单独供电。其中，变频器电源通过 DZ47C16/3P 三相断路器（自动开关）供电；各工作站 PLC 均采用 DZ47C5/2P 单相断路器（自动开关）供电。此外，系统配置 4 台 DC 24 V 6 A 开关稳压电源分别用作供料、加工、分拣、输送单元的直流电源。图 0-17 为 YL-335B 自动生产线的配电箱，其内共有 9 个断路器，分别用于总电源控制、变频器电源控制、伺服控制器电源控制、分拣站电源控制、装配站电源控制、加

工/供料开关电源控制、加工站 PLC 电源控制、输送站电源控制、供料站 PLC 电源控制。

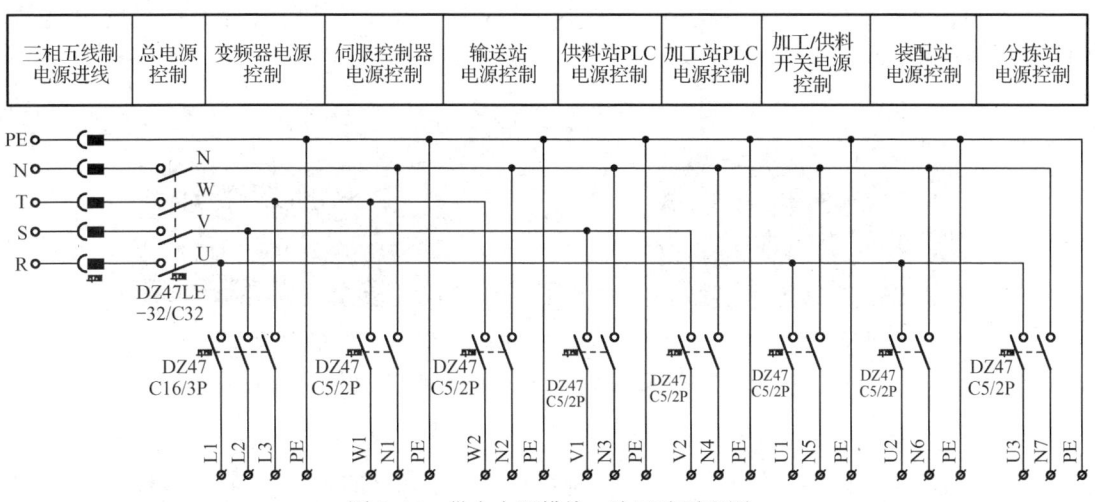

图 0-16 供电电源模块一次回路原理图

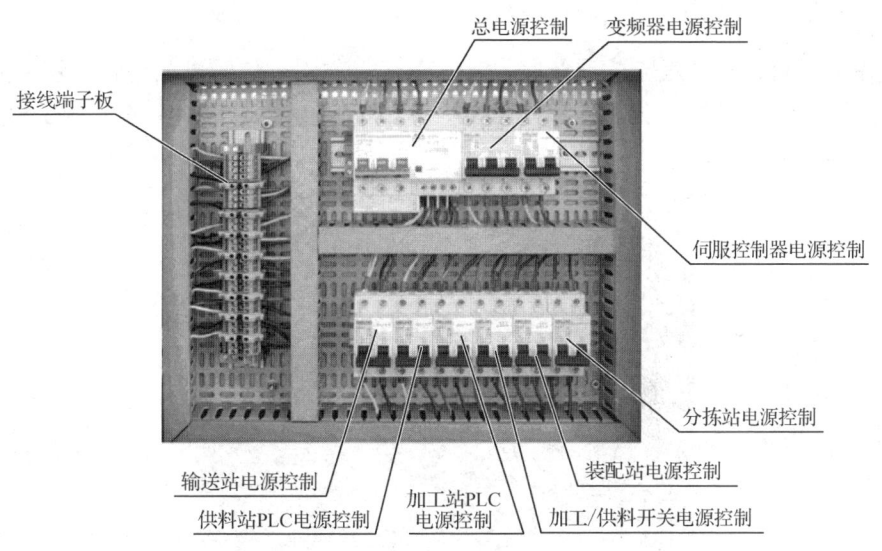

图 0-17 YL-335B 自动生产线的配电箱

4）YL-335B 自动生产线工作单元的结构特点

YL-335B 设备中各工作单元的结构特点是机械装置和 PLC 控制部分的相对分离。每一工作单元的机械装置整体安装在底板上，而控制工作单元生产过程的 PLC 控制装置则安装在工作台两侧的抽屉板上。因此，工作单元的机械装置与 PLC 控制装置之间的信息交换是一个关键的问题。YL-335B 自动生产线的解决方案是：机械装置上的各电磁阀和传感器的引线均连接到装置侧的接线端口。PLC 的 I/O 引出线则连接到 PLC 控制装置侧的接线端口。两个接线端口间通过多芯信号电缆互连。图 0-18 为机械装置侧的接线端口和 PLC 控制装置侧的接线端口。

机械装置侧的接线端口的接线端子采用三层结构，上层端子用以连接 DC 24 V 电源的 +24 V 端，底层端子用以连接 DC 24 V 电源的 0 V 端，中间层端子用以连接各路信号线。

PLC 控制装置侧的接线端口的接线端子采用两层结构，上层端子用以连接各路信号线，其端子号与机械装置侧的接线端口的中层接线端子相对应。底层端子用以连接 DC 24 V 电源的+24 V 端和 0 V 端。

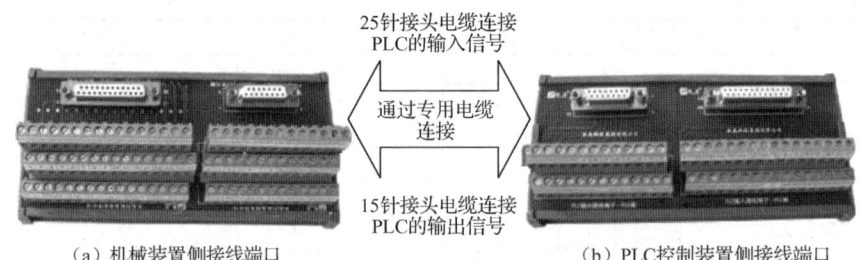

（a）机械装置侧接线端口　　　　　　　　（b）PLC控制装置侧接线端口

图 0-18　机械装置侧接线端口和 PLC 控制装置侧接线端口

5）YL-335B 自动生产线的控制系统

YL-335B 自动生产线的每一工作单元都可自成一个独立的系统，同时也可以通过网络互连共同构成一个分布式的控制系统。

（1）按钮/指示灯模块

当工作单元自成一个独立的系统时，其设备运行的主令信号以及运行过程中的状态显示信号，来源于该工作单元按钮/指示灯模块，如图 0-19 所示。模块上的指示灯和按钮的引脚全部连接到端子排上。

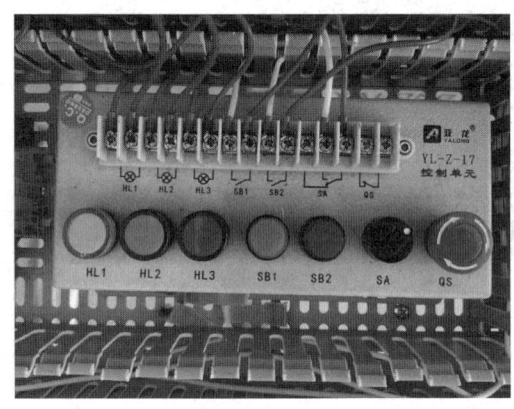

图 0-19　按钮/指示灯模块

按钮/指示灯模块的器件包括：

① 指示灯（DC 24 V）：黄色（HL1）、绿色（HL2）、红色（HL3）各一只。

② 主令器件：绿色常开按钮 SB1 一只，红色常开按钮 SB2 一只，一个选择开关 SA（一对转换触点），一个急停按钮 QS（一个常闭触点）。

（2）网络分布

当各工作单元通过网络互连构成一个分布式的控制系统时，对于采用西门子 S7-200 系列 PLC 的设备，YL-335B 自动生产线的标准配置是采用 PPI 协议的通信方式。图 0-20 为 YL-335B 自动生产线的 PPI 网络图。

各工作站 PLC 的配置如下。

① 输送站：S7-226 DC/DC/DC 主站，共 24 点输入、6 点晶体管输出。
② 供料站：S7-224 AC/DC/RLY 从站 1，共 14 点输入、10 点继电器输出。
③ 加工站：S7-224 AC/DC/RLY 从站 2，共 14 点输入、10 点继电器输出。
④ 装配站：S7-226 AC/DC/RLY 从站 3，共 24 点输入、16 点继电器输出。
⑤ 分拣站：S7-224 AC/DC/RLY 从站 4，共 14 点输入、10 点继电器输出。

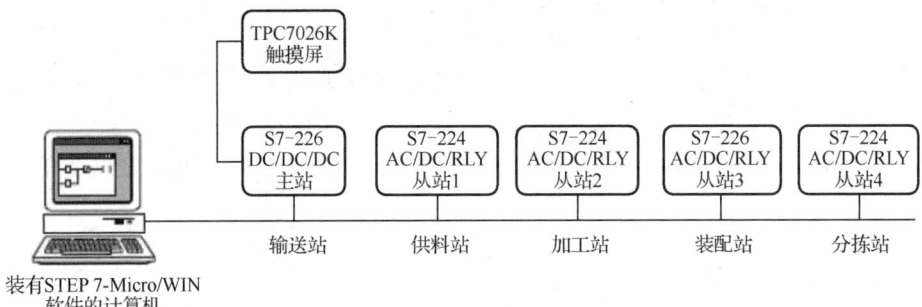

图 0-20　YL-335B 自动生产线的 PPI 网络图

3）人机界面

系统运行的主令信号（复位、启动、停止等）通过人机界面给出。同时，人机界面也显示系统运行的各种状态信息。人机界面是在操作人员和机器设备之间做双向沟通的桥梁。使用人机界面能够明确指示并告知操作员机器设备目前的工作状况，使操作变得简单、直观、形象、生动，并且可以减少操作上的失误，即使是新手也可以很轻松地操作整个机器设备。使用人机界面还可以使机器的配线标准化、简单化，同时也能减少 PLC 控制器所需的 I/O 点数，降低生产成本，同时面板控制的小型化及高性能，相对地提高了整套设备的附加价值。

YL-335B 自动生产线采用了昆仑通态（MCGS）TPC7062KS 触摸屏作为它的人机界面，如图 0-21 所示。TPC7062KS 是一款以嵌入式低功耗 CPU 为核心（主频 400 MHz）的高性能嵌入式一体化工控机，采用 7 英寸高亮度 TFT 液晶显示屏（分辨率 800 像素×480 像素），四线电阻式触摸屏（分辨率为 4 096 像素×4 096 像素），同时还预装了微软嵌入式实时多任务操作系统 WinCE.NET（中文版）和 MCGS 嵌入式组态软件（运行版）。图 0-22 为人机界面示例。

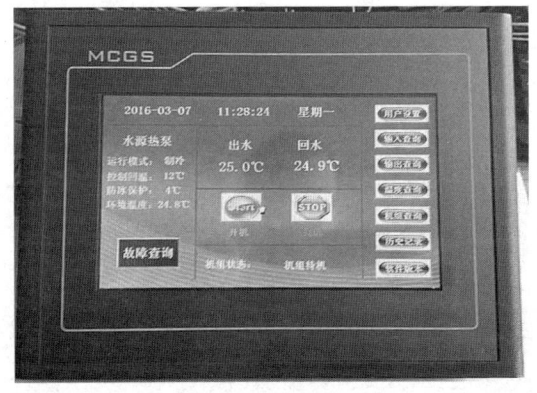

图 0-21　昆仑通态（MCGS）TPC7062KS 触摸屏

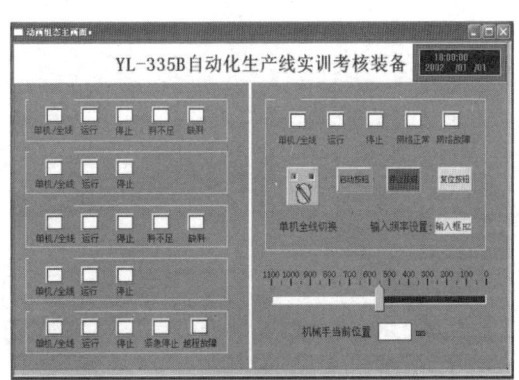

图 0-22　人机界面示例

课后习题 0

1. 自动生产线可以运用在哪些领域？
2. 自动生产线综合了哪些技术？
3. 自动生产线一般可以分为哪几个部分？
4. 自动生产线应具备哪些最基本的功能？
5. 亚龙 YL-335B 自动生产线实训考核装置有哪几个单元，它们的功能分别是什么？
6. 绘制亚龙 YL-335B 自动生产线供电电源模块一次回路原理图。
7. 亚龙 YL-335B 自动生产线各工作单元机械装置与 PLC 控制装置之间的信息交换是如何实现的？
8. 亚龙 YL-335B 自动生产线工作单元机械装置侧的接线端子结构是什么样的？电源与信号各连接在哪一层端子上？
9. 亚龙 YL-335B 自动生产线工作单元 PLC 控制装置侧的接线端子结构是什么样的？电源与信号各连接在哪一层端子上？
10. 亚龙 YL-335B 自动生产线各工作站的 PLC 型号分别是什么？各工作站的 PLC 输入、输出点数量分别是多少？
11. 亚龙 YL-335B 自动生产线采用的触摸屏品牌及型号是什么？

项目 1

供料站安装与调试

供料站是 YL-335B 自动生产线的起始工作站,负责提供加工原料,以便其他工作站使用。供料站除可以独立工作外,还可以与其他工作站联动,构成整体的自动生产线运行。供料站的主要结构包括:管形工件料仓、工件推出装置、支撑架、阀组、端子排组件、PLC、传感器、急停按钮和启动/停止按钮、走线槽、底板等。本项目的主要工作任务是对供料站实施机械与电气安装、编程调试及运行等操作,以锻炼学生识图、安装、布线、编程和装调的综合能力。

任务 1.1 供料站机械部件安装与调整

1.1.1 供料站机械部件的功能

扫一扫看供料站机械部件安装教学课件

扫一扫看供料站机械部件安装微视频

供料站的机械部件包括铝合金型材支撑架组件、出料台及料仓底座组件、推料机构组件,如图 1-1 所示。

供料站的管形料仓和工件推出装置用于储存工件原料,并在需要时将料仓中最下层的工件推出到出料台上。它主要由管形料仓、推料气缸、顶料气缸、磁感应接近开关、漫射式光电传感器等组成。

该部分的工作原理:工件垂直叠放在料仓中,推料气缸处于料仓的底层并且其活塞杆可从料仓的底部通过,它与最下层工件处于同一水平位置,而顶料气缸则与次下层工件处于同一水平位置。在需要将工件推到出料台上时,首先使顶料气缸的活塞杆推出,压住次下层工件;然后使推料气缸活塞杆推出,从而把最下层工件推到出料台上。在推料气缸返回并从料仓底部抽出后,再使顶料气缸返回,松开次下层工件。这样,料仓中的工件在重力的作用下,就自动向下移动一个工件,为下一次推出工件做好准备。

自动生产线技术应用

（a）正视图　　　　　　（b）侧视图

（c）铝合金型材支撑架组件　　（d）出料台及料仓底座组件　　（e）推料机构组件

图 1-1　供料站机械部件的主要结构组成

在料仓底座和管形料仓（也称料管）的第 4 层工件位置，分别安装有一个漫射式光电传感器。它们的功能是检测料仓中有无储料或储料是否足够。若该部分机构内没有工件，则处于底座和第 4 层位置的两个漫射式光电传感器均处于常态；若从座层起仅有 3 个工件，则料仓底座处漫射式光电传感器动作而第 4 层处漫射式光电传感器保持常态，表明工件已经快用完了。这样，料仓中有无储料或储料是否足够，就可用这两个漫射式光电传感器的信号状态反映出来。

推料气缸把工件推出到出料台上，出料台面开有小孔，出料台下面设有一个圆柱形漫射式光电接近开关，工作时向上发出光线，从而透过小孔检测是否有工件存在，以便向系统提供本站出料台有无工件的信号。在输送站的控制程序中，可以利用该信号状态来判断是否需要驱动机械手装置来抓取此工件。供料站结构示意如图 1-2 所示。

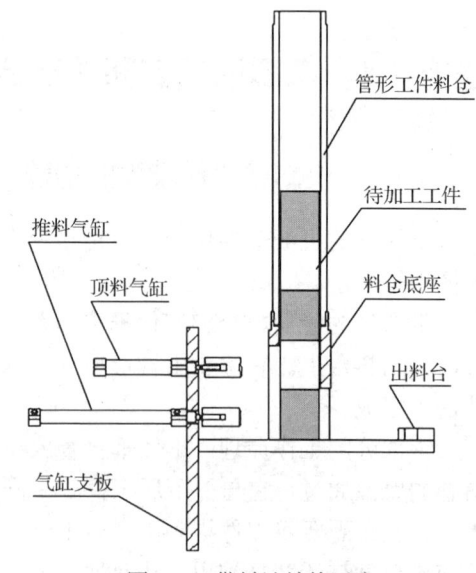

图 1-2　供料站结构示意

1.1.2 知识点链接

1. 双作用气缸

双作用气缸是指活塞的往复直线运动均由压缩空气来推动的气缸。图 1-3 是标准双作用气缸的半剖面图。图中，气缸的两个端盖上都设有进、排气通口，从无杆侧端盖气口进气时，推动活塞向前运动；从杆侧端盖气口进气时，推动活塞向后运动。

双作用气缸具有结构简单，输出力稳定，行程可根据需要选择的优点，但由于是利用压缩空气交替作用于活塞上实现伸缩运动的，回缩时压缩空气的有效作用面积较小，因此产生的力要小于伸出时产生的推力。

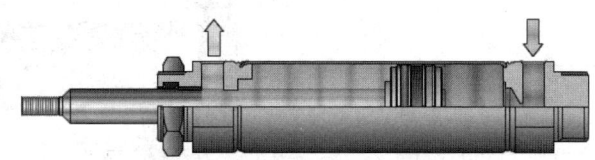

图 1-3 标准双作用气缸的半剖面图

为了使气缸的动作平稳可靠，应对气缸的运动速度加以控制，常用的方法是使用单向节流阀来实现。

2. 单作用气缸

单作用气缸在缸盖一端气口输入压缩空气使活塞杆伸出（或退回），而另一端靠弹簧、自重或其他外力等使活塞杆恢复到初始位置。图 1-4 为采用弹簧复位的单作用气缸结构，在活塞的一侧装有使活塞杆复位的弹簧，在另一端缸盖上开有进、排气的通口。除此以外，其结构基本上和双作用气缸相同。弹簧装在有杆腔内，气缸活塞杆初始位置处于退回位置的气缸称为预缩型单作用气缸；弹簧装在无杆腔内，气缸活塞杆初始位置处于伸出位置的气缸称为预伸型单作用气缸。

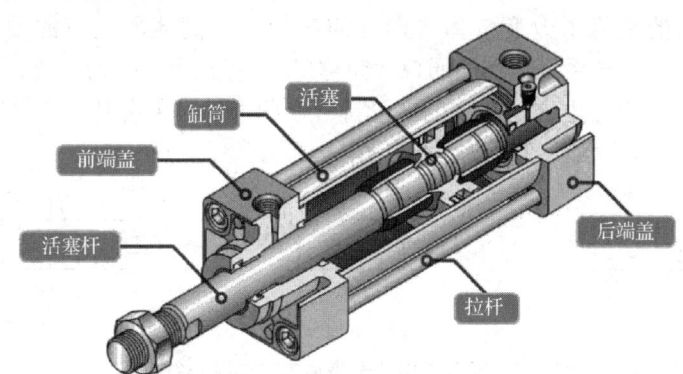

图 1-4 采用弹簧复位的单作用气缸结构

3. 单向节流阀

单向节流阀是由单向阀和节流阀并联而成的流量控制阀，常用于控制气缸的运动速度，所以也称为速度控制阀。

图 1-5 给出了在双作用气缸上安装两个单向节流阀的连接示意，这种连接方式称为排

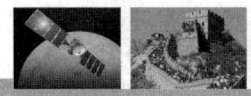

气节流方式。当压缩空气从 A 端进气、从 B 端排气时，单向节流阀 A 的单向阀开启，向气缸无杆腔快速充气；由于单向节流阀 B 的单向阀关闭，有杆腔内的气体只能经节流阀排气，因此调节节流阀 B 的开度，便可改变气缸活塞杆伸出时的运动速度。反之，调节节流阀 A 的开度则可改变气缸活塞杆缩回时的运动速度。在这种控制方式下，活塞杆运行稳定，是最常用的方式。

节流阀上带有气管的快速接头，只要将合适外径的气管往快速接头上一插就可以将管路连接好，使用十分方便。图 1-6 是带快速接头的限出型气缸节流阀。

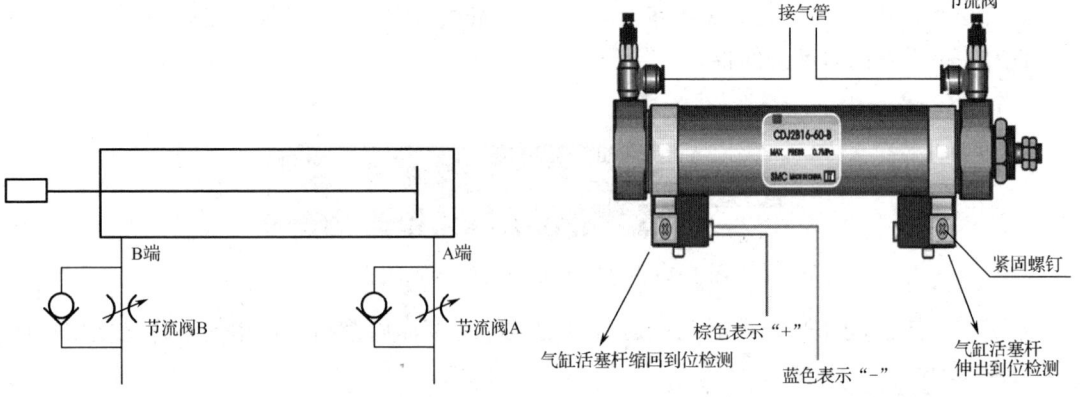

图 1-5 双作用气缸的排气节流连接方式　　图 1-6 带快速接头的限出型气缸节流阀

1）单电控电磁换向阀、电磁阀组

如前所述，顶料或推料气缸，其活塞的运动是依靠向气缸一端进气，并从另一端排气来实现的。气体流动方向的改变由方向控制阀加以控制。在自动控制中，方向控制阀常采用电磁控制方式，因此又称为电磁换向阀。

电磁换向阀利用其电磁线圈在通电时，静铁芯对动铁芯产生电磁吸力使阀芯切换，达到改变气流方向的目的。

所谓"位"指的是为了改变气体方向，阀芯相对于阀体所具有的不同的工作位置。"通"的含义则指换向阀与系统相连的通口（简称口），有几个口即为几通。

图 1-7 为部分单电控电磁换向阀的图形符号，图形符号中有几个方格就是几位，方格中的"⊤"和"⊥"符号表示各接口互不相通。

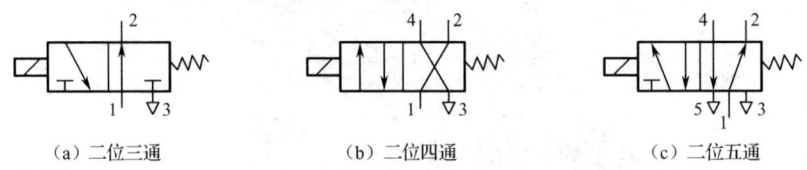

(a) 二位三通　　(b) 二位四通　　(c) 二位五通

图 1-7 部分单电控电磁换向阀的图形符号

YL-335B 自动生产线所有工作站的执行气缸都是双作用气缸，由于控制它们工作的电磁阀需要有两个工作口和两个排气口以及一个供气口，因此使用的电磁阀均为二位五通电磁阀。供料站用了两个二位五通的单电控电磁阀。这两个电磁阀带有手动换向和加锁钮，有锁（LOCK）和开启（PUSH）两个位置。当用小螺丝刀把加锁钮旋到在 LOCK 位置时，手控开关向下凹进去，不能进行手控操作。只有在 PUSH 位置，可用工具向下按，信号为

"1",等同于该侧的电磁信号为"1";常态时,手控开关的信号为"0"。在进行设备调试时,可以使用手控开关对该电磁阀进行控制,从而实现对相应气路的控制,以改变推料缸等执行机构的控制,达到调试的目的。

两个电磁阀是集中安装在汇流板上的。汇流板中两个排气口末端均连接了消声器,消声器的作用是减小压缩空气向大气排放时的噪声。这种将多个电磁阀与消声器、汇流板等集中在一起构成的一组控制阀的集成称为电磁阀组,其中每个阀的功能是彼此独立的。电磁阀组产品示例如图 1-8 所示。

2)双电控电磁换向阀

在 YL-335B 自动生产线输送站的气动控制回路中,驱动摆动气缸和气动手指气缸的电磁阀采用的是二位五通双电控电磁阀,其产品示例如图 1-9 所示。

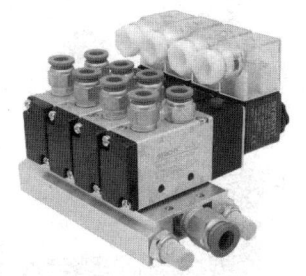
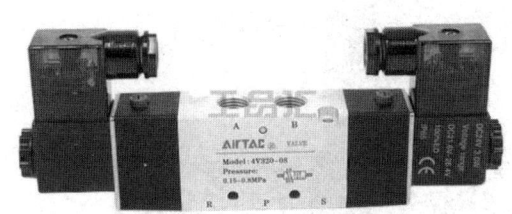

图 1-8　电磁阀组　　　　　　图 1-9　双电控电磁阀

双电控电磁阀与单电控电磁阀的区别:对于单电控电磁阀,在无电控信号时,阀芯在弹簧力的作用下会被复位,而对于双电控电磁阀,在两端都无电控信号时,阀芯的位置取决于前一个电控信号。注意:双电控电磁阀的两个电控信号不能同时为"1",即在控制过程中不允许两个线圈同时通电,否则可能会造成电磁线圈烧毁。当然,在这种情况下阀芯的位置是不确定的。

1.1.3　机械部件安装

1. 机械部件安装步骤

首先把供料站各零件组合成整体安装时需要的组件,然后把组件进行组装。所组合成的组件包括:铝合金型材支撑架组件、出料台及料仓底座组件、推料机构组件。详细步骤如图 1-10~图 1-16 所示。

图 1-10　支撑架组件的安装示意　　图 1-11　推料机构安装示意　　图 1-12　出料台及料仓底座安装示意

自动生产线技术应用

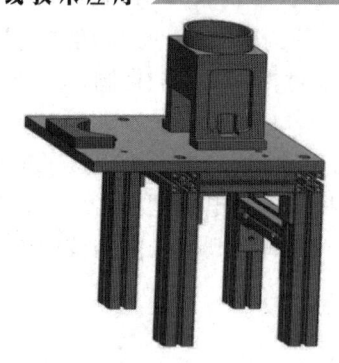

图1-13 型材支撑架、出料台及料仓底座组件安装示意

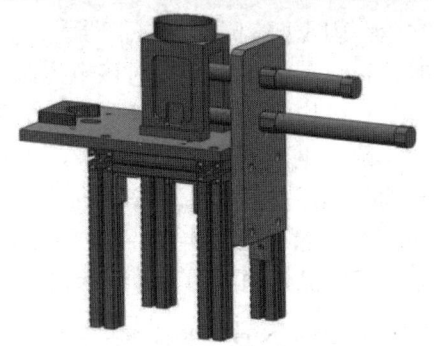

图1-14 连接推料机构组件安装示意

图1-15 模块部分固定到大底板安装示意

图1-16 装料管安装示意

各组件装配好后,用螺栓把它们连接为总体,再用橡皮锤把装料管敲入料仓底座。然后将连接好的供料站机械部分以及电磁阀组、PLC和接线端子排固定在底板上,最后固定底板完成供料站的安装。

2. 气动控制回路连接与调整

气动控制回路是供料站的执行机构,其控制逻辑与控制功能是由PLC实现的。供料站气动控制回路的工作原理如图1-17所示。图中,1A和2A分别为推料气缸和顶料气缸。1B1和1B2为安装在推料气缸的两个极限工作位置的磁感应接近开关,2B1和2B2为安装在顶料气缸的两个极限工作位置的磁感应接近开关。1Y1和2Y1分别为控制推料气缸和顶料气缸的电磁阀的电磁控制端。通常,这两个气缸的初始位置均设定在缩回状态。

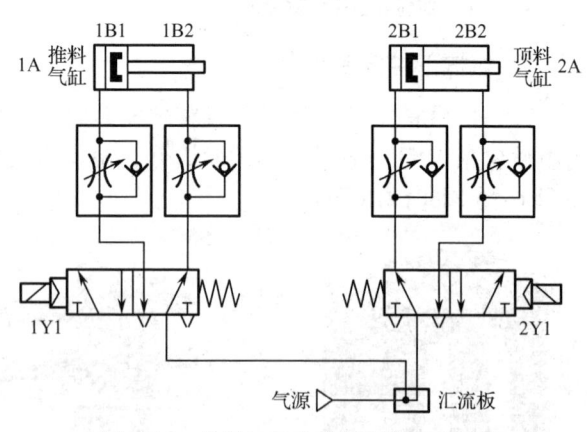

图1-17 供料站气动控制回路工作原理

从汇流板开始,按气动控制回路原理图连接电磁阀、气缸。连接时注意气管走向应按序排布,均匀美观,不能交叉、打折;气管要在快速接头中插紧,不能有漏气现象。气路调试

包括：用电磁阀上的手动换向加锁钮验证顶料气缸和推料气缸的初始位置和动作位置是否正确；调整气缸节流阀以控制活塞杆的往复运动速度，伸出速度以不推倒工件为准。

3. 安装过程中的注意事项

安装过程中的注意事项如下。

（1）在装配铝合金型材支撑架时，注意调整好各条边的平行及垂直度，锁紧螺栓。

（2）气缸安装板和铝合金型材支撑架的连接，是通过在特定位置的铝合金型材 T 形槽中预先放置与之相配的螺母来实现的。因此，在对该部分的铝合金型材进行连接时，一定要在相应的位置放置相应的螺母。如果没有放置螺母或没有放置足够多的螺母，将造成无法安装或安装不可靠。

（3）将机械部分固定在底板上的时候，需要将底板移动到操作台的边缘，螺栓从底板的反面拧入，将底板和机械机构部分的支撑型材连接起来。

任务1.2　完成供料站电路设计及接线

1.2.1　任务描述

本项目只考虑供料站作为独立设备运行时的情况，站工作的主令信号和工作状态显示信号来自PLC（S7-224 AC/DC/RLY，共14点输入、10点继电器输出）旁边的按钮/指示灯模块，如图0-19所示。

具体控制要求如下。

（1）设备上电和气源接通后，若按钮/指示灯模块上的工作方式选择开关 SA 置于断开位置（单站方式），两个气缸活塞杆均处于缩回位置，且料仓内有足够的工件，则指示灯常亮，表示设备已准备好；否则，该指示灯以 1 Hz 频率闪烁。

（2）若设备已准备好，按下启动按钮 SB2，指示灯 HL2 常亮。启动后，若出料台上没有工件，则应把工件推到出料台上，出料台上的工件被人工取走后，若没有停止信号，则进行下一次推出工件操作。

（3）若在运行中按下停止按钮 SB1，则在完成本工作周期任务后，供料站停止工作，HL2 指示灯熄灭。

（4）若在运行中料仓内的工件不足，则供料站继续工作，但指示灯 HL1 以 1 Hz 的频率闪烁，指示灯 HL2 保持常亮；若料仓内没有工件，则 HL1 和 HL2 指示灯均以 2 Hz 频率闪烁。供料站完成本周期任务后停止，除非向料仓补充足够的工件，否则供料站不能再启动。

要求设计供料站的 PLC 控制电路，包括 PLC 的 I/O 分配及接线端子分配，绘制控制电路图，然后完成电气接线。

1.2.2　知识点链接

1. 传感器

扫一扫看传感器技术教学课件

扫一扫看传感器技术微视频

在自动化系统中，传感器用于测量设备运行中工具或工件的位置、速度、温度、力等各种物理参数，并将这些参数转换为相应的电信号，以一定的信号形式输入控制器。

自动生产线技术应用

YL-335B 自动生产线各工作站所使用的传感器都是接近传感器，这种传感器通过检测物体具有的敏感特性来识别物体的接近，并输出相应开关信号，因此，接近传感器通常也称为接近开关。

传感器按其输出信号类型分为 NPN 和 PNP 型两种，其实就是利用三极管的饱和与截止特性，输出两种状态。但二者的输出信号是截然相反的，PNP 型传感器输出低电平 0，NPN 型传感器输出高电平 1。在本实训设备上所用传感器均为 NPN 型传感器。

传感器有两线（棕色+，蓝色-）制的，如磁性开关，借助端子排连接时，棕色线接到 PLC 的输入点，蓝色线接 DC 24 V 电源的负极。传感器也有三线（棕色+，蓝色-，黑色信号输出）制的，如金属接近开关，棕色线接 DC 24 V 电源的正极，蓝色线接 DC 24 V 电源的负极，黑色线接 PLC 的输入点。

接近开关有多种检测方式：利用电磁感应检测对象金属体中产生的涡电流；捕捉检测对象接近时电气信号的容量变化；利用磁石和引导开关；利用光电效应和光电转换器件作为检测元件等。YL-335B 自动生产线所使用的传感器包括磁感应式接近传感器（或称磁性开关）、电感式接近传感器、漫射式光电传感器和光纤型光电传感器等。这里只介绍磁性开关、电感式接近传感器和漫射式光电传感器，光纤型光电传感器留在装配站项目中介绍。

1）磁性开关

YL-335B 自动生产线所使用的气缸都是带磁性开关的气缸。这些气缸的缸筒采用导磁性弱、隔磁性强的材料，如硬铝、不锈钢等。在非磁性体的活塞上安装一个永久磁铁的磁环，这样就提供了一个反映气缸活塞位置的磁场。安装在气缸外侧的磁性开关用来检测气缸活塞位置，即检测活塞的运动行程。

触点式磁性开关用舌簧开关作为磁场检测元件。舌簧开关成型于合成树脂块内，一般还有动作指示灯、过电压保护电路也塑封在合成树脂块内。图 1-18 是带磁性开关的气缸结构。当气缸中随活塞移动的磁环靠近开关时，舌簧开关的两根簧片被磁化而相互吸引，触点闭合；当磁环远离开关后，簧片失磁，触点断开。当触点闭合或断开时会发出电控信号，在 PLC 的自动控制中，可以利用该信号判断推料及顶料气缸的运动状态或所处的位置，以确定工件是否被推出或气缸是否返回。

在磁性开关上设置的信号指示灯用于显示其信号状态，供调试时使用。当磁性开关动作时，输出信号"1"，灯亮；当磁性开关不动作时，输出信号"0"，灯不亮。

磁性开关的安装位置可以调整，调整方法是松开它的紧固定位螺栓，让磁性开关顺着气缸滑动，到达指定位置后，再旋紧固定螺栓。

磁性开关为两线制传感器，使用时蓝色线连接 DC 24 V 电源的 0 V 端口，棕色线连接 PLC 输入端口。磁性开关的内部电路如图 1-19 中虚线框内所示。

2）电感式接近传感器

电感式接近传感器是利用电涡流效应制造的传感器。电涡流效应是指，当金属物体处于一个交变的磁场中时，金属内部会产生交变的电涡流，该涡流又会反作用于产生它的磁场这样一种物理效应。如果这个交变的磁场是由一个电感线圈产生的，则这个电感线圈中的电流就会发生变化，用于平衡涡流产生的磁场。

项目1 供料站安装与调试

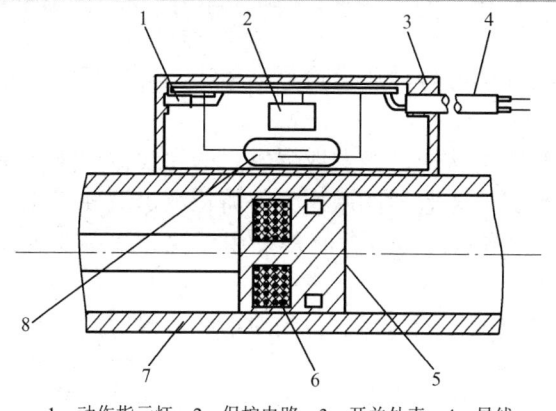
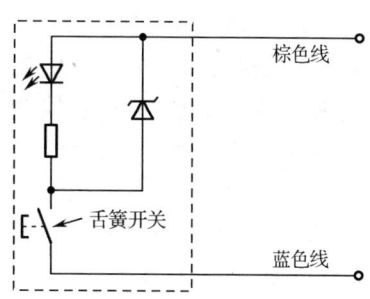

1—动作指示灯；2—保护电路；3—开关外壳；4—导线；
5—活塞；6—磁环（永久磁铁）；7—缸筒；8—舌簧开关。

图1-18 带磁性开关的气缸结构　　　　　图1-19 磁性开关的内部电路

利用这一原理，以高频振荡器（LC振荡器）中的电感线圈作为检测元件，当被检测金属物体接近电感线圈时会产生电涡流效应，从而引起振荡器振幅或频率的变化，再由传感器的信号调理电路（包括检波、放大、整形、输出等电路）将该变化转换成开关量输出，即可达到检测目的。电感式接近传感器的工作原理如图1-20所示。在供料站中，为了检测待加工工件是否为金属材料，在供料管底座侧面安装了一个电感式传感器，如图1-21所示。

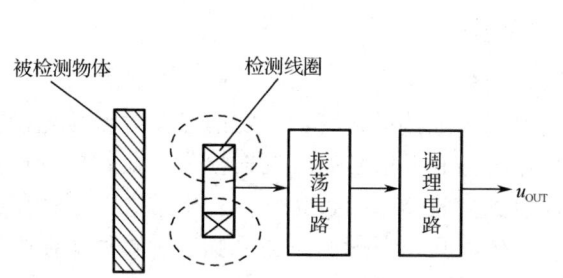

图1-20 电感式接近传感器的工作原理　　　　图1-21 供料管上的电感式传感器

在接近传感器的选用和安装中，必须认真考虑检测距离、设定距离，保证生产线上的传感器可靠动作。接近传感器的安装与距离说明如图1-22所示。

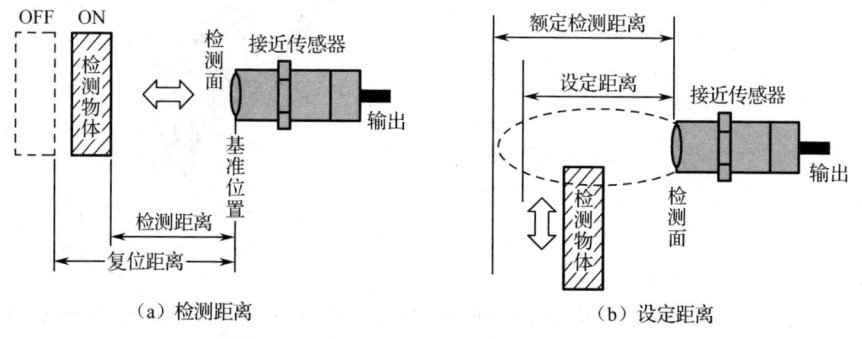

（a）检测距离　　　　　　　　　　（b）设定距离

图1-22 接近传感器的安装与距离说明

3）光电式接近传感器

光电式接近传感器即光电传感器，是利用光的各种性质，检测物体的有无和表面状态的变化等的传感器，其输出形式为开关量。

光电式接近传感器主要由光发射器和光接收器构成。光发射器发射的光线被检测物体遮挡或反射，使到达光接收器的光量发生变化。光接收器的敏感元件将检测出这种变化，并将这种变化转换为电信号传送到 PLC 中。大多数的接近传感器使用可视光（主要为红色，也有用绿色、蓝色的）和红外光。

按照接收器接收光的方式的不同，可将光电式接近传感器分为对射式、漫射式和反射式 3 种，如图 1-23 所示。

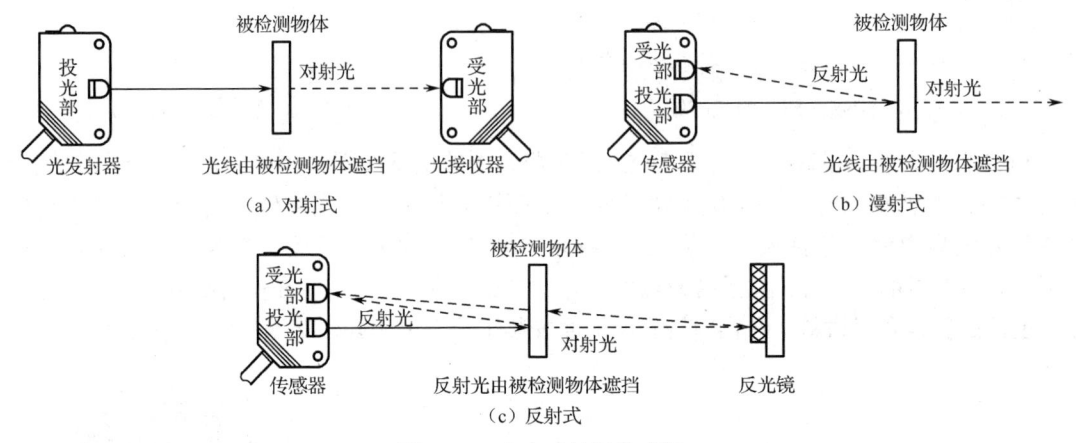

图 1-23 光电式接近传感器

其中，漫射式光电传感器是利用光照射到被检测物体上后反射回来的光线而工作的，由于物体反射的光线为漫射光，故称为漫射式光电接近传感器。它的光发射器与光接收器处于同一侧位置，且为一体化结构。在工作时，光发射器始终发射检测光，若接近传感器前方一定距离内没有物体，则没有光被反射到接收器，接近传感器处于常态而不动作；反之，若接近传感器的前方一定距离内出现物体，只要反射回来的光强度足够，即接收器接收到足够的漫射光就会使接近传感器动作而改变输出的状态。

在 YL-335B 自动生产线供料站中，用来检测工件不足或工件有无的漫射式光电传感器选用的是神视（OMRON）公司的 CX-441（E3Z-L61）型放大器内置型光电传感器（细小光束型，NPN 型晶体管集电极开路输出）。光电传感器的外形和顶端面上的调节旋钮与显示灯如图 1-24 所示。图中，动作选择开关的功能是选择受光动作（Light）或遮光动作（Drag）模式。当此开关按顺时针方向充分旋转时（L 侧），则进入检测-ON 模式；当此开关按逆时针方向充分旋转时（D 侧），则进入检测-OFF 模式。

图 1-24 光电传感器的外形和顶端面上的调节旋钮与显示灯

距离调节旋钮是 5 周回转调节器，调节距离时注意逐步轻微旋转，否则会空转。调节的方法是，首先按逆时针方向将距离调节旋钮充分旋到最小检测距离（约 20 mm），然后根据要求距离放置被检测物体，按顺时针方向逐步旋转距离调节旋钮，找到传感器进入检测条件的点；拉开被检测物体的距离，按顺时针方向进一步旋转距离调节旋钮，找到传感器再次进入检测条件的点，一旦进入，逆时针旋转距离调节旋钮直到传感器回到非检测状态的点。两点之间的中点为稳定检测物体的最佳位置。光电传感器的工作原理如图 1-25 所示。

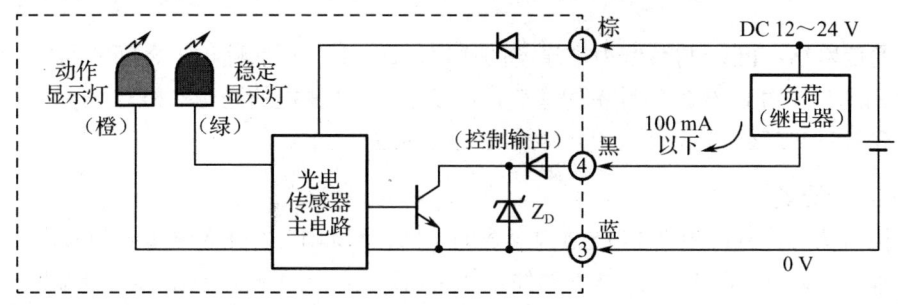

图 1-25 光电传感器的工作原理

部分接近传感器的图形符号如图 1-26 所示。图中，（a）(b)(c) 3 种情况均使用 NPN 型三极管集电极开路输出。如果是使用 PNP 型的，正负极性应反过来。

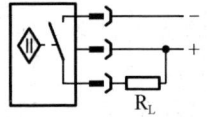 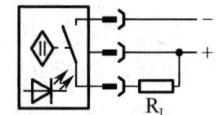 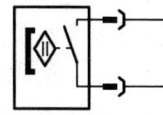

（a）通用图形符号　　（b）电感式接近传感器　　（c）光电式接近传感器　　（d）磁性开关

图 1-26 接近传感器的图形符号

2. PLC 控制系统

1）PLC 的概念

可编程控制器（PC，Programmable Controller）是一种专为工业环境应用而设计制造的计算机。它具有丰富的输入/输出接口，并且具有较强的驱动能力。

美国数字设备公司于 1969 年研制成功了第一台可编程控制器，型号为 PDP-14。由于当时主要用于顺序控制，只能进行逻辑运算，故称为可编程序逻辑控制器（PLC，Programmable Logic Controller）。

国际电工委员会对可编程控制器的定义：“可编程控制器是一种数字运算操作的电子系统，专为在工业环境应用而设计。它采用一类可编程的存储器，用于其内部存储程序，执行逻辑运算、顺序控制、定时、计数与算术操作等面向用户的指令，并通过数字或模拟式输入/输出控制各种类型的机械或生产过程。可编程控制器及其有关外部设备，都易于与工业控制系统联成一个整体，易于扩充其功能”。

2）PLC 的应用

PLC 已广泛应用于钢铁、采矿、水泥、石油、化工、电力、机械制造、汽车、装卸、纺织、环保和娱乐等行业。PLC 的应用范围如下。

（1）顺序控制：如印刷机械、包装机械、机床装配生产线及电梯控制等。

（2）运动控制：PLC 把描述目标位置的数据送给其控制模块，输出并移动一轴或数轴到目标位置。

（3）过程控制：PLC 还能控制大量的过程参数，如温度、流量、压力和液位等。PID 模块提供了使 PLC 具有闭环控制的功能，即一个具有 PID 控制能力的 PLC 可用于过程控制。

（4）数据处理：在机械加工中，PLC 作为主要的控制与管理系统可以完成大量的数据处理工作。

（5）通信网络：PLC 与系统内部设备的通信，即 PLC 与远程 I/O 之间的通信、PLC 与 PLC 之间的通信；PLC 与外部设备的通信，即 PLC 与计算机的通信、PLC 与具有通信接口（如 RS-232/RS-422/RS-485 等）的外部设备之间的通信。

3）PLC 的分类

（1）按结构形式分：根据 PLC 结构形式的不同，可将 PLC 分为整体式和模块式两类。

① 整体式结构：将 PLC 的基本部件，如 CPU 板、输入板、输出板、电源板等紧凑地安装在一个标准机壳内，构成一个整体，组成 PLC 的基本站（主机）或扩展站。特点：体积小、成本低、安装方便。一体化紧凑型 PLC 的电源、CPU 中央处理系统、I/O 接口都集成在一个机壳内。例如，本实训平台采用的 S7-200 系列的 PLC。

② 模块式结构：PLC 由一些标准模块构成，这些模块插在框架上或基板上即可，可根据需要灵活配置。标准模块式结构的 PLC 的各种模块相互独立，并安装在固定的机架（导轨）上，构成一个完整的 PLC 应用系统。例如，西门子 S7-300、S7-400 系列。

（2）按输入、输出点数和存储容量分：按输入、输出点数和存储容量的不同，可将 PLC 分为大、中、小型 3 种。

① 小型 PLC：I/O 点数在 256 以下，用户存储器容量在 4 KB 左右，如西门子 S7-200 系列和 S7-1200 系列 PLC。

② 中型 PLC：I/O 点数为 256～2048，用户存储器容量在 8 KB 左右，如西门子 S7-300 系列 PLC。

③ 大型 PLC：I/O 点数在 2048 以上，用户存储器容量在 16 KB 以上。如西门子 S7-400 和 S7-1500 系列 PLC。

4）PLC 编程软件

（1）STEP 7-Micro/WIN 编程软件

STEP 7-Micro/WIN 编程软件是基于 Windows 操作系统的应用软件，它是西门子公司专门为 S7-200 系列 PLC 而设计开发的，是 S7-200 系列 PLC 必不可少的开发工具，其界面如图 1-27 所示。

STEP 7-Micro/WIN 编程软件的主要功能如下。

① 离线（脱机）方式下可以实现对程序的编辑、编译、调试和系统组态。

② 在线方式下可以通过联机通信的方式上传和下载用户程序及组态数据，编辑和修改用户程序。

③ 支持 STL、LAD、FBD 共 3 种编程语言，并且可以在三者之间任意切换。

④ 在编程过程中具有简单的语法检查功能，能够在程序错误行处加上红色曲线进行标注。

⑤ 具有文档管理和密码保护等功能。

项目1 供料站安装与调试

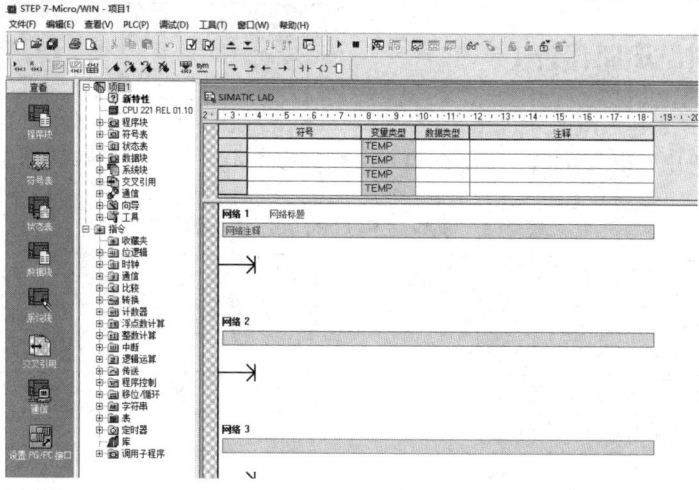

图 1-27 STEP 7-Micro/WIN 编程软件界面

⑥ 提供软件工具，能帮助用户调试和监控程序。

⑦ 提供设计复杂程序的向导功能，如指令向导功能、PID 自整定界面、配方向导等。

（2）TIA Portal 编程软件

TIA 是 Totally Integrated Automation 的简称，即全集成自动化。TIA Portal 是一款由西门子打造的全集成自动化编程软件，多用于 PLC 编程与仿真操作，S7-1200、S7-1500、S7-300/400、S7-200 系列的 PLC 均可用该软件进行编程与仿真操作。该软件项目视图界面如图 1-28 所示。

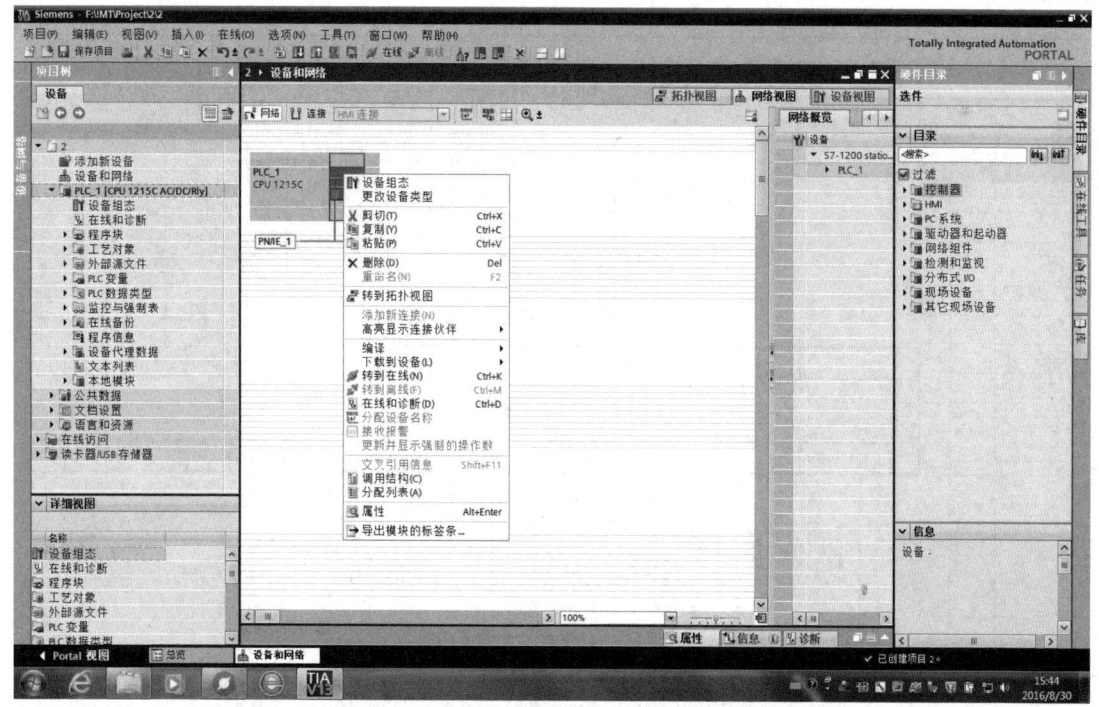

图 1-28 TIA Portal 编程软件项目视图界面

27

1.2.3 供料站电路设计

根据 I/O 信号分配和工作任务的要求，供料站 PLC 选用 S7-224 AC/DC/RLY 主站，共 14 点输入和 10 点继电器输出。供料站 PLC 的 I/O 信号分配如表 1-1 所示，其接线原理如图 1-29 所示。

表 1-1 供料站 PLC 的 I/O 信号分配

输入信号				输出信号			
序号	PLC 输入点	信号名称	来源	序号	PLC 输出点	信号名称	来源
1	I0.0	顶料气缸活塞杆伸出到位	装置侧	1	Q0.0	顶料电磁阀	装置侧
2	I0.1	顶料气缸活塞杆缩回到位		2	Q0.1	推料电磁阀	
3	I0.2	推料气缸活塞杆伸出到位		3	Q0.2		
4	I0.3	推料气缸活塞杆缩回到位		4	Q0.3		
5	I0.4	出料台物料检测		5	Q0.4		
6	I0.5	供料不足检测		6	Q0.5		
7	I0.6	缺料检测		7	Q0.6		
8	I0.7	金属工件检测		8	Q0.7	正常工作指示	按钮/指示灯模块
9	I1.0			9	Q1.0	运行指示	
10	I1.1			10	Q1.1		
11	I1.2	停止按钮	按钮/指示灯模块				
12	I1.3	启动按钮					
13	I1.4						
14	I1.5	工作方式选择					

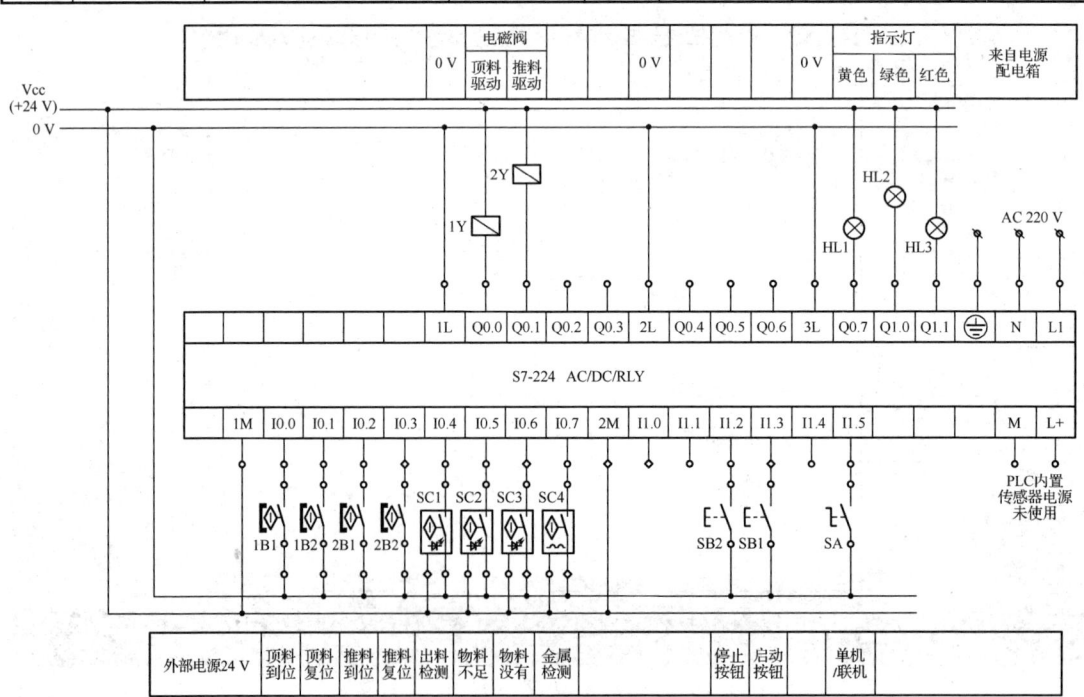

图 1-29 供料站 PLC 的 I/O 接线原理

1.2.4 供料站电路连接

电路连接包括，在供料站装置侧完成各传感器、电磁阀、电源端子等引线到装置侧接线端口之间的接线；在PLC侧进行电源连接、I/O点接线等。

在装置侧接线端口中，输入信号端子的上层端子（+24 V）只能作为传感器的正电源端，切勿用于电磁阀等执行元件的负载。电磁阀等执行元件的正电源端和0 V端应连接到输出信号端子的相应下层端子。装置侧接线完成后，应用扎带绑扎，力求整齐美观。

PLC侧的接线包括：电源接线，PLC的I/O点和PLC侧接线端口之间的连线，PLC的I/O点与按钮/指示灯模块的端子之间的连线。具体接线要求与工作任务有关，电气接线的工艺应符合国家标准的规定。例如，在将导线连接到端子时，采用压紧端子压接方法；连接线须有符合规定的标号；每一端子连接的导线不超过两根等。

1.2.5 供料站接线测试

在编写程序之前要对供料站接线进行测试，包括按钮功能测试、指示灯功能测试、各类传感器功能测试、电磁阀功能测试、PLC功能测试等几部分。

1. 按钮功能测试

供料站通电（接通气源），用手按动停止/启动按钮、单机/联机转换开关，观察PLC I1.2、I1.3、I1.5的输入指示灯是否亮（灭），若不亮（灭）应检查对应按钮及连接线。

2. 指示灯功能测试

供料站通电（接通气源），进入STEP 7-Micro/WIN编程软件，利用强制功能，分别强制PLC Q0.7、Q1.0输出口接通/断开一次，观察PLC Q0.7、Q1.0的输入指示灯是否亮，外部的正常工作和运行指示灯是否亮，若不亮应检查指示灯及连接线。

3. 传感器功能测试

（1）磁性开关功能测试。供料站通电（接通气源），用手动控制电磁阀工作，实现顶料气缸和推料气缸的动作，观察PLC I0.0、I0.1、I0.2、I0.3的输入指示灯是否亮，若不亮应检查磁性开关及连接线。

（2）金属接近开关功能测试。用金属物件靠近连接PLC I0.7的传感器，观察PLC I0.7的输入指示灯是否亮，若不亮应检查金属接近开关及连接线。

（3）光电式接近传感器功能测试。将料仓加满物料，出料口和出料台放上物料，观察PLC I0.4、I0.5、I0.6的输入指示灯是否亮，若不亮应检查光电式接近传感器及连接线。

4. 电磁阀功能测试

供料站通电（接通气源），进入STEP 7-Micro/WIN编程软件，利用强制功能，分别强制PLC接有电磁阀的输出口，使其接通/断开一次，观察PLC对应输出口的指示灯是否亮，认真听电磁阀是否有动作声音，观察外部气动手指和气缸活塞杆是否执行动作，若不执行应检查气路连接部分及电磁阀接线。

5. PLC 功能测试

PLC 功能测试主要是对供料站测试程序（用户随意编写）进行上传与下载、监控功能的调试。在程序执行过程中，还要观察对应位指示灯是否亮灭。除此之外，还要对相应的位进行测试，检查 I/O 情况。

任务 1.3 编制供料站程序并调试

1.3.1 供料站控制要求

供料站控制要求如下。

（1）设备通电和气源接通后，若供料站的两个气缸满足初始位置要求，且料仓内有足够的待加工工件，则正常工作指示灯 HL1 常亮，表示设备已准备好。否则，该指示灯以 1 Hz 频率闪烁。

（2）若设备已准备好，按下启动按钮，供料站设备启动，设备运行指示灯 HL2 常亮。启动后，若出料台上没有工件，则应把工件推到出料台上。出料台上的工件被人工取走后，若没有停止信号，则进行下一次推出工件操作。

（3）若在运行中按下停止按钮，则在完成本工作周期任务后，各工作单元停止工作，HL2 指示灯熄灭。

（4）若在运行中料仓内工件不足，则工作单元继续工作，但正常工作指示灯 HL1 以 1 Hz 的频率闪烁，设备运行指示灯 HL2 保持常亮。若料仓内没有工件，则指示灯 HL1 和指示灯 HL2 均以 2 Hz 频率闪烁。供料站在完成本周期任务后停止。除非向料仓补充足够的工件，否则供料站不能再启动。

1.3.2 供料站单站控制的编程思路

供料站单站控制的编程思路如下。

（1）程序结构：有两个子程序，一个用于系统状态显示，另一个用于供料控制。主程序在每一扫描周期都调用系统状态显示子程序，仅在运行状态已经建立时才可能调用供料控制子程序。

（2）PLC 上电后应首先进入初始状态检查阶段，确认系统已经准备就绪后，才允许投入运行，这样可及时发现存在问题，避免出现事故。例如，若两个气缸在通电和气源接通时不在初始位置，这是气路连接错误的缘故，在这种情况下不允许系统投入运行。

（3）供料站运行的主要过程是供料控制，它是一个步进顺序控制过程。

（4）如果没有停止要求，顺控过程将周而复始地不断循环。常见的顺序控制系统正常停止的要求是接收到停止指令后，系统在完成本工作周期任务即返回到初始步后才停止下来。

（5）当料仓中最后一个工件被推出后，将发生缺料报警。推料气缸复位到位，亦即完成本工作周期任务返回到初始状态步后，也应停止下来。

供料控制子程序的步进顺序流程如图 1-30 所示。

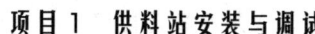

项目 1　供料站安装与调试

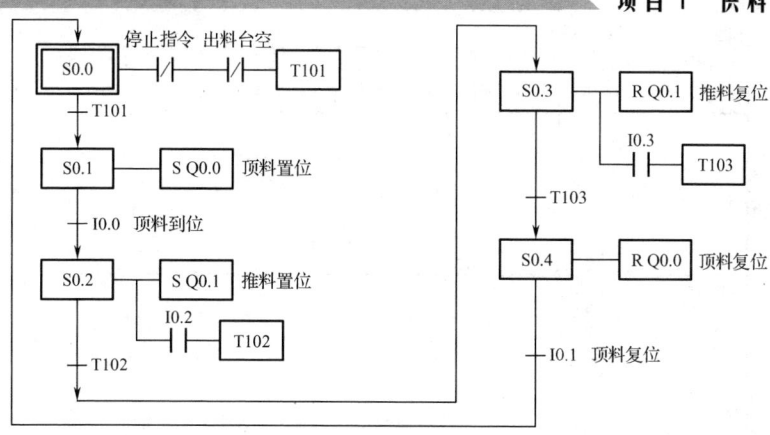

图 1-30　供料控制子程序的步进顺序流程

1.3.3　调试与运行

调试与运行的步骤如下。

（1）调整气动部分，检查气路是否正确，气压是否合理、恰当，气缸的动作速度是否合适。

（2）检查磁性开关的安装位置是否到位，磁性开关工作是否正常。

（3）检查 I/O 接线是否正确。

（4）检查光电传感器安装是否合理，灵敏度是否合适，保证检测的可靠性。

（5）放入工件，运行程序，观察供料站动作是否满足任务要求。

1.3.4　供料站参考程序

本书中的程序，都已经自动生产线各工作站运行验证，为了保持原有程序的软件风格，所有截图未做任何处理，存在个别术语与正文不完全一致的叙述，但含义一致不影响阅读，敬请读者见谅。

1. 供料控制主程序

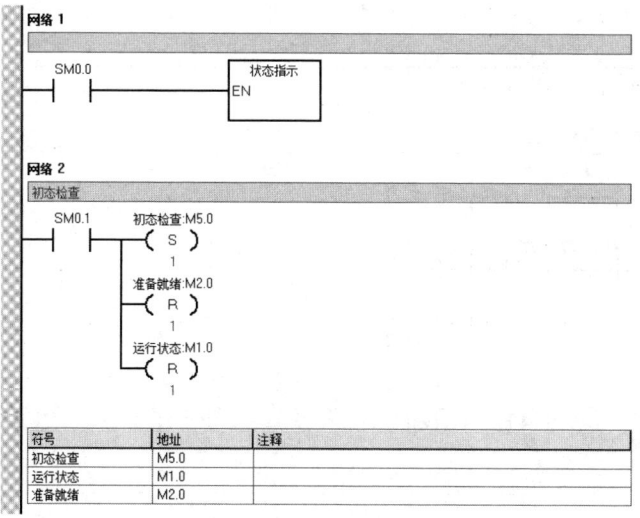

31

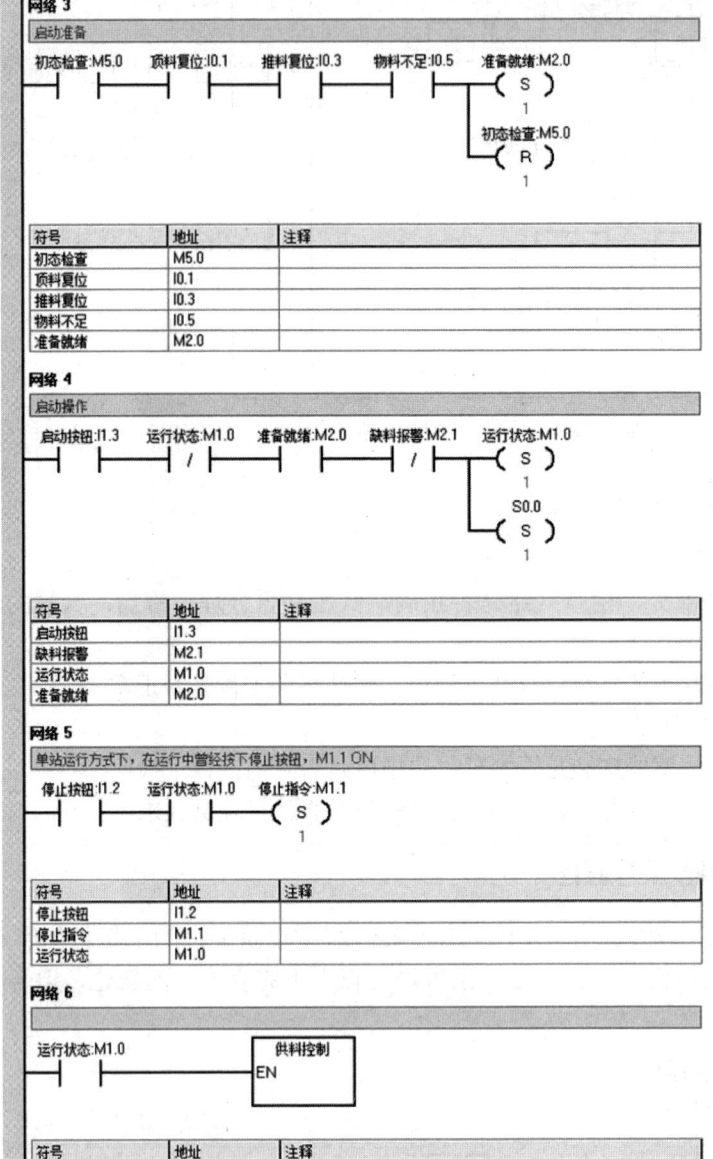

2. 供料控制子程序

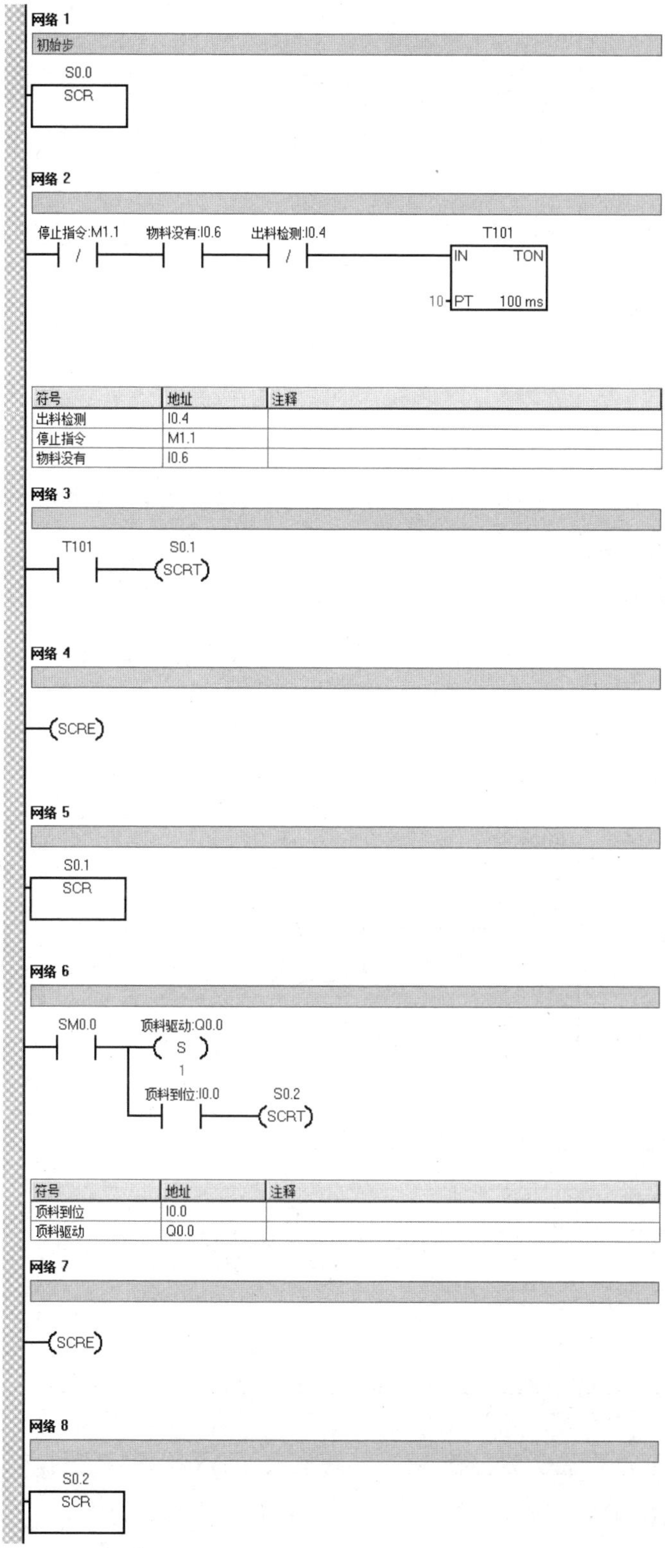

网络 1
初始步
S0.0
SCR

网络 2
停止指令:M1.1 物料没有:I0.6 出料检测:I0.4   T101
—|/|——————| |——————|/|————————IN TON
                                    10—PT 100 ms

符号	地址	注释
出料检测	I0.4	
停止指令	M1.1	
物料没有	I0.6	

网络 3
T101   S0.1
—| |————(SCRT)

网络 4
—(SCRE)

网络 5
S0.1
SCR

网络 6
SM0.0   顶料驱动:Q0.0
—| |————(S)
           1
        顶料到位:I0.0   S0.2
        —| |—————(SCRT)

符号	地址	注释
顶料到位	I0.0	
顶料驱动	Q0.0	

网络 7
—(SCRE)

网络 8
S0.2
SCR

网络 9

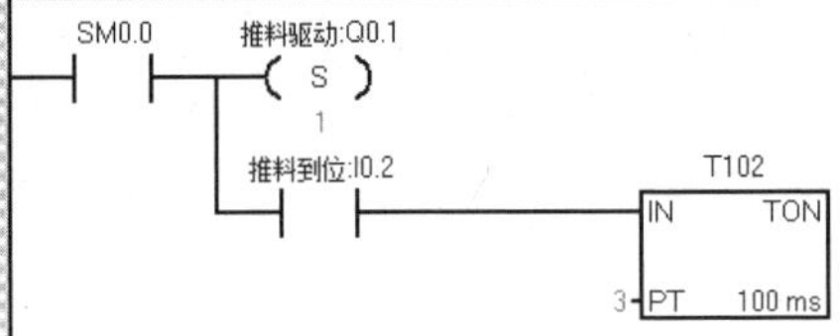

```
    SM0.0       推料驱动:Q0.1
    ─┤├─────────( S )
                  1
                推料到位:I0.2        T102
                ─┤├──────────────┤IN    TON├
                                3┤PT   100 ms├
```

符号	地址	注释
推料到位	I0.2	
推料驱动	Q0.1	

网络 10

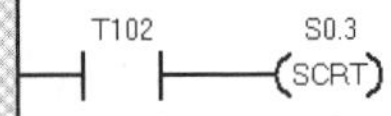

```
    T102        S0.3
    ─┤├────────(SCRT)
```

网络 11

```
    (SCRE)
```

网络 12

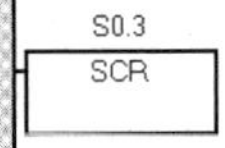

```
    S0.3
    ┌────┐
    │SCR │
    └────┘
```

网络 13

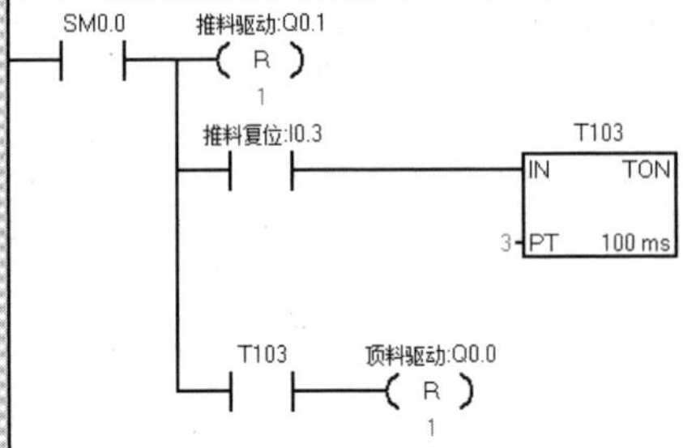

```
    SM0.0       推料驱动:Q0.1
    ─┤├─────────( R )
                  1
                推料复位:I0.3        T103
                ─┤├──────────────┤IN    TON├
                                3┤PT   100 ms├

                T103        顶料驱动:Q0.0
                ─┤├─────────( R )
                              1
```

符号	地址	注释
顶料驱动	Q0.0	
推料复位	I0.3	
推料驱动	Q0.1	

网络 14

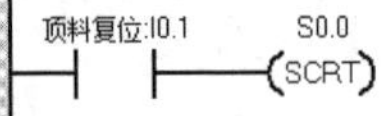

```
    顶料复位:I0.1    S0.0
    ─┤├────────────(SCRT)
```

符号	地址	注释
顶料复位	I0.1	

网络 15

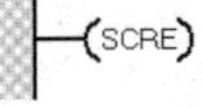

```
    (SCRE)
```

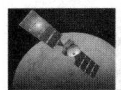

3. 状态指示

网络 1
供料不足检测

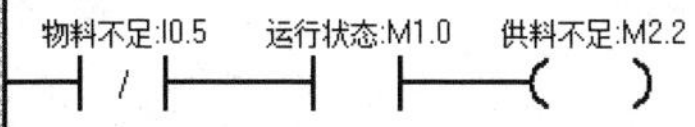

物料不足:I0.5 —|/|— 运行状态:M1.0 —| |— (供料不足:M2.2)

符号	地址	注释
供料不足	M2.2	
物料不足	I0.5	
运行状态	M1.0	

网络 2

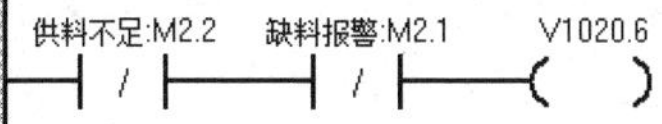

供料不足:M2.2 —|/|— 缺料报警:M2.1 —|/|— (V1020.6)

符号	地址	注释
供料不足	M2.2	
缺料报警	M2.1	

网络 3
缺料检测

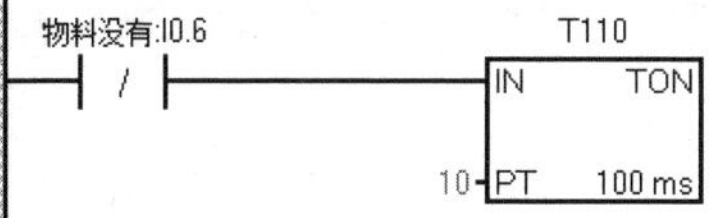

物料没有:I0.6 —|/|— T110 IN TON, 10-PT 100 ms

符号	地址	注释
物料没有	I0.6	

网络 4
缺料报警

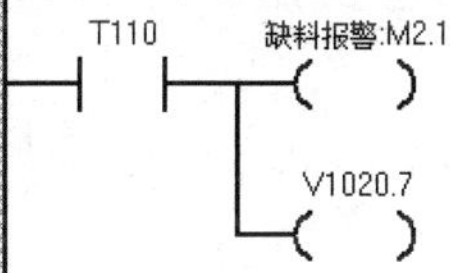

T110 —| |— (缺料报警:M2.1)
           (V1020.7)

符号	地址	注释
缺料报警	M2.1	

网络 5

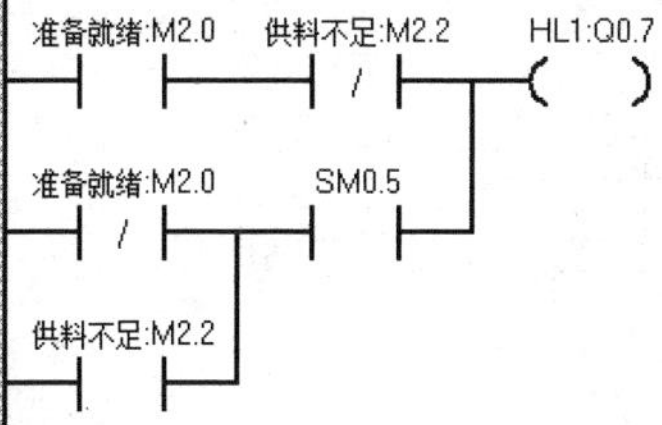

准备就绪:M2.0 —| |— 供料不足:M2.2 —|/|— (HL1:Q0.7)
准备就绪:M2.0 —|/|— SM0.5 —| |—
供料不足:M2.2 —| |—

符号	地址	注释
HL1	Q0.7	
供料不足	M2.2	
准备就绪	M2.0	

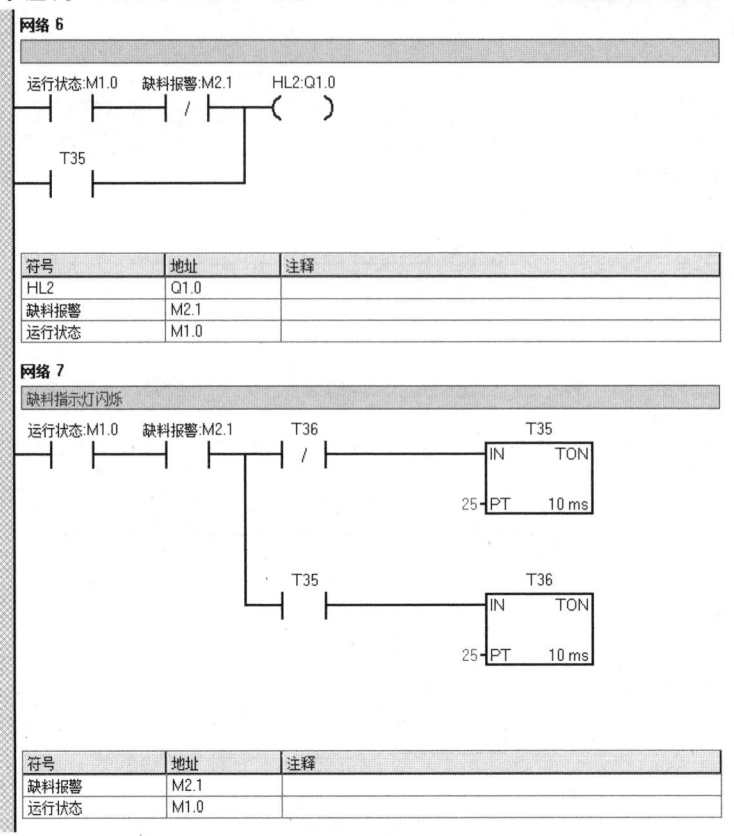

4. 供料站 PLC 符号表

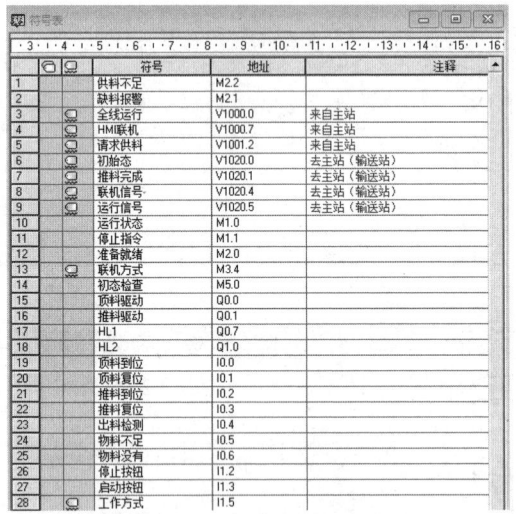

总结与思考 1

1. 总结供料站的气路连接、传感器接线、I/O 检测及故障排除方法。
2. 思考在供料站调试过程中可能会出现哪些异常情况，应怎么解决上述异常？

项目1 供料站安装与调试

扫一扫看本习题参考答案

课后习题 1

一、选择题（单选）

1. 梯形图顺序执行的原则是（　　）。
   A. 从右到左，从下到上   B. 从右到左，从上到下
   C. 从左到右，从下到上   D. 从左到右，从上到下

2. PLC 在工作时采用（　　）原理。
   A. 集中采样、分段输出   B. 循环扫描
   C. 输入/输出   D. 都是

3. 下列气动元件不属于控制元件的是（　　）。
   A. 节流阀   B. 气缸   C. 减压阀   D. 换向阀

4. 电磁阀的线圈应接在（　　）。
   A. 气缸的进气口   B. 气缸的排气口
   C. PLC 的输入口   D. PLC 的输出口

5. 在自动生产线中用于检测气缸活塞杆伸出和缩回的传感器是（　　）。
   A. 光电传感器   B. 光纤传感器
   C. 磁性开关   D. 电感式接近传感器

6. 两位五通阀中的"五通"指的是（　　）。
   A. 五个通口   B. 五个位置   C. 五个状态   D. 五个气管

7. 自动生产线的供料站用于检测料仓中有无工件的传感器是（　　）。
   A. 光电传感器   B. 光纤传感器
   C. 磁性开关   D. 电感式接近传感器

8. 供料站中用了（　　）个二位五通电磁阀。
   A. 2   B. 3   C. 4   D. 5

9. 供料站用到两个笔形气缸，其初始状态分别为（　　）和（　　）。
   A. 活塞杆伸出、活塞杆缩回   B. 活塞杆缩回、活塞杆伸出
   C. 活塞杆缩回、活塞杆缩回   D. 活塞杆伸出、活塞杆伸出

10. 供料站共用了多少个传感器（　　）。
    A. 5   B. 6   C. 7   D. 8

11. 供料站用于检测金属物料的传感器是（　　）。
    A. 电感式接近传感器   B. 光纤式接近传感器
    C. 光电式接近传感器   D. 磁性传感器

12. 光电传感器检测到有物料时（　　）。
    A. 绿色灯亮   B. 橙色灯亮   C. 两个灯都不亮   D. 两个灯都亮

13. 供料站中共用了（　　）个光电式接近传感器。
    A. 2   B. 3   C. 4   D. 5

14. 供料站中共用了（　　）个磁性开关。
    A. 2   B. 3   C. 4   D. 5

37

15. 磁性开关的引出线为二线制，其中棕色线接（　　）。
    A．直流电源 0 V 端口　　　　　B．直流电源 24 V 端口
    C．PLC 的输出点　　　　　　　D．PLC 的输入点

16. 光电式接近传感器的引出线为三线制，其中黑色线接（　　）。
    A．直流电源 0 V 端口　　　　　B．直流电源 24 V 端口
    C．PLC 的输出点　　　　　　　D．PLC 的输入点

17. 供料站中共用 1 个电感式接近传感器，其作用是（　　）。
    A．检测工件是否为金属　　　　B．检测工件的位置
    C．检测工件的有无　　　　　　D．检测工件的颜色

18. 漫射式光电传感器的工作原理是利用光照射到（　　）上后反射回来的光线而工作的。
    A．光敏二极管　　B．被检测元件　　C．光敏电阻　　D．感光元件

二、判断题

1. 自动生产线的自动执行装置（包括各种执行器件、机构，如电动机，电磁铁，电磁阀，气动、液压装置等），经各种检测装置（包括各种检测器件，如传感器、仪表等）检测工作进程、工作状态，接收逻辑、数理运算、判断得出的指令，按生产工艺要求的程序，自动进行生产作业。（　　）

2. YL-335B 自动生产线的控制方式是每一工作单元由一台 PLC 承担其控制任务，各 PLC 之间通过 RS-485 串行通信接口实现互连的分布式控制方式。（　　）

3. 可编程控制器的表达方式只有梯形图。（　　）

4. YL-335B 自动生产线设备要求空气压力在 0.9 Mpa。（　　）

5. 光电传感器的检测距离在一定范围内是可调的。（　　）

6. 气源装置给系统提供足够清洁、干燥且具有一定压力和流量的压缩空气。（　　）

7. 当 YL-335B 自动生产线供料站料仓中工件不足时，物料充足传感器的信号为"1"。（　　）

8. 在供料站单机运行程序编写时，如果物料不充足，系统立即停止。（　　）

9. 光电式接近传感器主要由光发射器和光接收器构成。光发射器发射的光线被检测物体遮挡或反射，使到达光接收器的光量将会发生变化。光接收器的敏感元件将检测出这种变化，并将这种变化转换为电气信号输出。（　　）

10. 在供料站单机运行程序编写时，如果系统没有准备就绪，可以按启动按钮启动系统。（　　）

项目 2 加工站安装与调试

加工站是 YL-335B 自动生产线的第二个工作站，负责加工工件。加工站除了可以独立工作，还可以与其他工作站联动，构成整体的自动生产线运行。本项目的主要工作任务是对加工站实施机械安装、编程调试及运行等操作，其目的是锻炼学生识图、安装、布线、编程和装调的综合能力。

扫一扫看加工站机械部件安装教学课件

扫一扫看加工站机械部件安装微视频

任务 2.1 加工站机械部件安装与调整

2.1.1 加工站机械部件的功能

加工站机械部件的功能是把待加工工件从出料台移送到加工区域冲压气缸的正下方，完成对工件的冲压加工，然后把加工好的工件重新送回出料台。

加工站的机械部件包括加工台及滑动机构、加工（冲压）机构、电磁阀组、PLC、急停按钮和启动/停止按钮、接线端口、底板等。该站机械部件总成如图 2-1 所示。

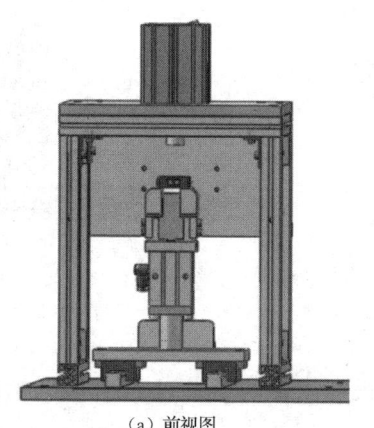
(a) 前视图

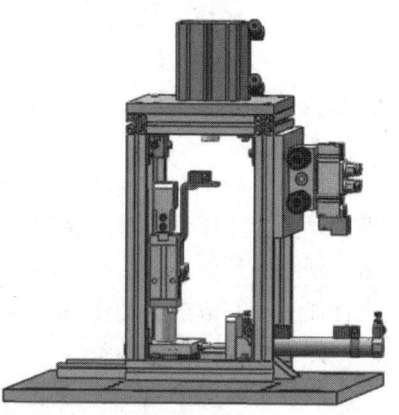
(b) 右视图

图 2-1 加工站机械部件总成

2.1.2 知识点链接

1. 加工台及滑动机构

加工台及滑动机构如图 2-2 所示。加工台用于固定被加工件，并把工件移到加工（冲压）机构正下方进行冲压加工。它主要由气动手爪、加工台伸缩气缸、线性导轨及滑块、磁感应接近开关、漫射式光电传感器组成。

滑动加工台的工作原理：滑动加工台在系统正常工作后的初始状态为伸缩气缸伸出，加工台气动手爪呈张开的状态，当输送站把工件送到加工台上，物料检测传感器检测到工件后，PLC 控制

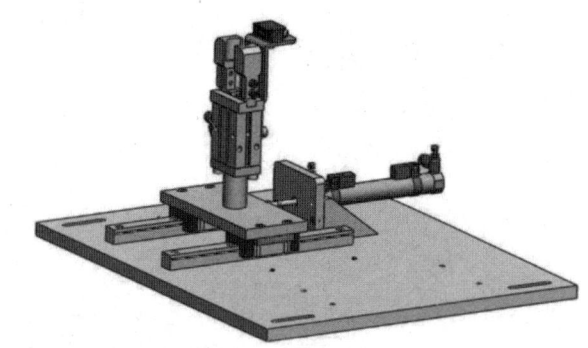

图 2-2　加工台及滑动机构

程序驱动气动手爪将工件夹紧→加工台回到加工区域冲压气缸下方→冲压气缸活塞杆向下伸出冲压工件→完成冲压动作后向上缩回→加工台重新伸出→到位后气动手爪松开，完成工件加工工序，并向系统发出加工完成信号。为下一个工件的加工做准备。

在加工台上安装一台漫射式光电传感器。若加工台上没有工件，则漫射式光电传感器均处于常态；若加工台上有工件，则漫射式光电传感器动作，表明加工台上已有工件。该光电传感器的输出信号被送到加工站 PLC 的输入端，用以判断加工台上是否有工件需进行加工；当加工过程结束，加工台伸出到初始位置。

加工台上安装的漫射式光电传感器选用 E3Z-L61 型放大器内置型光电传感器（细小光束型），该光电传感器的原理和结构以及调试方法在项目 1 已经介绍过，此处不再赘述；加工台伸出和缩回到位的位置是通过调整伸缩气缸上两个磁性开关位置来定位的。要求缩回位置位于加工冲头的正下方，伸出位置应与输送站的抓取机械手装置配合动作，确保输送站的抓取机械手能顺利地把待加工工件放到加工台上。

2. 加工（冲压）机构

加工（冲压）机构如图 2-3 所示，它主要由冲压气缸、冲压头、安装板等组成，用于对工件进行冲压加工。

加工（冲压）机构的工作原理：当工件到达冲压位置时，即伸缩气缸活塞杆缩回到位，冲压缸伸出对工件进行加工，完成加工动作后冲压缸缩回，为下一次冲压做准备。

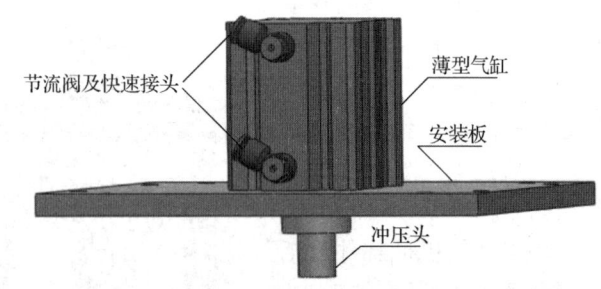

图 2-3　加工（冲压）机构

冲压头安装在冲压缸头部，根据工件的要求对工件进行冲压加工。安装板用于安装冲压缸，对冲压缸进行固定。

3. 直线导轨

直线导轨是一种滚动导引，它由钢珠在滑块与导轨之间做无限滚动循环，使得负载平台能沿着导轨做高精度线性运动，其摩擦系数可降至传统滑动导引的 1/50，能达到很高的定位精度。在直线传动领域中，直线导轨副一直是关键性的产品，目前已成为各种机床、数控加工中心、精密电子机械中不可缺少的重要功能部件。

直线导轨副通常按照滚珠在导轨和滑块之间的接触牙型进行分类，主要有两列式和四列式两种。YL-335A 自动生产线均选用普通级精度的两列式直线导轨副，其接触角在运动中能保持不变，刚性也比较稳定。图 2-4（a）为直线导轨副的截面示意，图 2-4（b）为装配好的直线导轨副。

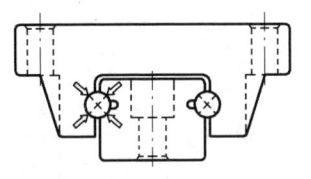 

（a）直线导轨副截面示意　　　　　　　　（b）装配好的直线导轨副

图 2-4　两列式直线导轨副

安装直线导轨副时应注意：操作要小心，轻拿轻放，避免磕碰以影响导轨副的直线精度；不要将滑块拆离导轨或超过行程后又推回去。

加工站加工台滑动机构由两个直线导轨副和导轨构成，安装滑动机构时，要注意将两直线导轨调整到平行位置。加工台及滑动机构组件的安装方法将在后面"加工站的安装技能训练"任务中讨论。

4. 薄型气缸

薄型气缸属于省空间气缸类，即气缸的轴向或径向尺寸比标准气缸有较大减小的气缸，具有结构紧凑、质量轻、占用空间小等优点，如图 2-5 所示。

图 2-5　薄型气缸

薄型气缸的特点是：缸筒与无杆侧端盖压铸成一体，杆盖用弹性挡圈固定，缸体为方形。这种气缸通常用于固定夹具和在搬运工作中固定工件等。在 YL-335B 自动生产线的加工站中，薄型气缸用于冲压，这主要是因为该气缸的行程短。

5. 气动手爪

气动手爪用于抓取、夹紧工件。气动手爪通常分为滑动导轨型、支点开闭型和回转驱动型等类型。YL-335B 自动生产线的加工站所使用的是滑动导轨型气动手爪，如图 2-6（a）下图所示，其工作原理如图 2-6（b）和（c）所示。

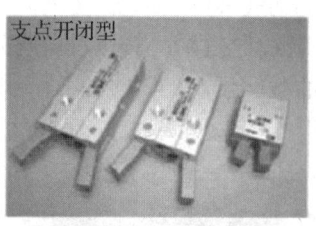

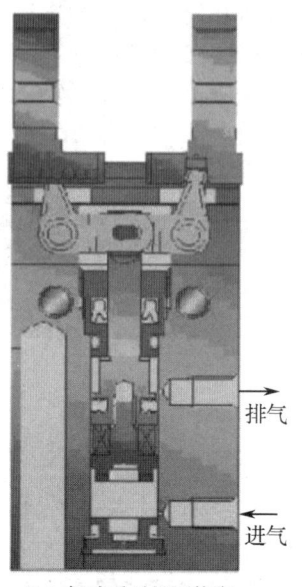
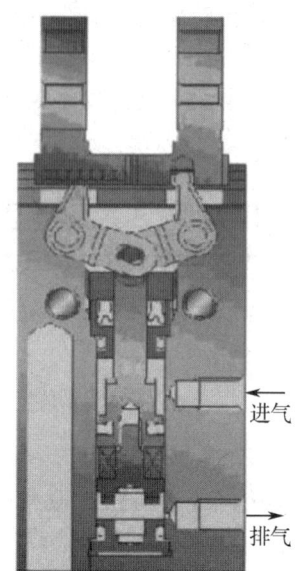

（a）气动手爪外形　　　（b）气动手爪松开状态　　　（c）气动手爪夹紧状态

图 2-6　气动手爪外形和工作原理

2.1.3　机械部件安装

1. 训练目标

将加工站的机械部件拆开成组件和零件的形式，然后再组装成原样。要求学生掌握机械部件的安装、调整方法与技巧。

2. 机械部件的安装步骤

气路和电路连接的注意事项在供料站实训项目中已经叙述，这里着重讨论加工站机械部件的安装、调整方法。加工站的装配过程包括两部分，一是加工机构组件装配；二是加工台组件装配。图 2-7 是加工机构组件装配图，图 2-8 是加工台组件装配图，图 2-9 是整个加工站的组装图。

在完成以上各组件的装配后，首先将物料夹紧及运动送料部分和整个安装底板连接固定，再将铝合金支撑架安装在大底板上，最后将加工组件部分固定在铝合金支撑架上，即可完成该站的装配。

3. 气动控制回路连接与调整

加工站的气动控制元件均采用二位五通单电控电磁换向阀，各电磁阀均带有手动换向和加锁钮。它们集中安装成阀组固定在冲压支撑架后面。

项目 2　加工站安装与调试

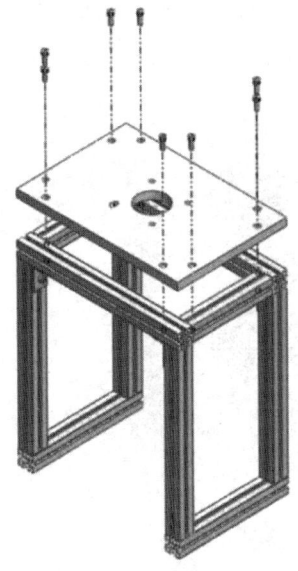
（a）加工机构支撑架装配

冲压气缸
冲压头
（b）冲压气缸及冲压头装配

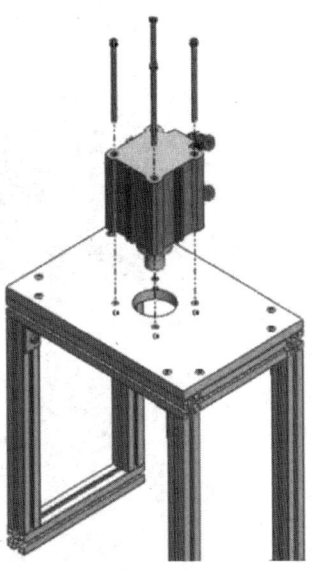
（c）将冲压气缸安装到支撑架上

图 2-7　加工机构组件装配图

（a）夹紧机构组装

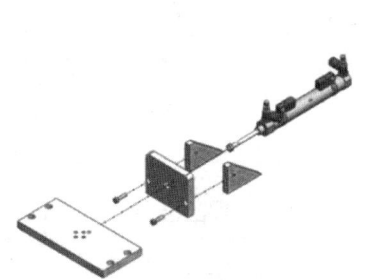
（b）伸缩台组装

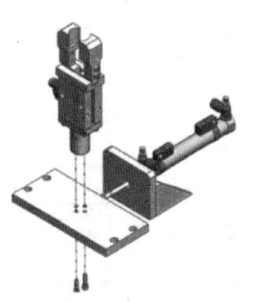
（c）将夹紧机构安装到伸缩台上

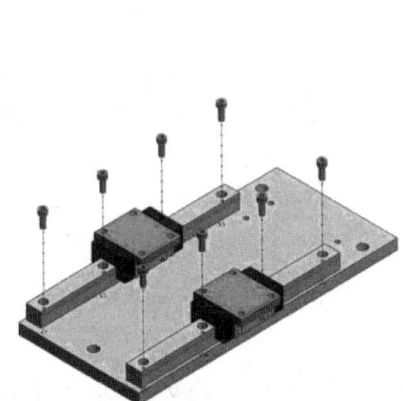
（d）直线导轨组装

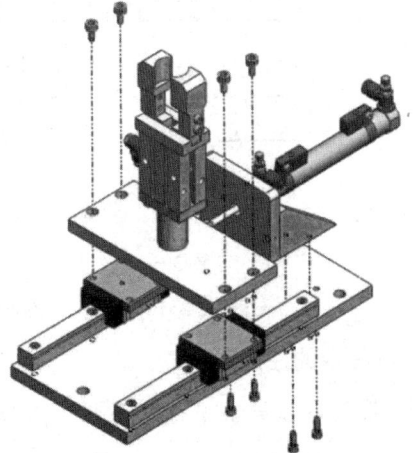
（e）将加工机构安装到直线导轨上

图 2-8　加工台组件装配图

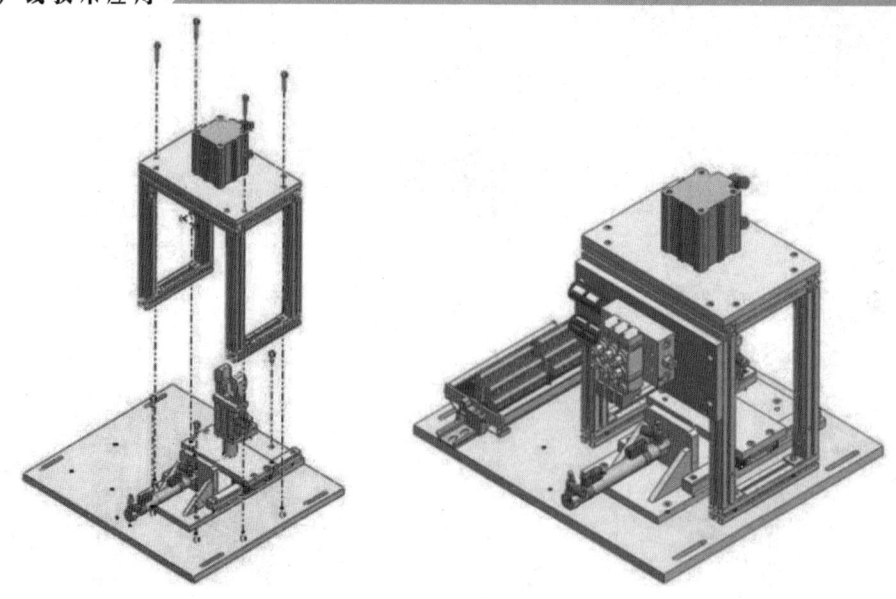

图 2-9　加工站组装图

加工站气动控制回路的工作原理如图 2-10 所示。1B1 和 1B2 为安装在冲压气缸的两个极限工作位置的磁感应接近开关，2B1 和 2B2 为安装在加工台伸缩气缸的两个极限工作位置的磁感应接近开关，3B1、3B2 为安装在手爪气缸的两个极限工作位置的磁感应接近开关。1Y1、2Y1 和 3Y1 分别为控制冲压气缸、加工台伸缩气缸和手爪气缸的电磁阀的电磁控制端。

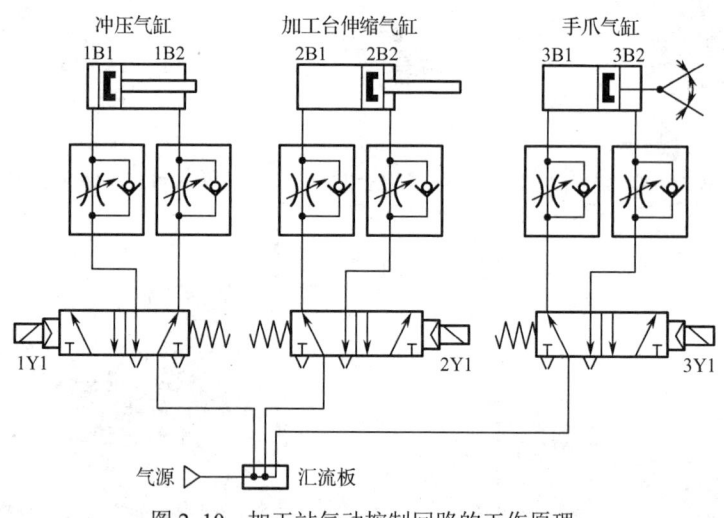

图 2-10　加工站气动控制回路的工作原理

4. 安装过程中的注意事项

（1）在调整两直线导轨平行时，要一边移动安装在两导轨上的安装板，一边拧紧固定导轨的螺栓。

（2）如果加工组件部分的冲压头和加工台上工件的中心没有对正，可以通过调整推料气缸旋入两导轨连接板的深度来进行校正。

5. 问题与思考

（1）按上述方法装配完成后，发现直线导轨的运动依旧不是特别顺畅，此时应该对物料夹紧及运动送料部分做何调整？

（2）安装完成后，但运行时间不长便出现物料夹紧及运动送料部分的直线气缸密封损伤或损坏，试想可能是由哪些原因造成的？

任务 2.2　完成加工站电路设计及接线

扫一扫看加工站电路设计及接线教学课件

扫一扫看加工站电路设计及接线微视频

2.2.1　任务描述

根据加工站的控制要求，对照 I/O 分配表与接线原理图，完成加工站的电路设计及接线。

2.2.2　加工站电路设计

加工站选用 S7-224 AC/DC/RLY 主站，共 14 点输入和 10 点继电器输出。加工站 PLC 的 I/O 信号分配如表 2-1 所示，其接线原理如图 2-11 所示。

表 2-1　加工站 PLC 的 I/O 信号分配

输入信号				输出信号			
序号	PLC 输入点	信号名称	来源	序号	PLC 输出点	信号名称	来源
1	I0.0	加工台物料检测	装置侧	1	Q0.0	夹紧电磁阀	装置侧
2	I0.1	工件夹紧检测		2	Q0.1		
3	I0.2	加工台伸出到位		3	Q0.2	加工台伸缩电磁阀	
4	I0.3	加工台缩回到位		4	Q0.3	加工压头电磁阀	
5	I0.4	加工压头上限		5	Q0.4		
6	I0.5	加工压头下限		6	Q0.5		
7	I0.6			7	Q0.6		
8	I0.7			8	Q0.7	正常工作指示	按钮/指示灯模块
9	I1.0			9	Q1.0	运行指示	
10	I1.1			10	Q1.1		
11	I1.2	停止按钮	按钮/指示灯模块				
12	I1.3	启动按钮					
13	I1.4	急停按钮					
14	I1.5	单机/联机					

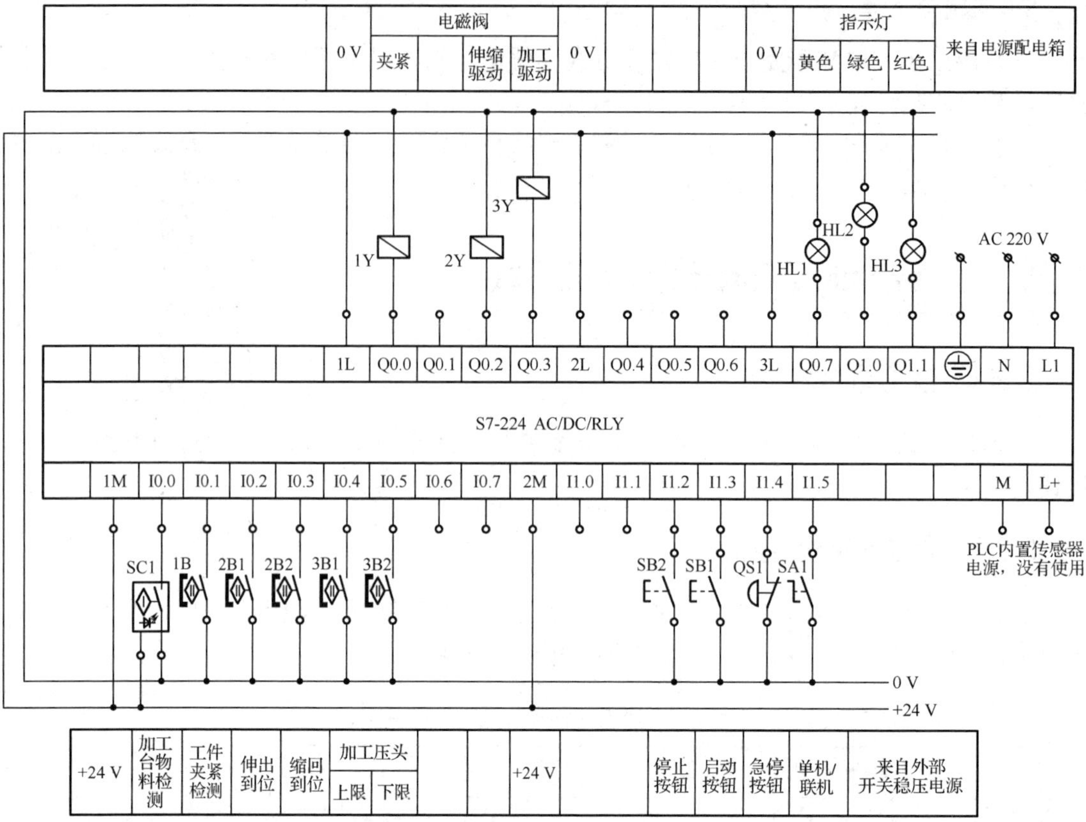

图 2-11 加工站接线原理图

2.2.3 加工站电路连接

加工站电路连接包括在工作站装置侧完成各传感器、电磁阀、电源端口等引线到装置侧接线端口之间的接线；在 PLC 侧进行电源连接、I/O 点接线等。

在装置侧接线端口中，输入信号端口的上层端口（+24 V）只能作为传感器的正电源端，切勿用于电磁阀等执行元件的负载。电磁阀等执行元件的正电源端和 0 V 端应连接到输出信号端子的相应下层端子。装置侧接线完成后，应用扎带绑扎，力求整齐美观。

PLC 侧的接线包括：电源接线，PLC 的 I/O 点和 PLC 侧接线端口之间的连线，PLC 的 I/O 点与按钮/指示灯模块的端子之间的连线。具体接线要求与工作任务有关。电气接线的工艺应符合国家标准的规定。例如，在将导线连接到端子时，采用压紧端子压接方法；连接线须有符合规定的标号；每一端子连接的导线不超过两根等。

2.2.4 加工站接线测试

加工站接线测试包括按钮功能测试、指示灯功能测试、各类传感器功能测试、电磁阀功能测试、PLC 功能测试等几部分。

1. 按钮功能测试

加工站通电（接通气源），用手按动停止/启动按钮、急停按钮、单机/联机转换开关，观察 PLC I1.2、I1.3、I1.4、I1.5 的输入指示灯是否亮（灭），若不亮（灭）应检查对应按钮及连接线。

2. 指示灯功能测试

加工站通电（接通气源），进入 STEP 7-Micro/WIN 编程软件，利用强制功能，分别强制 PLC Q0.7、Q1.0 输出口接通/断开一次，观察 PLC Q0.7、Q1.0 的输入指示灯是否亮，外部的正常工作和设备运行指示灯是否亮，若不亮应检查指示灯及连接线。

3. 传感器功能测试

（1）磁性开关功能测试。加工站通电（接通气源），手动控制电磁阀工作，实现加工台伸缩和加工压头冲压的动作，观察 PLC I0.1、I0.2、I0.3、I0.4、I0.5 的输入指示灯是否亮，若不亮应检查磁性开关及连接线。

（2）光电式接近传感器功能测试。将加工台放上物料，观察 PLC I0.0 的输入指示灯是否亮，若不亮应检查光电式接近传感器及连接线。

4. 电磁阀功能测试

加工站通电（接通气源），进入 STEP 7-Micro/WIN SP5 编程软件，利用强制功能，分别强制 PLC 接有电磁阀的输出口，使其接通/断开一次，观察 PLC 对应输出口的指示灯是否亮。认真听电磁阀是否有动作声音，观察外部气动手指和气缸是否执行动作，若不执行应检查气路连接部分及电磁阀接线。

5. PLC 功能测试

PLC 功能测试主要是对加工站测试程序（用户随意编写）进行上传与下载、监控功能的调试。在程序执行过程中，还要观察对应位指示灯是否亮灭，除此之外还要对相应的位进行测试，检查 I/O 情况。

任务 2.3　编制加工站程序并调试

扫一扫看加工站编程调试教学课件

扫一扫看加工站编程调试微视频

2.3.1　加工站控制要求

只考虑加工站作为独立设备运行时的情况，本站的按钮/指示灯模块上的工作方式选择开关应置于"单机"位置。具体的控制要求如下。

（1）初始状态：设备上电和气源接通后，加工台伸缩气缸处于伸出位置，加工台气动手爪呈松开的状态，冲压气缸处于缩回位置，急停按钮没有按下。若设备在上述初始状态，则正常工作指示灯 HL1 常亮，表示设备已准备好。否则，该指示灯以 1 Hz 频率闪烁。

（2）若设备已准备好，按下启动按钮，设备启动，设备运行指示灯 HL2 常亮。当待加工工件送到加工台上并被检出后，设备将工件夹紧，送往加工区域冲压，完成冲压后返回待料位置的工件加工工序。如果没有停止信号输入，当再有待加工工件送到加工台上时，加工站又开始下一周期工作。

（3）在工作过程中，若按下停止按钮，加工站在完成本周期的动作后停止工作，HL2指示灯熄灭。

（4）在工作过程中，若按下急停按钮，加工站立即停止工作。HL2指示灯以1 Hz频率闪烁，直到取消急停，否则加工无法继续工作。

2.3.2 加工站单站控制的编程思路

加工站主程序流程与供料站类似，也是PLC上电后应首先进入初始状态自检阶段，确认系统已经准备就绪后，才允许接收启动信号投入运行。但加工站工作任务中增加了急停功能。为此，调用加工控制子程序的条件应该是"站在运行状态"和"急停按钮未按"两者同时成立。

加工站加工控制子程序的步进顺序流程如图2-12所示。

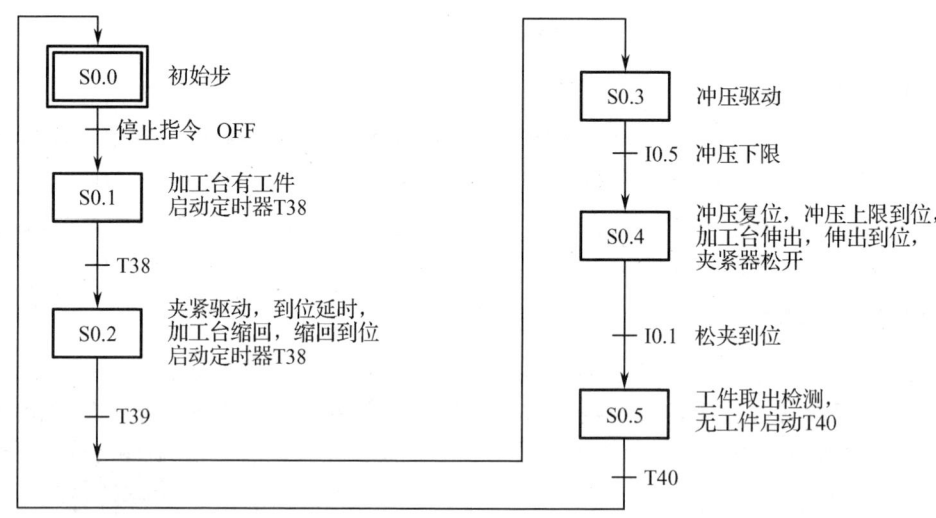

图2-12 加工站加工控制子程序的步进顺序流程

从图2-12中可以看出，当一个加工周期结束，只有加工好的工件被取走后，程序才能返回S0.0步，这就避免了重复加工的可能。

2.3.3 调试与运行

（1）调整气动部分，检查气路是否正确，气压是否合理、恰当，气缸的动作速度是否合适。

（2）检查磁性开关的安装位置是否到位，磁性开关工作是否正常。

（3）检查I/O接线是否正确。

（4）检查光电传感器安装是否合理，灵敏度是否合适，保证检测的可靠性。

（5）放入工件，运行程序，观察加工站动作是否满足任务要求。

项目2 加工站安装与调试

2.3.4 加工站参考程序

1. 加工控制主程序

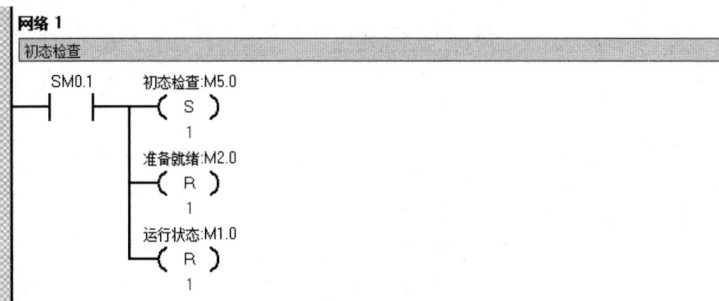

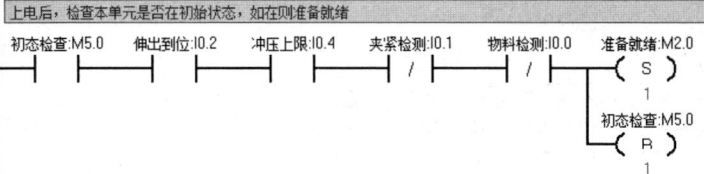

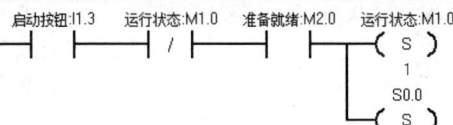

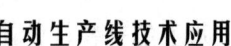

网络 5

若单元处于运行状态，且急停没有按下，调用加工控制子程序

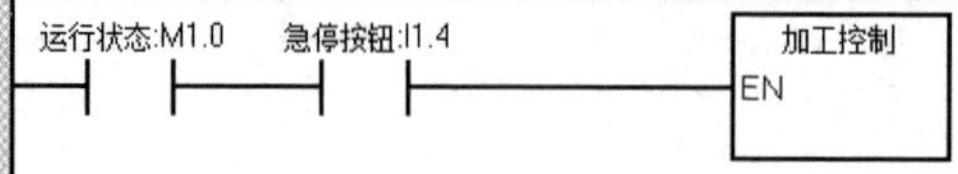

```
运行状态:M1.0    急停按钮:I1.4         加工控制
───┤ ├──────────┤ ├────────────────┤ EN ├
```

符号	地址	注释
急停按钮	I1.4	
运行状态	M1.0	

网络 6

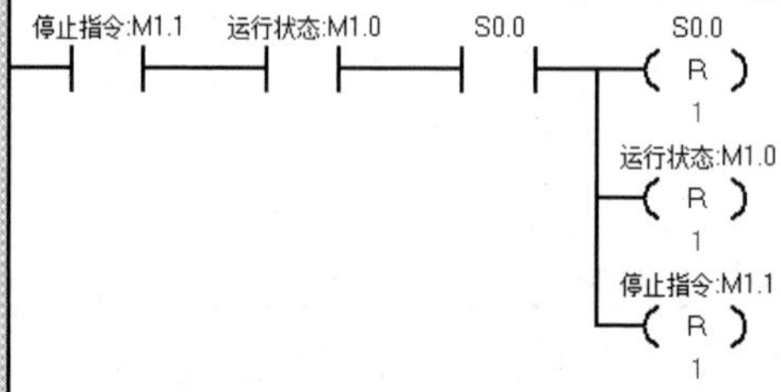

```
停止指令:M1.1  运行状态:M1.0  S0.0         S0.0
───┤ ├────────┤ ├────────────┤ ├──────────( R )
                                              1
                                         运行状态:M1.0
                                         ──( R )──
                                              1
                                         停止指令:M1.1
                                         ──( R )──
                                              1
```

符号	地址	注释
停止指令	M1.1	
运行状态	M1.0	

网络 7

正常运行时HL2（绿灯）常亮，按下急停按钮，HL2以1Hz频率闪烁。

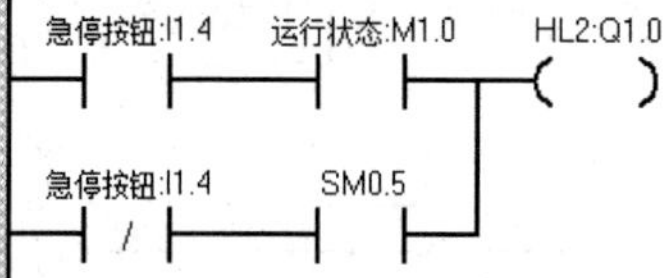

```
急停按钮:I1.4    运行状态:M1.0    HL2:Q1.0
───┤ ├──────────┤ ├─────────────( )
急停按钮:I1.4    SM0.5
───┤/├──────────┤ ├
```

符号	地址	注释
HL2	Q1.0	
急停按钮	I1.4	
运行状态	M1.0	

网络 8

上电后，单元未准备好，HL1（黄灯）以1Hz频率闪烁，若已经准备好，HL1常亮。

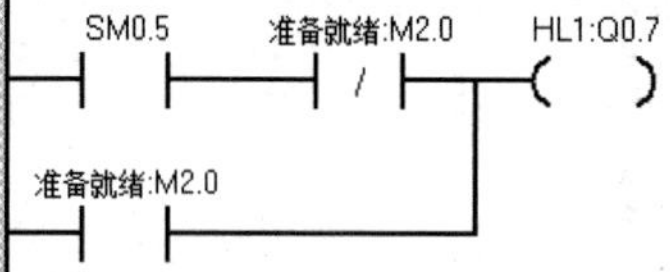

```
SM0.5       准备就绪:M2.0    HL1:Q0.7
───┤ ├──────┤/├──────────────( )
准备就绪:M2.0
───┤ ├
```

符号	地址	注释
HL1	Q0.7	
准备就绪	M2.0	

2. 加工控制子程序

网络 1

```
 S0.0
┌─────┐
│ SCR │
└─────┘
```

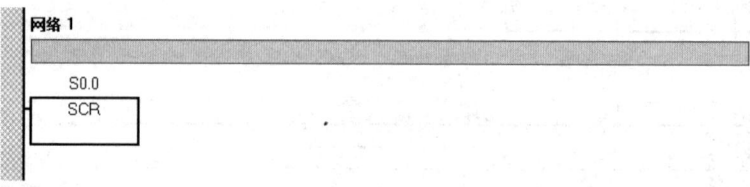

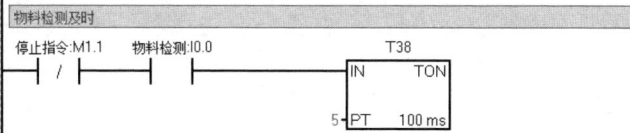

网络 2
物料检测及时

停止指令:M1.1 物料检测:I0.0   T38
──|/|──────| |──────────────IN   TON
                          5─PT   100 ms

符号	地址	注释
停止指令	M1.1	
物料检测	I0.0	

网络 3

T38   S0.1
──| |──(SCRT)

网络 4

──(SCRE)

网络 5
夹紧工件,缩回到冲压头下

S0.1
SCR

网络 6

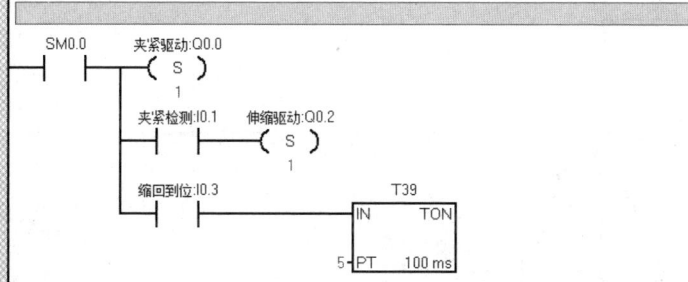

符号	地址	注释
夹紧检测	I0.1	
夹紧驱动	Q0.0	
伸缩驱动	Q0.2	
缩回到位	I0.3	

网络 7

T39   S0.2
──| |──(SCRT)

网络 8

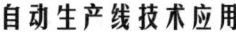

网络 9

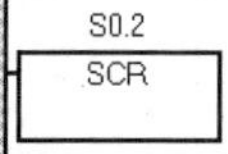

```
 S0.2
 SCR
```

网络 10

冲压操作

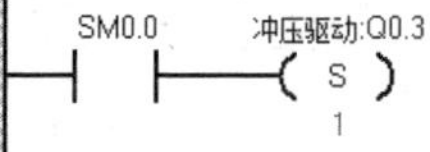

```
 SM0.0    冲压驱动:Q0.3
 ──┤├──────( S )
              1
```

符号	地址	注释
冲压驱动	Q0.3	

网络 11

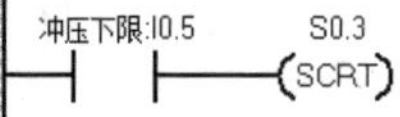

```
 冲压下限:I0.5   S0.3
 ──┤├──────(SCRT)
```

符号	地址	注释
冲压下限	I0.5	

网络 12

```
 ─(SCRE)
```

网络 13

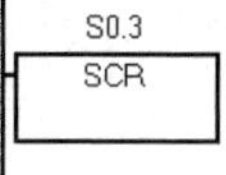

```
 S0.3
 SCR
```

网络 14

冲压完成后,加工台伸出,松夹

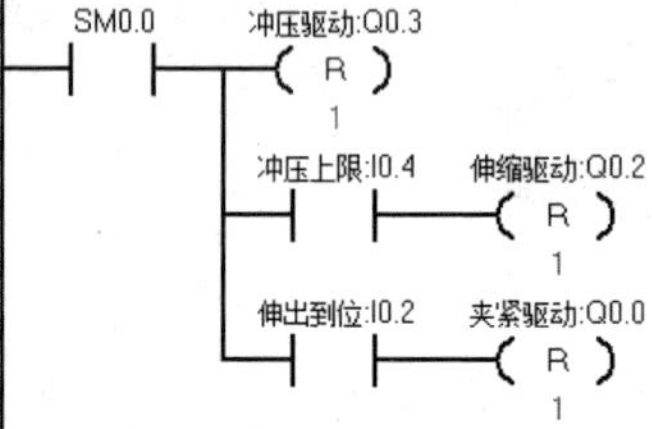

```
 SM0.0    冲压驱动:Q0.3
 ──┤├──────( R )
              1
          冲压上限:I0.4   伸缩驱动:Q0.2
          ──┤├──────────( R )
                          1
          伸出到位:I0.2   夹紧驱动:Q0.0
          ──┤├──────────( R )
                          1
```

符号	地址	注释
冲压驱动	Q0.3	
冲压上限	I0.4	
夹紧驱动	Q0.0	
伸出到位	I0.2	
伸缩驱动	Q0.2	

网络 15

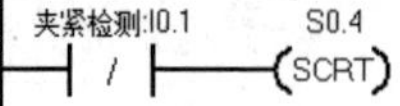

```
 夹紧检测:I0.1   S0.4
 ──┤/├──────(SCRT)
```

符号	地址	注释
夹紧检测	I0.1	

项目 2　加工站安装与调试

网络 16

─(SCRE)

网络 17

```
  S0.4
  SCR
```

网络 18

```
物料检测:I0.0            T40
──|/|────────────────  IN   TON
                    3─ PT   100 ms
```

符号	地址	注释
物料检测	I0.0	

网络 19

```
 T40    S0.0
──| |──( SCRT )
```

网络 20

─(SCRE)

2.3.5 加工站 PLC 符号表

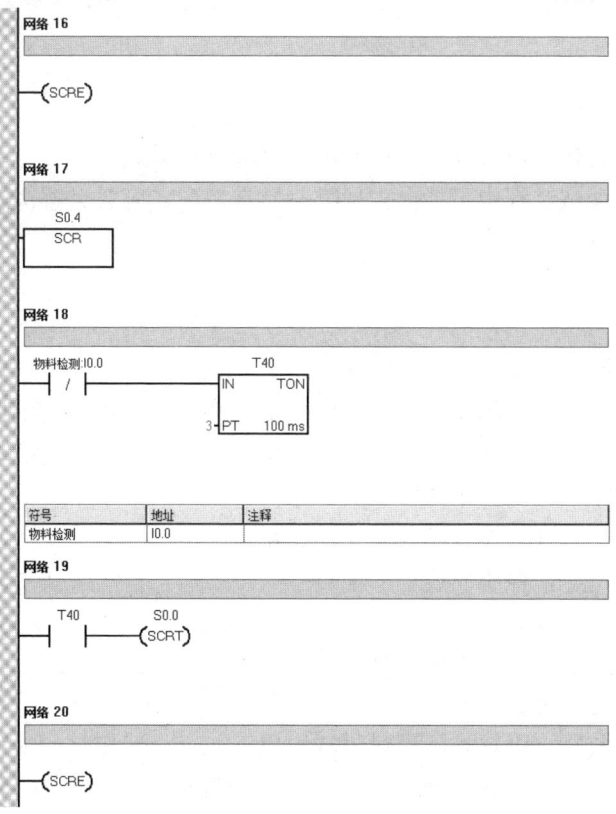

		符号	地址	注释
1		全线运行	V1000.0	来自主站
2		HMI联机	V1000.7	来自主站
3		初始态	V1030.0	去主站（输送站）
4		加工完成	V1030.1	去主站（输送站）
5		联机信号	V1030.4	去主站（输送站）
6		运行信号	V1030.5	去主站（输送站）
7		物料检测	I0.0	
8		夹紧检测	I0.1	
9		伸出到位	I0.2	
10		缩回到位	I0.3	
11		冲压上限	I0.4	
12		冲压下限	I0.5	
13		停止按钮	I1.2	
14		启动按钮	I1.3	
15		急停按钮	I1.4	
16		方式切换	I1.5	
17		夹紧驱动	Q0.0	
18		伸缩驱动	Q0.2	
19		冲压驱动	Q0.3	
20		HL1	Q0.7	
21		HL2	Q1.0	
22		运行状态	M1.0	
23		停止指令	M1.1	
24		准备就绪	M2.0	
25		联机方式	M3.4	
26		初态检查	M5.0	

总结与思考 2

1. 总结气路连接、传感器接线、I/O 检测及故障排除方法。
2. 思考在加工站调试过程中可能会出现哪些异常情况，应怎么解决上述异常？

课后习题 2

扫一扫看本习题参考答案

一、选择题（单选）

1. 电气接线的工艺应符合国家标准的规定，每一端子连接的导线不超过（　　）根。
   A. 1　　　　　　B. 2　　　　　　C. 3　　　　　　D. 4
2. 加工站中共用了（　　）个磁性开关。
   A. 4　　　　　　B. 5　　　　　　C. 6　　　　　　D. 7
3. 磁性开关有（　　）根引出线。
   A. 1　　　　　　B. 2　　　　　　C. 3　　　　　　D. 4
4. 加工站用到（　　）种类型的气缸。
   A. 1　　　　　　B. 2　　　　　　C. 3　　　　　　D. 4
5. 加工站的冲压气缸、供料站的顶料气缸均属于（　　）。
   A. 标准气缸　　　B. 薄型气缸　　　C. 导向气缸　　　D. 都不是
6. 加工站用于检测加工台有无工件的传感器是（　　）。
   A. 电感式接近传感器　　　　　B. 光电式接近传感器
   C. 磁性开关　　　　　　　　　D. 光纤式接近传感器
7. 传感器能感知的输入变化量越小，表示传感器的（　　）。
   A. 线性度越小　　B. 迟滞越小　　　C. 重复性越好　　D. 分辨率越高
8. （　　）是一种非接触式的位置检测传感器，具有检测时不会磨损和损伤检测对象的优点，常用于检测磁场或磁性物质的存在。
   A. 行程传感器　　　　　　　　B. 光电式接近传感器
   C. 磁性开关　　　　　　　　　D. 微动传感器
9. 两位五通阀中的"两位"指的是（　　）。
   A. 两个出气口　　B. 两根气管　　　C. 两种状态　　　D. 两个线圈
10. 加工站中用了（　　）两位五通电磁阀。
    A. 1个　　　　　B. 2个　　　　　C. 3个　　　　　D. 4个
11. 加工站加工台伸缩气缸初始位置为＿＿＿＿，气动手爪初始位置为＿＿＿＿，冲压气缸初始位置为＿＿＿＿。（　　）
    A. 伸出位置，松开位置，缩回位置
    B. 缩回位置，夹紧位置，缩回位置
    C. 伸出位置，松开位置，伸出位置
    D. 伸出位置，夹紧位置，缩回位置

项目 2 加工站安装与调试

12. （　　）是用来产生具有足够压力和流量的压缩空气并将其净化、处理及存储的一套装置。

　　A．气源装置　　B．传感器　　C．电磁阀　　D．气缸

13. 加工站的气动回路如图 2-13 所示，虚线框中的气动元件是（　　）。

　　A．气缸　　B．电磁阀　　C．单向节流阀　　D．气动二联件

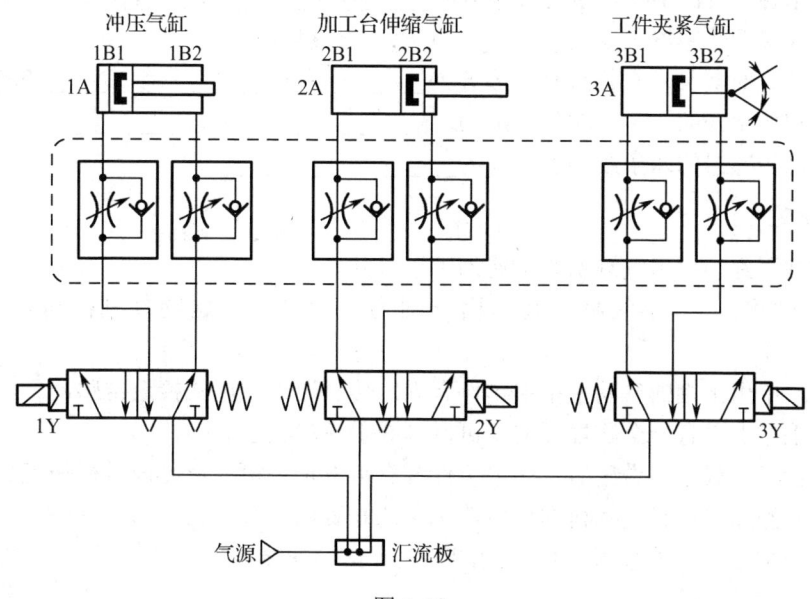

图 2-13

14. 加工站的气动回路如图 2-14 所示，虚线框中的气动元件是（　　）。

　　A．单向节流阀　　　　　　B．磁性开关
　　C．二位五通单电控电磁阀　　D．二位五通双电控电磁阀

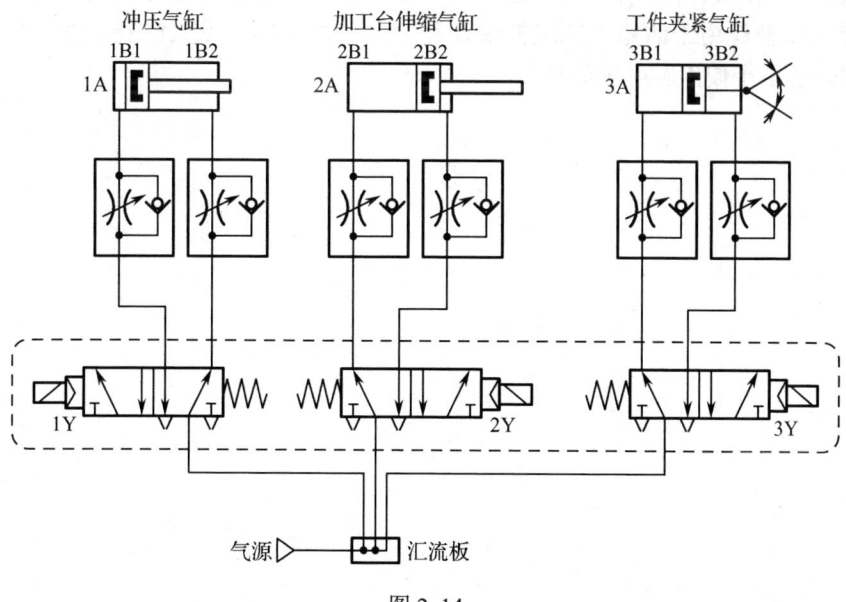

图 2-14

15．加工站采用单站控制时，当按下停止按钮后（　　）。
　　A．完成一个加工周期后停止　　B．系统立即停止
　　C．无工件时停止　　　　　　　D．以上都可以

二、填空题

1．加工站各个气缸的初始状态分别为＿＿＿＿、＿＿＿＿、＿＿＿＿。
2．光电式接近传感器主要由＿＿＿＿和＿＿＿＿组成。
3．PLC运行时其循环扫描过程一般分为＿＿＿＿、＿＿＿＿、＿＿＿＿ 3个阶段。
4．三线制传感器的三条线颜色分别为＿＿＿＿、＿＿＿＿、＿＿＿＿。
5．两线制传感器的两条线颜色分别为＿＿＿＿、＿＿＿＿。

三、判断题

1．加工站用到的手指气缸初始位置为手指松开。（　　）
2．加工站用到 3 个气缸，其作用分别为夹紧物件、送物件到冲压位置和冲压。（　　）
3．加工站中用于判断气动手指中物件有无的传感器为光电式接近传感器。（　　）
4．气动手指上只有一个磁性开关就可以判断手指的状态。（　　）
5．工件加工完成，被送出后，如果工件没有被取走，可以反复地进行加工。（　　）
6．用来检测加工台有无物料的传感器采用的是磁性开关。（　　）
7．磁性开关是一种非接触式位置检测开关，这种非接触式位置检测不会磨损和损伤检测对象物，响应度高。（　　）
8．气缸伸出速度过快或过慢，说明气流开度过大或过小。（　　）
9．气动技术是以压缩空气作为动力源，进行能量传递或信号传递的工程技术，是实现各种生产控制、自动控制的重要手段之一。（　　）
10．双作用气缸具有结构简单、输出力稳定、行程可根据需要选择的优点，但由于是利用压缩空气交替作用于活塞上实现伸缩运动的，回缩时压缩空气的有效作用面积较小，因此产生的力要小于伸出时产生的推力。（　　）

项目 3 装配站安装与调试

装配站是 YL-335B 自动生产线的第三个工作站，其功能是将该站料仓内的黑色或白色小圆柱形工件嵌入放置在装配料斗的待装配工件中。装配站除了可以独立工作以外，还可以与其他工作站联动，构成整体的自动生产线运行。本项目的主要工作任务是对装配站实施机械安装、编程调试及运行等操作，以锻炼学生识图、安装、布线、编程和装调的综合能力。

任务 3.1 装配站机械部件安装与调整

扫一扫看装配站机械部件安装教学课件

扫一扫看装配站机械部件安装微视频

3.1.1 装配站机械部件的功能

装配站的结构组成包括：管形料仓，供料机构，回转台，机械手，待装配工件的定位机构，气动系统及其电磁阀组，信号采集及其自动控制系统，以及用于电气连接的端子排组件，整条生产线状态指示的信号灯和用于其他机构安装的铝型材支架及底板，传感器安装支架等其他附件。装配站机械装配图如图 3-1 所示。

3.1.2 知识点链接

1. 管形料仓

管形料仓用来存储装配用的金属、黑色和白色小圆柱零件。它由塑料圆管和中空底座构成。塑料圆管顶端放置加强金属环，以防止破损。工件竖直放入料仓的空心圆管内，由于二者之间有一定的间隙，使其能在重力作用下自由下落。

为了在料仓供料不足和缺料时能够报警，在塑料圆管底部和底座处分别安装了 2 个漫反射光电传感器（E3Z-L 型），并在料仓塑料圆柱上纵向铣槽，以使光电传感器的红外光能可靠照射到被检测的物料上。光电传感器的灵敏度调整应以能检测到黑色物料为准则。

自动生产线技术应用

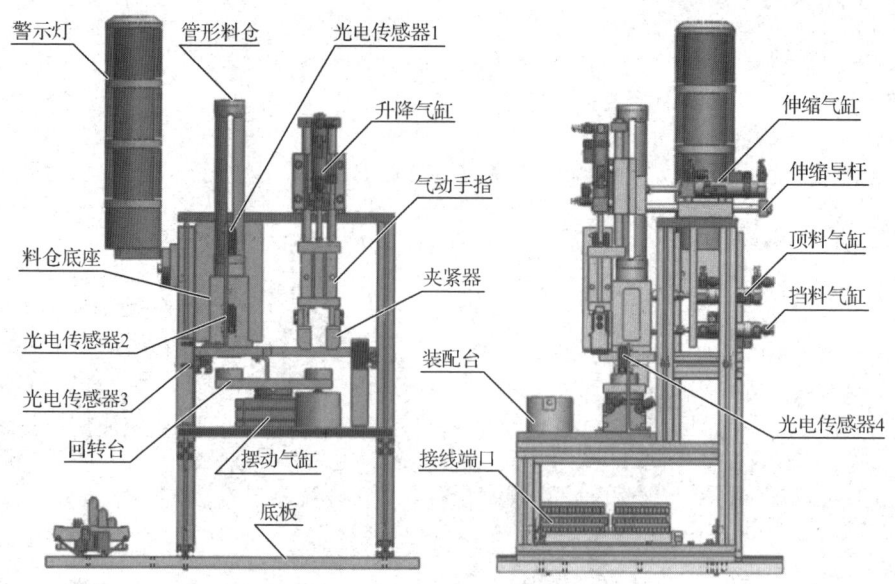

图 3-1　装配站机械装配图

2. 落料机构

图 3-2 为落料机构示意。图中，料仓底座的背面安装了两个直线气缸。上面的气缸称为顶料气缸，下面的气缸称为挡料气缸。系统气源接通后，顶料气缸的初始位置处在缩回状态，挡料气缸的初始位置处在伸出状态。这样，当从料仓上面放下工件时，工件将被挡料气缸活塞杆终端的挡块阻挡而不能落下。落料时，首先使顶料气缸伸出，把次下层的工件夹紧，然后挡料气缸缩回，工件掉入回转的料盘中。之后，挡料气缸活塞杆复位伸出，顶料气缸活塞杆缩回，次下层工件跌落到挡料气缸终端挡块上，为再一次供料作准备。

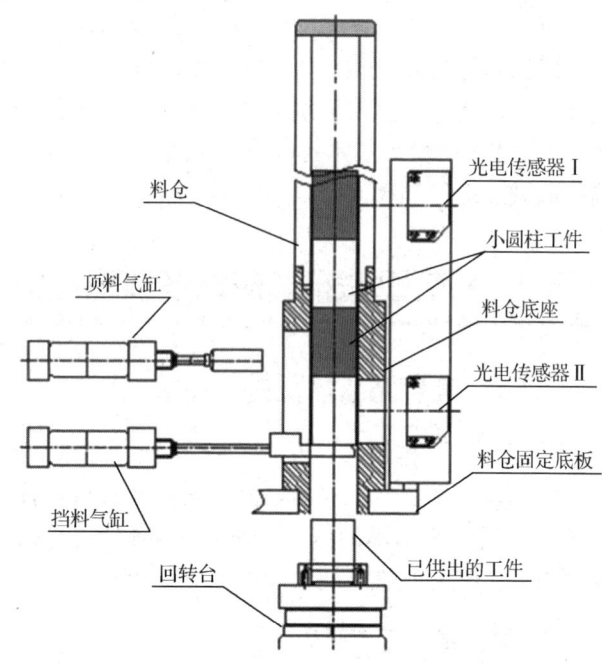

图 3-2　落料机构示意

3. 回转台

回转台由气动摆台和两个料盘组成，气动摆台能驱动料盘旋转 180°，以实现把从供料机构落下到料盘的工件移动到装配机械手正下方的功能，其结构如图 3-3 所示。图中的光电传感器 1 和光电传感器 2 分别用来检测料盘 1（左料盘）和料盘 2（右料盘）是否有零件。两个光电传感器均选用 CX-441 型。

项目3 装配站安装与调试

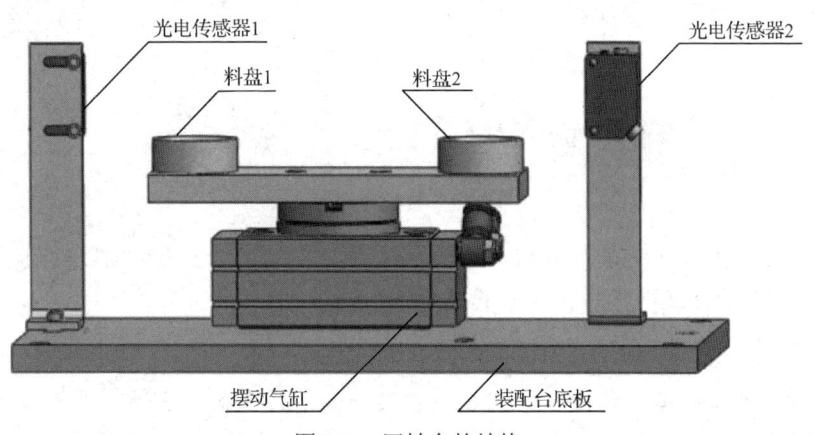

图 3-3 回转台的结构

4. 装配机械手

装配机械手是整个装配站的核心。当装配机械手正下方的回转台料盘上有小圆柱零件，且装配台侧面的光纤传感器检测到装配台上有待装配工件时，机械手从初始状态开始执行装配操作过程。装配机械手的整体外形如图 3-4 所示。

装配机械手是一个三维运动的机构，它由水平方向移动和竖直方向移动的 2 个导向气缸和气动手指组成。

装配机械手的运行过程如下：

PLC 驱动与竖直移动气缸相连的电磁阀换向动作，由竖直移动的导杆气缸驱动气动手指向下移动；到位后，气动手指驱动手爪夹紧物

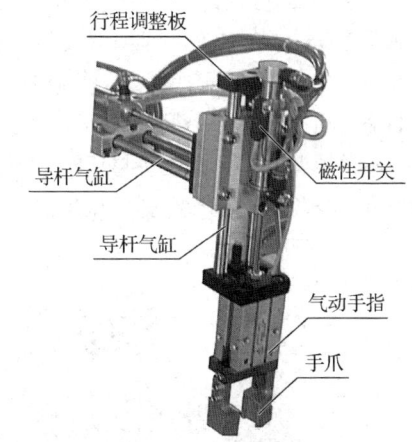

图 3-4 装配机械手的整体外形

料，并将夹紧信号通过磁性开关传送给 PLC；在 PLC 控制下，竖直移动气缸复位，被夹紧的物料随气动手指一并提起，离开回转台的料盘；提升到最高位后，水平移动气缸在与之对应的电磁阀驱动下，活塞杆伸出；移动到气缸前端位置后，竖直移动气缸再次被驱动下移，移动到最下端位置；气动手指松开，经短暂延时，竖直移动气缸和水平移动气缸缩回，机械手恢复初始状态。

在整个机械手动作过程中，除气动手指松开到位无传感器检测外，其余动作的到位信号检测均采用与气缸配套的磁性开关，将采集到的信号反馈给 PLC 作为输入信号，再由 PLC 输出信号驱动电磁阀换向，使由气缸及气动手指组成的机械手按程序自动运行。

5. 装配台料斗

输送站运送来的待装配工件直接放置在装配台料斗的定位孔中，由定位孔与工件之间较小的间隙配合实现定位，从而完成准确的装配动作和定位精度。装配台料斗如图 3-5 所示。

自动生产线技术应用

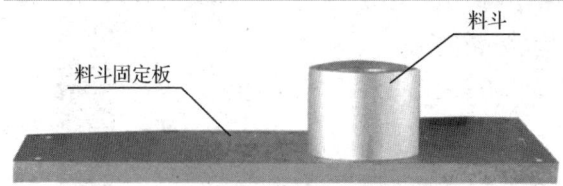

图 3-5　装配台料斗

为了确定装配台料斗内是否放置了待装配工件，使用了光纤传感器进行检测。料斗的侧面开了一个 M6 的螺孔，光纤传感器的光纤探头就固定在螺孔内。

6. 气动摆台

回转台的主要器件是气动摆台，它是由直线气缸驱动齿轮齿条实现回转运动，回转角度在 0°～90°或 0°～180°范围任意可调，而且可以安装磁性开关，检测旋转到位信号，多用于方向和位置需要变换的机构，如图 3-6 所示。

气动摆台的摆动回转角度在 0°～180°范围任意可调。松开调节螺杆上的反扣螺母，通过旋入和旋出调节螺杆，即可改变回转凸台的回转角度，调节螺杆 1 和调节螺杆 2 分别用于左旋和右旋角度的调整。当调整好摆动角度后，应将反扣螺母与基体反扣锁紧，防止调节螺杆松动造成回转精度降低。

回转到位的信号是通过调整气动摆台滑轨内的 2 个磁性开关的位置实现的，图 3-7 是磁性开关示例。磁性开关安装在气缸体的滑轨内，松开其紧固定位螺钉，磁性开关就可以沿着滑轨左右移动。确定开关位置后，旋紧紧固定位螺钉，即可完成位置的调整。

图 3-6　气动摆台

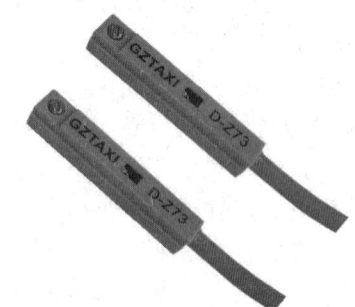

图 3-7　磁性开关

7. 导向气缸

导向气缸是指具有导向功能的气缸。一般为标准气缸和导向装置的集合体。导向气缸具有导向精度高、抗扭转力矩、承载能力强、工作平稳等特点。装配站用于驱动装配机械手水平方向移动的导向气缸如图 3-8 所示。该气缸由直线运动气缸带双导杆和其他附件组成。

安装支架用于导杆导向件的安装和导向气缸整体的固定，连接件安装板用于固定其他需要连接到该导向气缸上的零部件，并将两导杆和直线气缸活塞杆的相对位置固定。当直线气缸的一端接通压缩空气后，活塞被驱动做直线运动，活塞杆也一起移动，被连接件安装板固定到一起的两导杆也随活塞杆伸出或缩回，从而实现导向气缸的整体功能。安装在导杆末端的行程调整板用于调整该导杆气缸的伸出行程。具体调整方法是先松开行程调整

项目 3 装配站安装与调试

板上的紧固螺钉，让行程调整板在导杆上移动，当达到理想的伸出距离以后，再完全锁紧紧固螺钉，完成行程的调节。

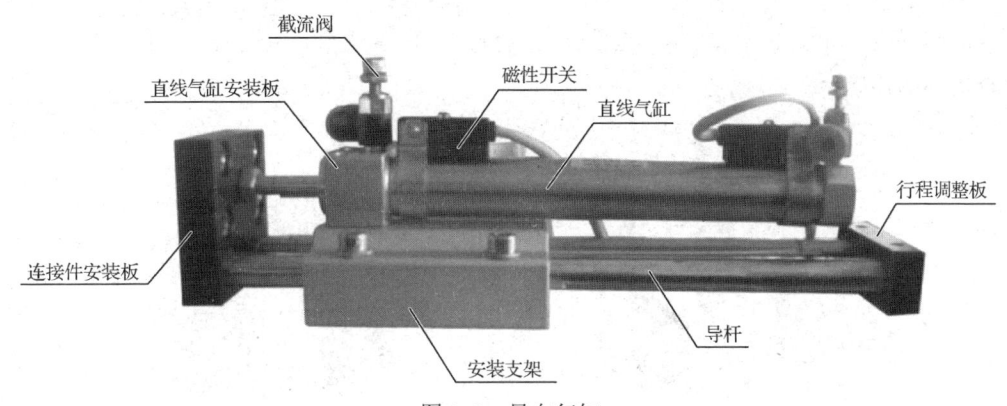

图 3-8 导向气缸

3.1.3 机械部件安装

1. 机械部件的安装步骤

装配站是整个 YL-335B 自动生产线中所包含气动元器件较多、结构较为复杂的工作站，为了减小安装的难度和提高安装时的效率，在装配前，应当认真分析该结构组成，参考别人的装配工艺，认真思考，做好记录。遵循先前的思路，先装成组件，再进行总装。装配站装配过程的组件如图 3-9 所示。

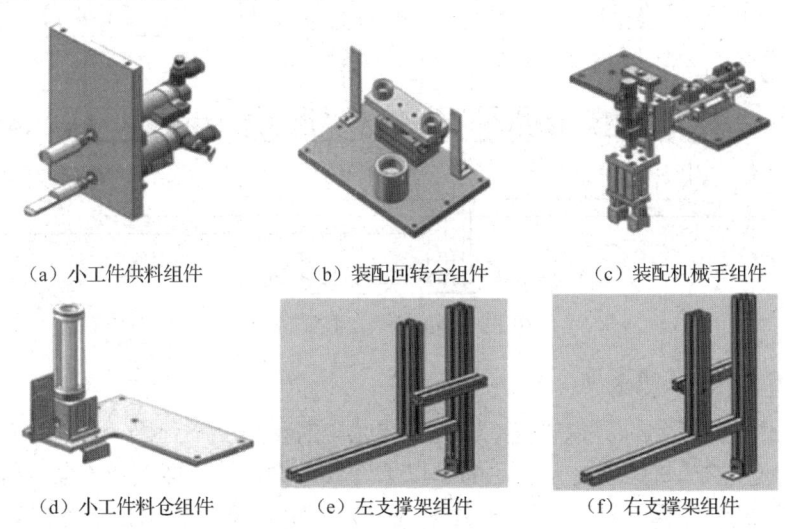

图 3-9 装配站装配过程的组件

在完成以上组件的装配后，将与底板接触的型材放置在底板的连接螺孔之上，使用 L 形的连接件和连接螺栓固定装配站的型材支撑架，如图 3-10 所示。

然后把图 3-9 中的组件逐个安装上去，顺序为：装配回转台组件→小工件料仓组件→小工件供料组件→装配机械手组件。

最后，安装警示灯及其各传感器，从而完成机械部分的安装。

2. 气动控制回路的连接与调整

装配站的电磁阀组由 6 个二位五通单电控电磁换向阀组成,如图 3-11 所示。这些电磁阀分别对位置变换和装配动作气路进行控制,以改变各自的动作状态。

扫一扫看装配站气路安装与调试教学课件

扫一扫看装配站气路安装与调试微视频

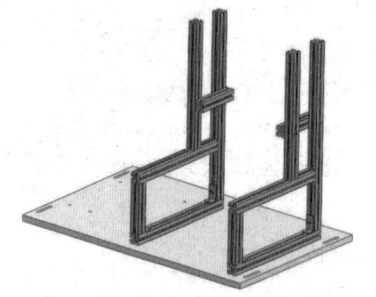

图 3-10 型材支撑架在底板上的安装

图 3-11 装配站的阀组

气动控制回路如图 3-12 所示。在进行气路连接时,请注意各气缸的初始位置。其中,挡料气缸处在伸出位置,手爪提升气缸处在提起位置。

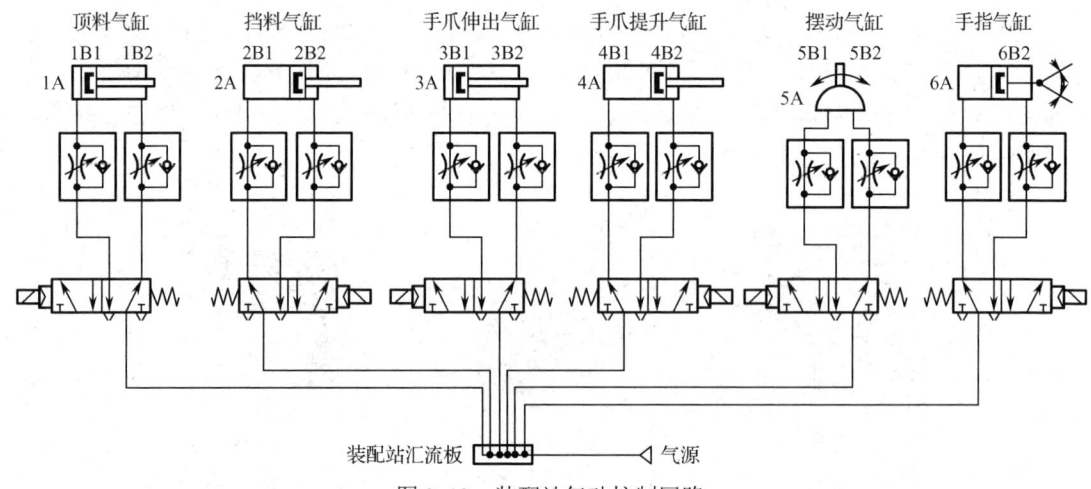

图 3-12 装配站气动控制回路

3. 安装过程中的注意事项

(1)要注意气动摆台的初始位置,以免安装完毕摆动角度不到位。

(2)预留螺栓的放置位置一定要足够,以免造成组件之间不能完成安装。

(3)建议先进行装配,但不要一次拧紧各固定螺钉,待相互位置基本确定后,再依次进行调整、固定。

(4)装配工作完成后,尚须做进一步的校验和调整,如再次校验摆动气缸的初始位置和摆动角度;校验和调整机械手竖直方向移动的行程调节螺栓,使之在下限位置能可靠抓取工件;调整水平方向移动的行程调节螺栓,使之能准确移动到装配台正上方进行装配工作。

(5)最后插上管形料仓,安装电磁阀组、警示灯、传感器等,从而完成机械部分装配。

任务 3.2　完成装配站电路设计及接线

3.2.1　任务描述

根据装配站控制要求，对照 I/O 分配表与接线原理图，完成装配站电路设计及接线。

3.2.2　知识点链接

1. 光纤传感器

光纤传感器由光纤检测头、光纤放大器两部分组成，放大器和光纤检测头是分离的两个部分，光纤检测头的尾端部分分成两条光纤，使用时分别插入放大器的两个光纤孔。光纤传感器如图 3-13 所示。

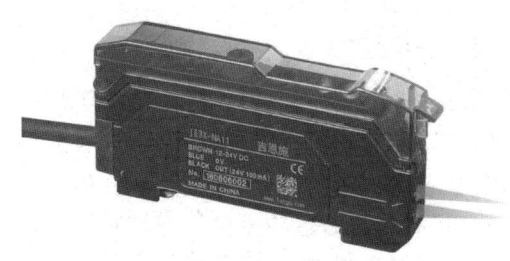

图 3-13　光纤传感器

光纤传感器也是光电传感器中的一种。光纤传感器具抗电磁干扰、可工作于恶劣环境、传输距离远、使用寿命长等优点。此外，由于光纤头具有较小的体积，所以可以安装在空间很小的地方。

光纤传感器中放大器的灵敏度调节范围较大。当光纤传感器的灵敏度调得较小时，对于反射性较差的黑色物体，光电探测器无法接收到反射信号；而对于反射性较好的白色物体，光电探测器就可以接收到反射信号。反之，若调高光纤传感器的灵敏度，则即使对反射性较差的黑色物体，光电探测器也可以接收到反射信号。

图 3-14 为光纤传感器放大的俯视图，调节其中部的 8 旋转灵敏度高速旋钮就能进行灵敏度调节（顺时针旋转灵敏度增大）。调节时，会看到入光量显示灯发光强度的变化。当探测器检测到物料时，动作显示灯会亮，提示检测到物料。

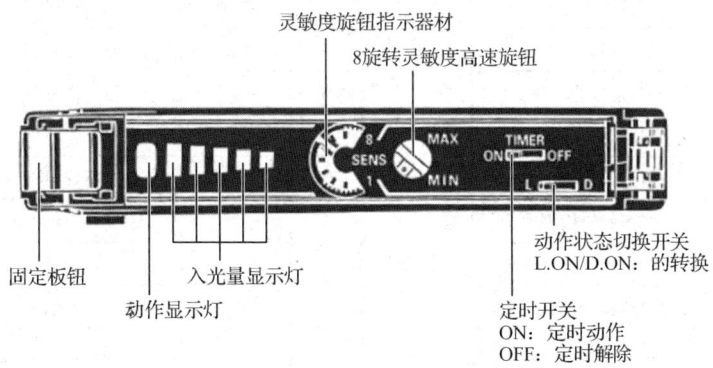

图 3-14　光纤传感器放大的俯视图

E3Z-NA11 型光纤传感器电路如图 3-15 所示。接线时请注意根据导线颜色判断电源极性和信号输出线，切勿把信号输出线直接连接到电源+24 V 端。

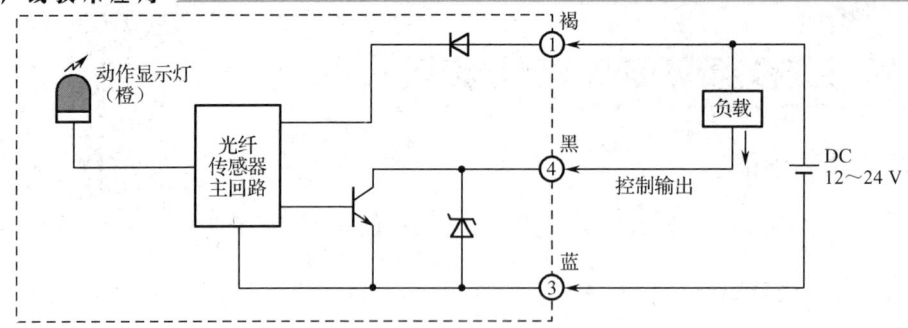

图 3-15 E3X-NA11 型光纤传感器电路

2. 警示灯

装配站安装有红、橙、绿三色警示灯，它是作为整个系统警示用的。警示灯有五根引出线，其中黄绿双色线为地线，红色线为红色灯控制线，黄色线为橙色灯控制线，绿色线为绿色灯控制线，黑色线为信号灯公共控制线。接线如图 3-16 所示。

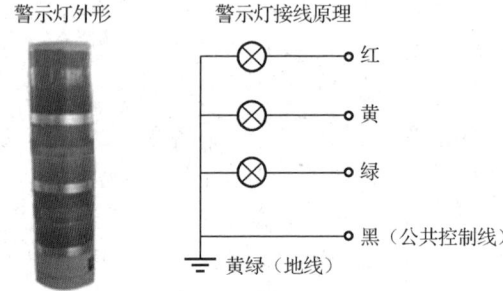

图 3-16 警示灯及其接线

3.2.3 装配站电路设计

装配站的 I/O 点数较多，选用 S7-226 AC/DC/RLY 主站，共 24 点输入、16 点继电器输出。PLC 的 I/O 信号分配如表 3-1 所示，接线原理如图 3-17 所示。

表 3-1 装配站 PLC 的 I/O 信号分配

输入信号				输出信号			
序号	PLC输入点	信号名称	来源	序号	PLC输出点	信号名称	来源
1	I0.0	零件不足检测	装置侧	1	Q0.0	挡料电磁阀	装置侧
2	I0.1	零件有无检测		2	Q0.1	顶料电磁阀	
3	I0.2	左料盘零件检测		3	Q0.2	回转电磁阀	
4	I0.3	右料盘零件检测		4	Q0.3	手爪夹紧电磁阀	
5	I0.4	装配台工件检测		5	Q0.4	手爪下降电磁阀	
6	I0.5	顶料到位检测		6	Q0.5	手臂伸出电磁阀	
7	I0.6	顶料复位检测		7	Q0.6	红色警示灯	
8	I0.7	挡料状态检测		8	Q0.7	橙色警示灯	
9	I1.0	落料状态检测		9	Q1.0	绿色警示灯	
10	I1.1	摆动气缸左限位检测		10	Q1.1		
11	I1.2	摆动气缸右限位检测		11	Q1.2		
12	I1.3	手爪夹紧检测		12	Q1.3		
13	I1.4	手爪下降到位检测		13	Q1.4		

项目3 装配站安装与调试

续表

输入信号				输出信号			
序号	PLC输入点	信号名称	来源	序号	PLC输出点	信号名称	来源
14	I1.5	手爪上升到位检测	装置侧	14	Q1.5	HL1	按钮/指示灯模块
15	I1.6	手臂缩回到位检测		15	Q1.6	HL2	
16	I1.7	手臂伸出到位检测		16	Q1.7	HL3	
17	I2.0						
18	I2.1						
19	I2.2						
20	I2.3						
21	I2.4	停止按钮	按钮/指示灯模块				
22	I2.5	启动按钮					
23	I2.6	急停按钮					
24	I2.7	单机/联机					

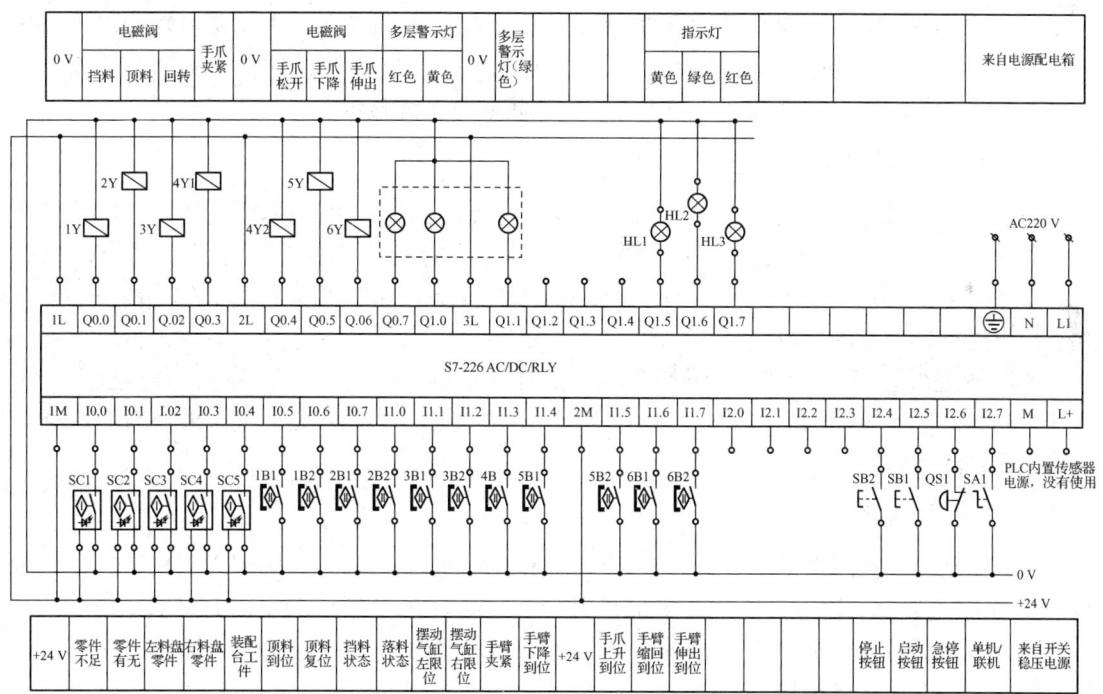

图 3-17 装配站接线

3.2.4 装配站电路连接

装配站电路连接包括在装置侧完成各传感器、电磁阀、电源端子等引线到装置侧接线端口之间的接线；在PLC侧进行电源连接、I/O点接线等。

在装置侧接线端口中，输入信号端子的上层端子（+24 V）只能作为传感器的正电源端，切勿用于电磁阀等执行元件的负载。电磁阀等执行元件的正电源端和 0 V 端应连接到输出信号端子相应的下层端子。当装置侧接线完成后，应用扎带绑扎，力求整齐美观。

PLC 侧的接线包括电源接线、PLC 的 I/O 点和 PLC 侧接线端口之间的连线、PLC 的 I/O 点与按钮/指示灯模块的端子之间的连线。具体接线要求与工作任务有关。电气接线的工艺应符合国家标准的规定。例如，导线连接到端子时，采用压紧端子压接方法；连接线须有符合规定的标号；每一端子连接的导线不超过两根等。

3.2.5 装配站接线测试

装配站接线测试包括按钮功能测试、指示灯功能测试、各类传感器功能测试、电磁阀功能测试、PLC 功能测试等几部分。

1. 按钮功能测试

装配站通电（接通气源），用手按动停止/启动按钮、急停按钮、单机/联机转换开关，观察 PLC I2.4、I2.5、I2.6、I2.7 的输入指示灯是否亮（灭），若不亮（灭）应检查对应按钮及连接线。

2. 指示灯功能测试

装配站通电（接通气源），进入 STEP 7-Micro/WIN 编程软件，利用强制功能，分别强制 PLC Q1.5、Q1.6、Q1.7 输出口接通/断开一次，观察 PLC Q1.5、Q1.6、Q1.7 的输入指示灯是否亮，外部的指示灯是否亮，若不亮应检查指示灯及连接线。

3. 传感器功能测试

（1）磁性开关功能测试。装配站通电（接通气源），手动控制电磁阀工作，实现顶料气缸、挡料气缸、回转台摆动、手臂伸缩、手爪上升下降、手爪夹紧和松开的动作，观察 PLC I0.5、I0.6、I0.7、I1.1、I1.2、I1.3、I1.4、I1.5、I1.6、I1.7 的输入指示灯是否亮，若不亮应检查磁性开关及连接线。

（2）光电传感器功能测试。将料仓放满物料，分别在落料口、左料盘、右料盘、装配台放上物料，观察 PLC I0.0、I0.1、I0.2、I0.3、I0.4 的输入指示灯是否亮，若不亮应检查光电传感器及连接线。

4. 电磁阀功能测试

装配站通电（接通气源），进入 STEP 7-Micro/WIN 编程软件，利用强制功能，分别强制 PLC 接有电磁阀的输出口，使其接通/断开一次，观察 PLC 对应输出口的指示灯是否亮，认真听电磁阀是否有动作声音，观察外部气动手指和气缸是否执行动作，若不执行应检查气路连接部分及电磁阀接线。

5. PLC 的功能测试

PLC 的功能测试主要是对装配站测试程序（用户随意编写）进行上传与下载、监控功能的调试。在程序执行过程中，还要观察对应位指示灯是否亮灭，除此之外还要对相应的位进行测试，检查 I/O 情况。

项目 3 装配站安装与调试

任务 3.3 编制装配站程序并调试

3.3.1 装配站控制要求

（1）装配站各气缸的初始位置为：挡料气缸处于伸出状态；顶料气缸处于缩回状态，料仓上已经有足够的小圆柱零件；装配机械手的升降气缸处于提升状态；伸缩气缸处于缩回状态；气动手爪处于松开状态。

（2）设备通电和气源接通后，若各气缸满足初始位置要求，且料仓上已经有足够的小圆柱零件，工件装配台上有待装配工件。则正常工作指示灯 HL1 常亮，表示设备已准备好。否则，该指示灯以 1 Hz 频率闪烁。

（3）若设备已准备好，按下启动按钮，装配站启动，设备运行指示灯 HL2 常亮。如果物料回转台上的料盘 1 内没有小圆柱零件，就执行下料操作；如果料盘 1 内有零件，而料盘 2 内没有零件，执行物料回转台回转操作。

（4）如果物料回转台上的料盘 2 内有小圆柱零件且装配台上有待装配工件，执行装配机械手抓取小圆柱零件后放入待装配工件中的操作。

（5）完成装配任务后，装配机械手应返回初始位置，等待下一次装配。

（6）若在运行过程中按下停止按钮，则供料机构应立即停止供料，在装配条件满足的情况下，装配站在完成本次装配后停止工作。

（7）在运行中发生"零件不足"报警时，指示灯 HL3 以 1 Hz 的频率闪烁，HL1 和 HL2 灯常亮；在运行中发生"零件没有"报警时，指示灯 HL3 以亮 1 s、灭 0.5 s 的方式闪烁，HL2 熄灭，HL1 常亮。

3.3.2 装配站单站控制的编程思路

（1）进入运行状态后，装配站的工作过程包括两个相互独立的子过程，一个是供料过程，另一个是装配过程。供料过程就是通过供料机构的操作，使料仓中的小圆柱零件落下到摆台料盘 1 上；然后摆台转动，使装有零件的料盘 1 转移到右边，以便装配机械手抓取零件。装配过程是当装配台上有待装配工件，且装配机械手下方有小圆柱零件时，进行装配操作。在主程序中，当初始状态检查结束，确认装配站准备就绪，按下启动按钮进入运行状态后，应同时调用供料控制和装配控制两个子程序。

装配站的供料控制流程如图 3-18 所示，装配控制流程如图 3-19 所示。

（2）供料控制过程包含两个互相联锁的过程，即落料过程和摆台转动、料盘转移的过程。在小圆柱零件从料仓下落到料盘 1 的过程中，禁止摆台转动；反之，在摆台转动过程中，禁止打开料仓（挡料气缸缩回）落料。实现联锁的方法是：①当摆台的左限位或右限位磁性开关动作并且料盘 1 没有零件，经定时确认后，开始落料过程；②当挡料气缸伸出到位使料仓关闭、料盘 1 有零件而料盘 2 为空，经定时确认后，摆台转动，直到达到限位位置。

（3）供料过程的落料控制和装配控制过程都是单序列步进顺序控制，具体编程步骤这里不再阐述。

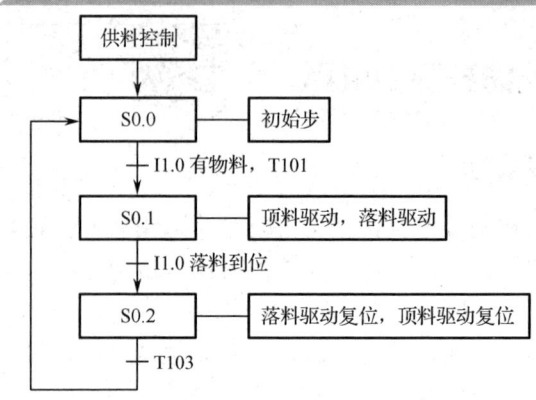

图 3-18 供料控制流程

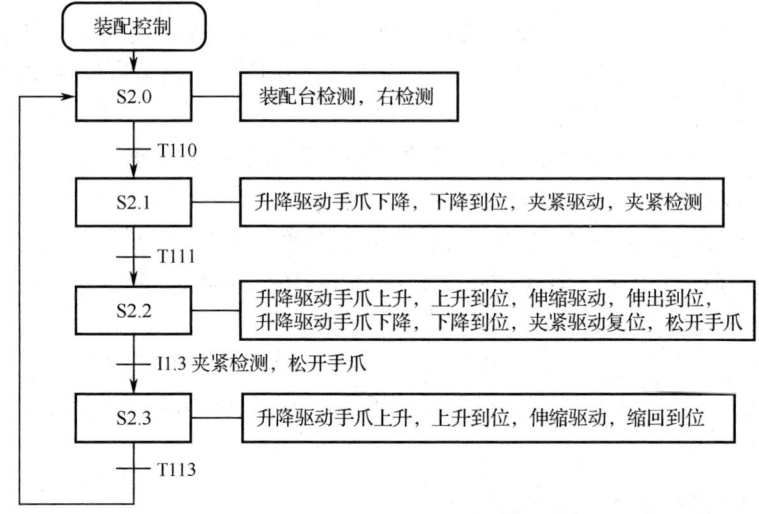

图 3-19 装配控制流程

（4）停止运行，有两种情况。一是在运行中按下停止按钮，停止指令被置位；另一种情况是当料仓中最后一个零件落下时，检测物料有无的传感器动作（I0.1 OFF），将发出缺料报警。

对于供料过程的落料控制，上述两种情况均应在料仓关闭、顶料气缸复位到位即返回到初始步后停止下次落料，并复位落料初始步。但对于摆台转动控制，一旦发出停止指令，则应立即停止摆台转动。

对于装配控制，上述两种情况也应在一次装配完成，装配机械手返回到初始位置后停止。

仅当落料机构和装配机械手均返回到初始位置，才能复位运行状态标志和停止指令。停止运行的操作应在主程序中编制。

3.3.3 调试与运行

（1）调整气动部分，检查气路是否正确、气压是否合理与恰当、气缸的动作速度是否合适。

（2）检查磁性开关的安装位置是否到位、磁性开关工作是否正常。

（3）检查 I/O 接线是否正确。

（4）检查传感器安装是否合理、灵敏度是否合适，保证检测的可靠性。

（5）放入工件，运行程序，观察装配站动作是否满足任务要求。

3.3.4 装配站参考程序

1. 落料控制主程序

网络 1
初态检查

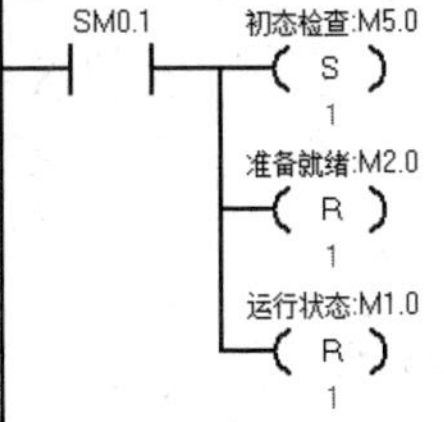

```
SM0.1        初态检查:M5.0
──┤├──────────( S )
                 1
             准备就绪:M2.0
             ──( R )
                 1
             运行状态:M1.0
             ──( R )
                 1
```

符号	地址	注释
初态检查	M5.0	
运行状态	M1.0	
准备就绪	M2.0	

网络 2
指示灯程序

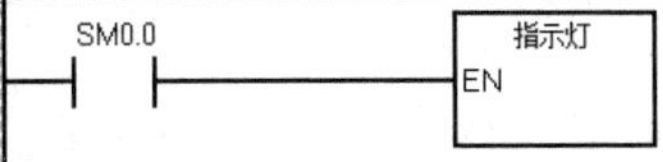

```
SM0.0         ┌─────────┐
──┤├─────────│ 指示灯  │
              │EN       │
              └─────────┘
```

网络 3
供料初始位置

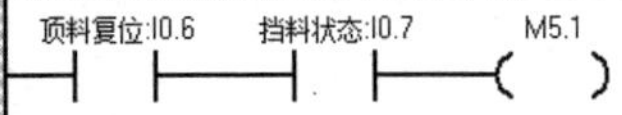

```
顶料复位:I0.6   挡料状态:I0.7    M5.1
──┤├───────────┤├──────────────( )
```

符号	地址	注释
挡料状态	I0.7	
顶料复位	I0.6	

网络 4
装配初始位置

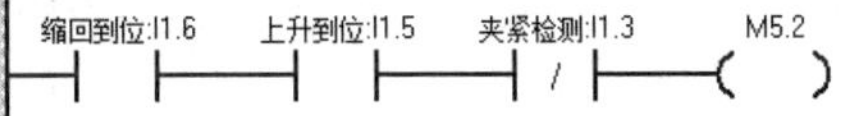

```
缩回到位:I1.6   上升到位:I1.5   夹紧检测:I1.3    M5.2
──┤├───────────┤├──────────────┤/├───────────( )
```

符号	地址	注释
夹紧检测	I1.3	
上升到位	I1.5	
缩回到位	I1.6	

网络 5
准备就绪

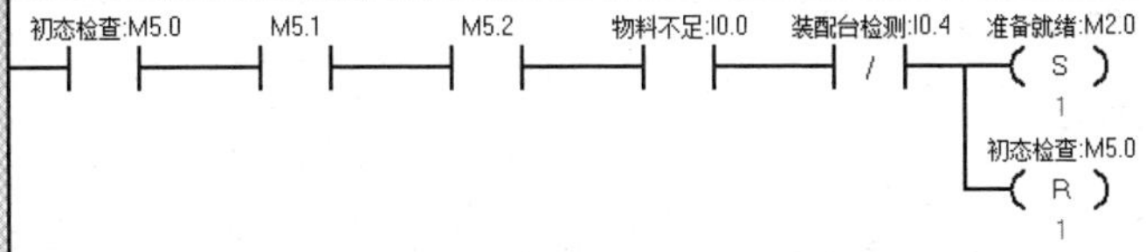

```
初态检查:M5.0  M5.1   M5.2   物料不足:I0.0  装配台检测:I0.4   准备就绪:M2.0
──┤├──────────┤├────┤├──────┤/├───────────┤├──────────────( S )
                                                              1
                                                         初态检查:M5.0
                                                         ──( R )
                                                              1
```

符号	地址	注释
初态检查	M5.0	
物料不足	I0.0	
装配台检测	I0.4	
准备就绪	M2.0	

自动生产线技术应用

网络 6
启动操作

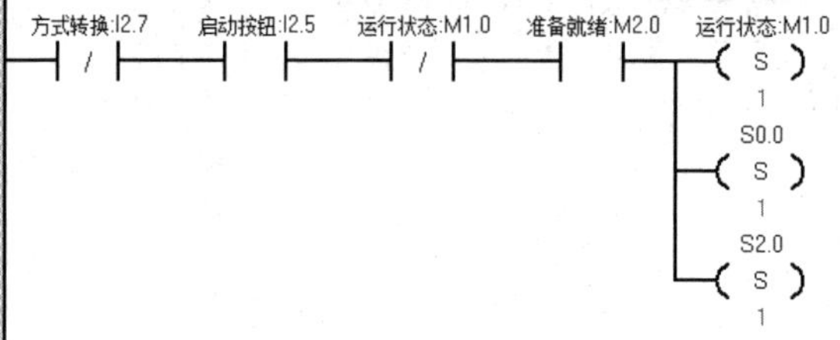

方式转换:I2.7 启动按钮:I2.5 运行状态:M1.0 准备就绪:M2.0 运行状态:M1.0
──|/|────────|├|────────|/|────────|├|────────(S)
                                                        1
                                                    S0.0
                                                    (S)
                                                        1
                                                    S2.0
                                                    (S)
                                                        1

符号	地址	注释
方式转换	I2.7	
启动按钮	I2.5	
运行状态	M1.0	
准备就绪	M2.0	

网络 7
单站运行方式下，在运行中曾经按下停止按钮，M1.1 ON

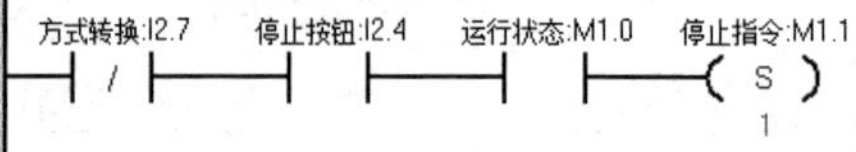

方式转换:I2.7 停止按钮:I2.4 运行状态:M1.0 停止指令:M1.1
──|/|────────|├|────────|├|────────(S)
                                                1

符号	地址	注释
方式转换	I2.7	
停止按钮	I2.4	
停止指令	M1.1	
运行状态	M1.0	

网络 8　网络标题
网络注释

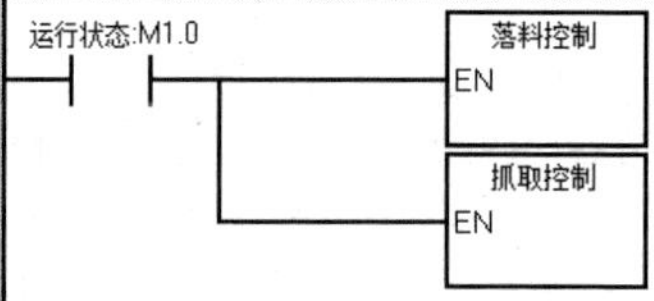

运行状态:M1.0 ──|├|──┬── 落料控制
                        │   EN
                        │
                        └── 抓取控制
                               EN

符号	地址	注释
运行状态	M1.0	

网络 9

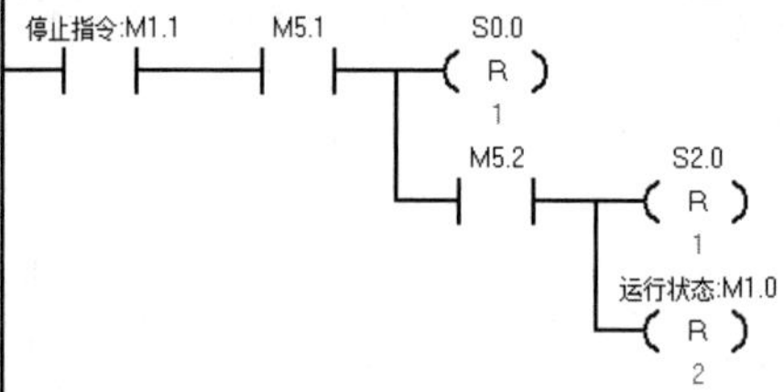

停止指令:M1.1   M5.1   S0.0
──|├|────────|├|────────(R)
                              1
                   M5.2   S2.0
                ──|├|────(R)
                              1
                         运行状态:M1.0
                            (R)
                              2

符号	地址	注释
停止指令	M1.1	
运行状态	M1.0	

2. 落料控制子程序

网络 1

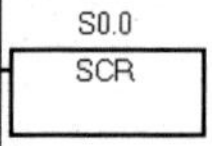

S0.0
SCR

项目3 装配站安装与调试

网络 2
落料检测计时

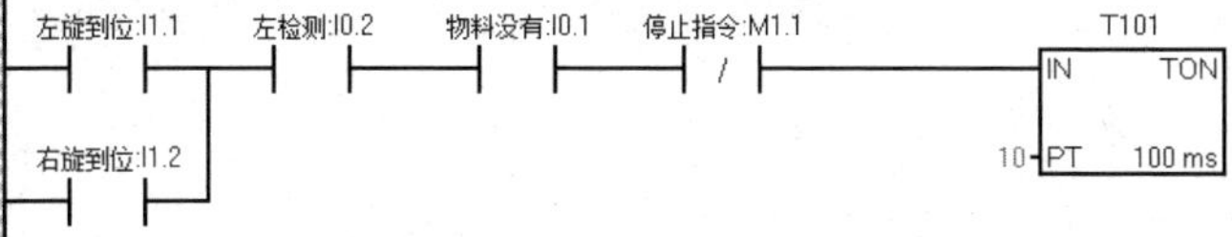

左旋到位:I1.1 ─┤├─ 左检测:I0.2 ─┤├─ 物料没有:I0.1 ─┤├─ 停止指令:M1.1 ─┤/├─── T101 IN TON
右旋到位:I1.2 ─┤├─   10 - PT 100 ms

符号	地址	注释
停止指令	M1.1	
物料没有	I0.1	
右旋到位	I1.2	
左检测	I0.2	
左旋到位	I1.1	

网络 3

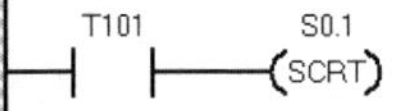

T101 ─┤├─── (S0.1 SCRT)

网络 4

─(SCRE)

网络 5

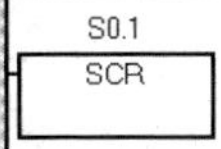

S0.1
SCR

网络 6
落料到位驱动

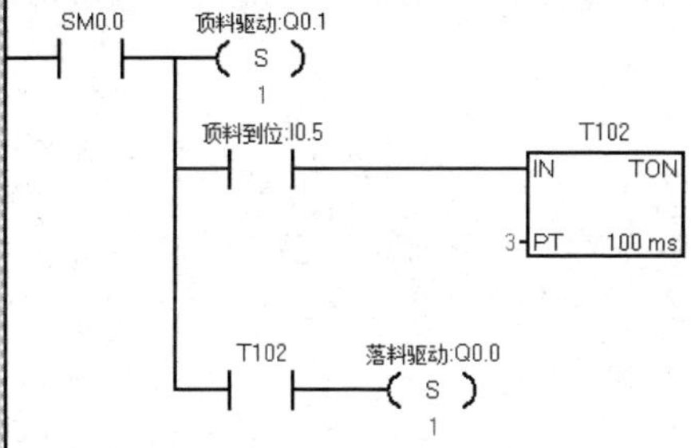

SM0.0 ─┤├─── (顶料驱动:Q0.1 S 1)
       顶料到位:I0.5 ─┤├─── T102 IN TON
                                3 - PT 100 ms
       T102 ─┤├─── (落料驱动:Q0.0 S 1)

符号	地址	注释
顶料到位	I0.5	
顶料驱动	Q0.1	
落料驱动	Q0.0	挡料电磁阀缩回/伸出

网络 7

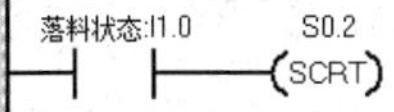

落料状态:I1.0 ─┤├─── (S0.2 SCRT)

符号	地址	注释
落料状态	I1.0	

网络 8

─(SCRE)

网络 9

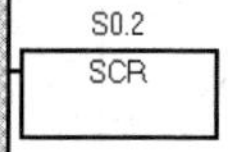

```
S0.2
SCR
```

网络 10

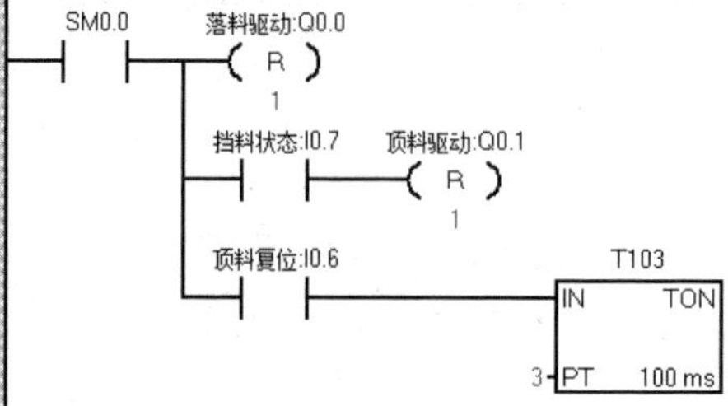

```
SM0.0    落料驱动:Q0.0
─┤ ├──────( R )
              1
         挡料状态:I0.7   顶料驱动:Q0.1
         ─┤ ├──┤ ├──────( R )
                              1
         顶料复位:I0.6           T103
         ─┤ ├──┤ ├──────IN  TON
                          3─PT  100 ms
```

符号	地址	注释
挡料状态	I0.7	
顶料复位	I0.6	
顶料驱动	Q0.1	
落料驱动	Q0.0	挡料电磁阀缩回/伸出

网络 11

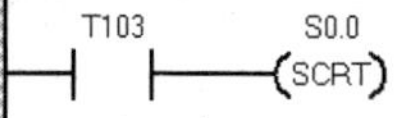

```
T103    S0.0
─┤ ├──( SCRT )
```

网络 12

```
( SCRE )
```

网络 13

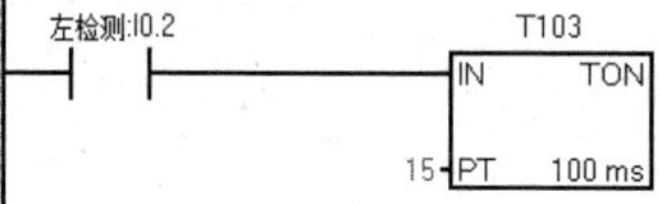

```
左检测:I0.2           T103
─┤ ├──────IN  TON
           15─PT  100 ms
```

符号	地址	注释
左检测	I0.2	

网络 14

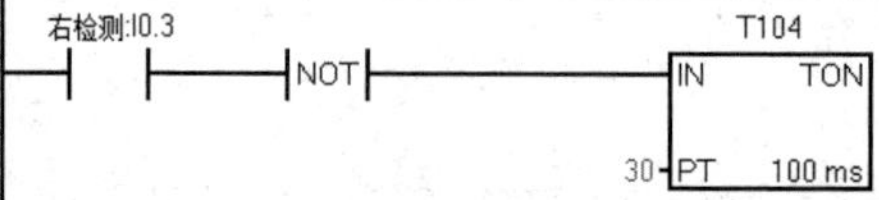

```
右检测:I0.3                T104
─┤ ├──┤NOT├──────IN  TON
                   30─PT  100 ms
```

符号	地址	注释
右检测	I0.3	

项目3 装配站安装与调试

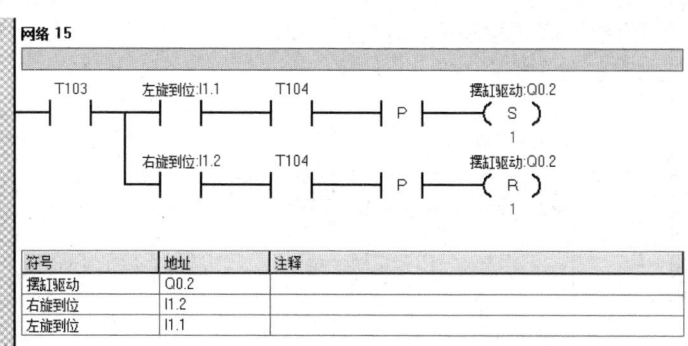

3. 装配控制子程序

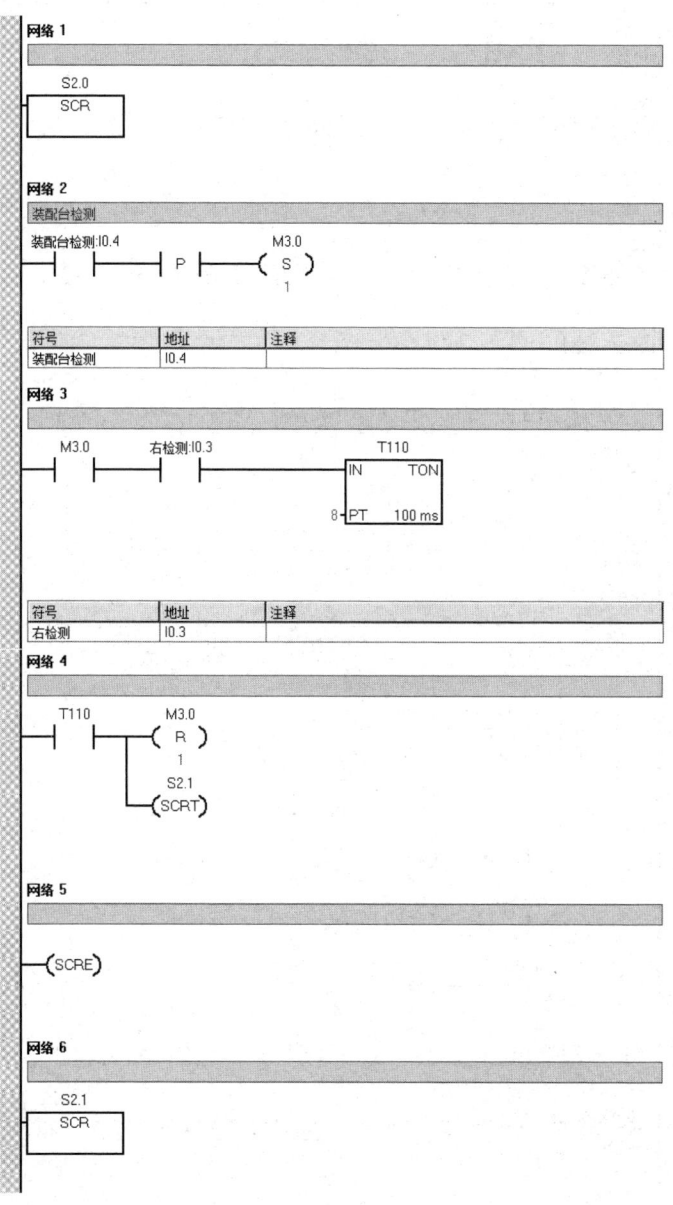

自动生产线技术应用

网络 7

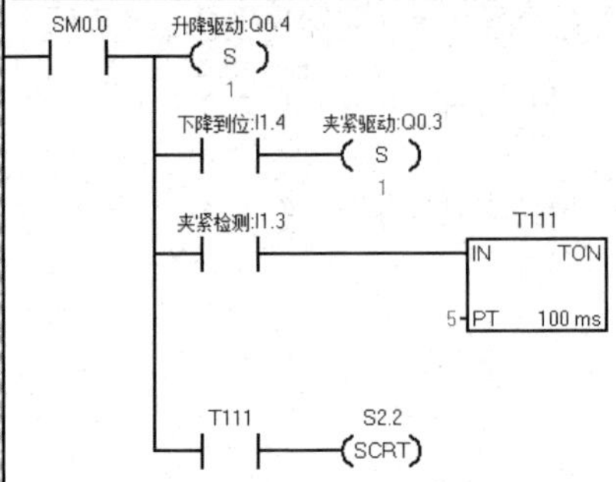

```
SM0.0        升降驱动:Q0.4
——| |————————( S )
                1
             下降到位:I1.4    夹紧驱动:Q0.3
             ——| |————————( S )
                                1
             夹紧检测:I1.3              T111
             ——| |——| |———————IN  TON
                              5—PT  100ms

             T111      S2.2
             ——| |————(SCRT)
```

符号	地址	注释
夹紧检测	I1.3	
夹紧驱动	Q0.3	
升降驱动	Q0.4	
下降到位	I1.4	

网络 8

```
——(SCRE)
```

网络 9

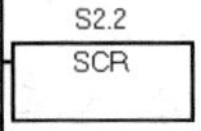

```
S2.2
SCR
```

网络 10

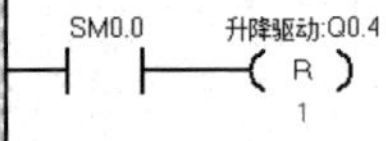

```
SM0.0      升降驱动:Q0.4
——| |———————( R )
                1
```

符号	地址	注释
升降驱动	Q0.4	

网络 11

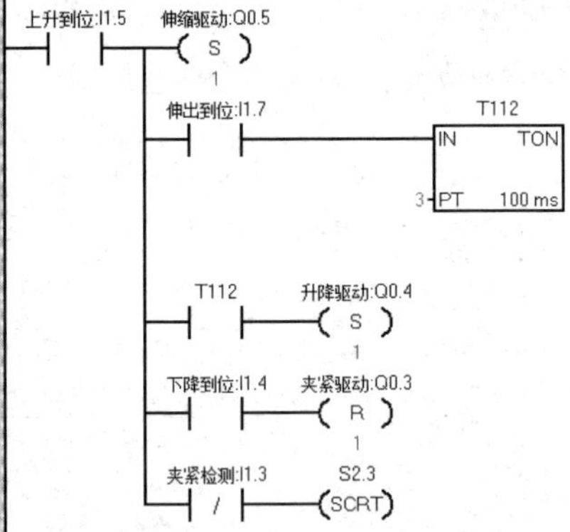

```
上升到位:I1.5    伸缩驱动:Q0.5
——| |————————( S )
                1
             伸出到位:I1.7            T112
             ——| |———————————IN  TON
                              3—PT  100ms

             T112     升降驱动:Q0.4
             ——| |————( S )
                        1
             下降到位:I1.4  升降驱动:Q0.3
             ——| |————( R )
                        1
             夹紧检测:I1.3    S2.3
             ——|/|————(SCRT)
```

符号	地址	注释
夹紧检测	I1.3	
夹紧驱动	Q0.3	
上升到位	I1.5	
伸出到位	I1.7	
伸缩驱动	Q0.5	
升降驱动	Q0.4	
下降到位	I1.4	

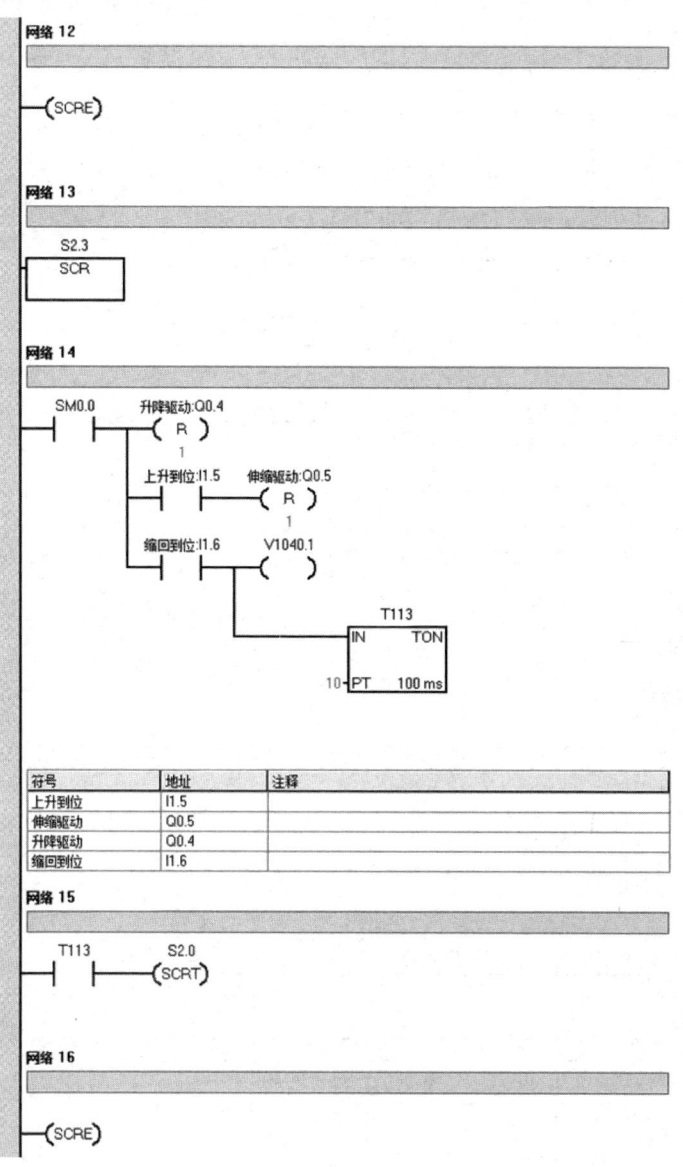

4. 指示灯控制子程序

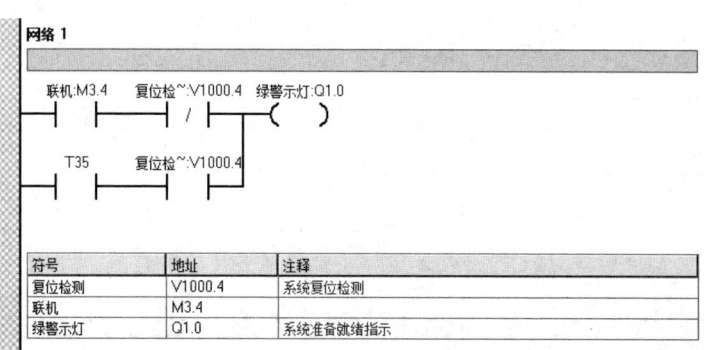

自动生产线技术应用

网络 2

```
复位检~:V1000.4    T36              T35
    ┤├────────────┤/├──────────────[IN    TON]
                 │                  
                 │               25─[PT   10 ms]
                 │
                 │   T35              T36
                 └───┤├──────────────[IN    TON]
                                    
                                  25─[PT   10 ms]
```

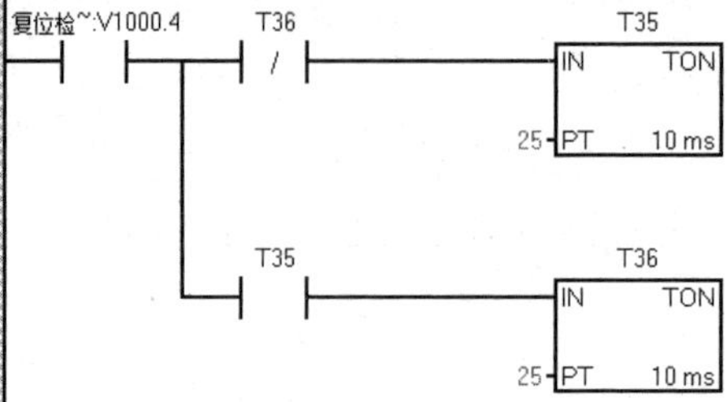

符号	地址	注释
复位检测	V1000.4	系统复位检测

网络 3

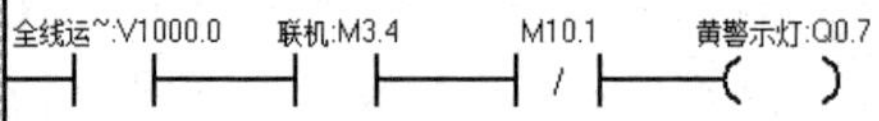

```
全线运~:V1000.0   联机:M3.4    M10.1    黄警示灯:Q0.7
    ┤├───────────┤├──────────┤/├────────( )
```

符号	地址	注释
黄警示灯	Q0.7	系统运行指示
联机	M3.4	
全线运行	V1000.0	

网络 4

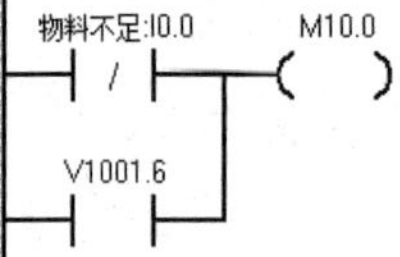

```
物料不足:I0.0    M10.0
    ┤/├─────────( )
     │
V1001.6
    ┤├
```

符号	地址	注释
物料不足	I0.0	

网络 5

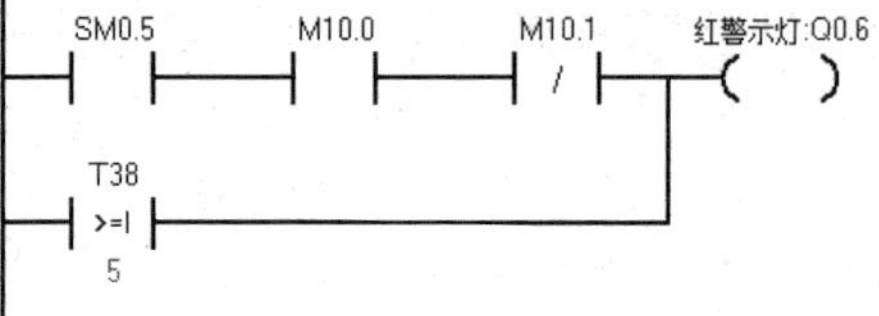

```
SM0.5      M10.0     M10.1    红警示灯:Q0.6
 ┤├─────────┤├───────┤/├─────────( )
  │
  │  T38
  └─┤>=I├
     5
```

符号	地址	注释
红警示灯	Q0.6	系统报警指示

网络 6

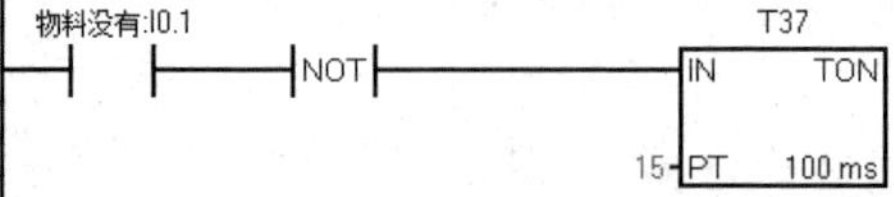

```
物料没有:I0.1                      T37
    ┤├──────────┤NOT├────────────[IN    TON]
                                 
                              15─[PT   100 ms]
```

符号	地址	注释
物料没有	I0.1	

项目3 装配站安装与调试

网络 7

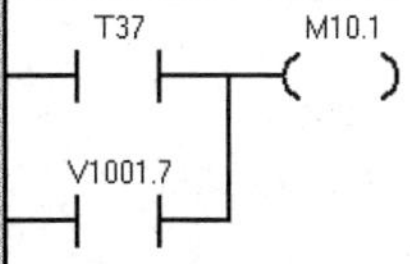

```
  T37      M10.1
──┤├────────( )
  │
  V1001.7
──┤├──┘
```

网络 8

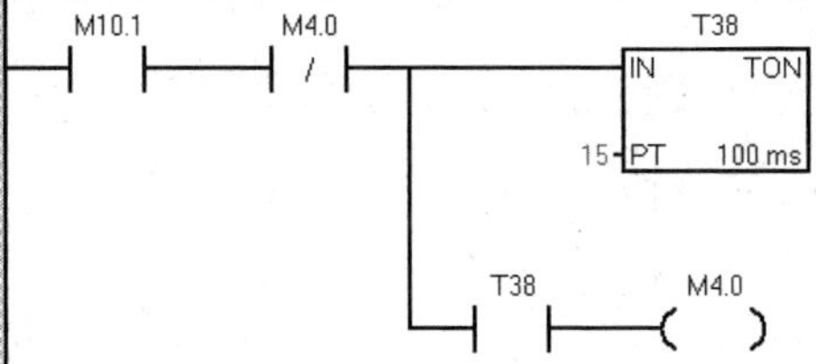

```
  M10.1   M4.0           T38
──┤├─────┤/├──────────IN    TON
                  15──PT  100 ms

           T38     M4.0
          ──┤├────( )
```

网络 9

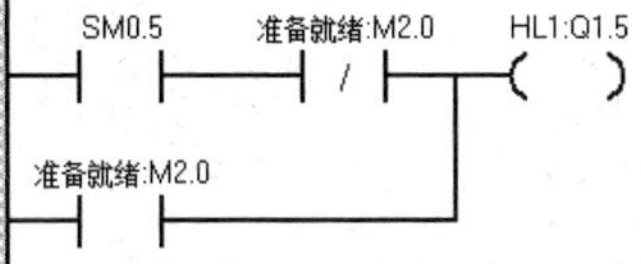

```
  SM0.5   准备就绪:M2.0   HL1:Q1.5
──┤├─────────┤/├─────────( )
  │
  准备就绪:M2.0
──┤├──┘
```

符号	地址	注释
HL1	Q1.5	本站正常工作指示灯
准备就绪	M2.0	

网络 10

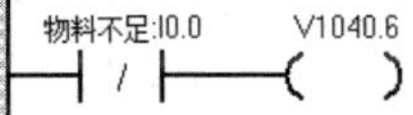

```
  物料不足:I0.0    V1040.6
──┤/├────────────( )
```

符号	地址	注释
物料不足	I0.0	

网络 11

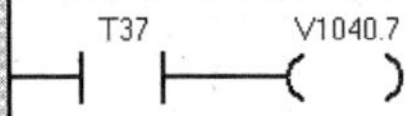

```
  T37       V1040.7
──┤├────────( )
```

网络 12

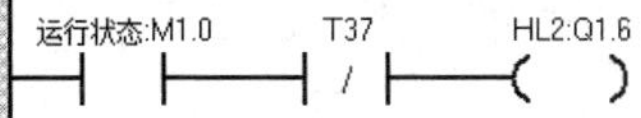

```
  运行状态:M1.0   T37    HL2:Q1.6
──┤├───────────┤/├──────( )
```

符号	地址	注释
HL2	Q1.6	本站设备运行指示灯
运行状态	M1.0	

77

3.3.5 装配站 PLC 符号表

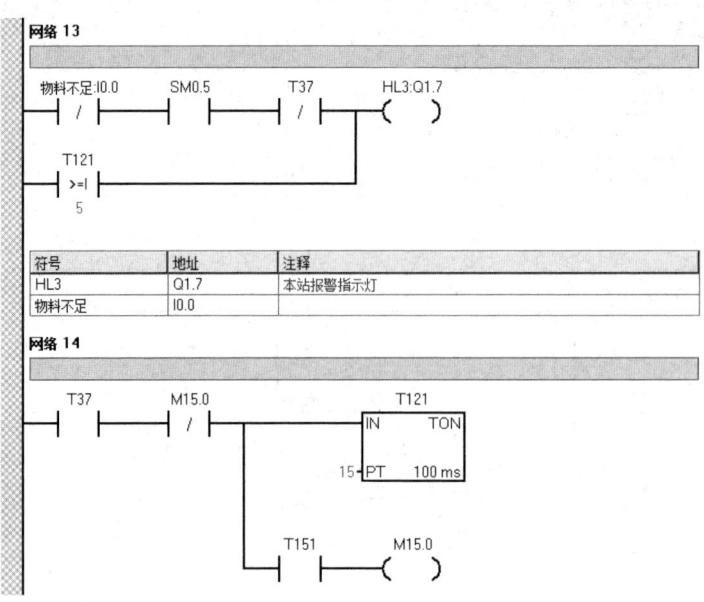

项目3 装配站安装与调试

总结与思考 3

1. 总结气路连接、传感器接线、I/O 检测及故障排除方法。
2. 思考在装配站调试过程中可能会出现哪些异常情况，应怎么解决上述异常？

课后习题 3

扫一扫看本习题参考答案

一、选择题（单选）

1. 装配站共用了（　　）个传感器。
   A. 13　　　　　　B. 14　　　　　　C. 15　　　　　　D. 16
2. 装配站中共用了（　　）个磁性开关。
   A. 9　　　　　　B. 10　　　　　　C. 11　　　　　　D. 12
3. 装配站用到的电磁阀为____电控二位____通电磁阀。（　　）
   A. 双，五　　　　B. 单，五　　　　C. 双，四　　　　D. 单，四
4. 装配站中摆动气缸每次动作应该（　　）。
   A. 连续转动　　　B. 转动 180°　　　C. 转动 90°　　　D. 转动任意角度
5. 光纤传感器的黑色线接（　　）。
   A. 直流电源 DC 24 V 端口　　　　B. 直流电源 0 V 端口
   C. PLC 输入　　　　　　　　　　D. PLC 输出
6. 检测装配工作台有无待装配工件的传感器为（　　）。
   A. 光纤式接近传感器　　　　　　B. 光电式接近传感器
   C. 磁性开关　　　　　　　　　　D. 电感式接近传感器
7. 装配站用到了（　　）种类型的气缸。
   A. 3　　　　　　B. 4　　　　　　C. 5　　　　　　D. 6
8. 传感器有如人的眼睛、耳朵、鼻子等感官器件，是自动生产线中的（　　）元件，能感受规定的被测量并按照一定的规律转换成电信号输出。
   A. 控制　　　　　B. 检测　　　　　C. 执行　　　　　D. 存储
9. 如果希望当检测到工件后，光电传感器有信号，那么光电开关中的动作切换开关应该设置为（　　）模式。
   A. L　　　　　　B. D　　　　　　C. A　　　　　　D. C
10. 根据电气接线的工艺规范要求，描述不正确的是（　　）。
    A. 连接线须有符合规定的标号；每一端子连接的导线不超过 3 根；电线金属材料不外露，冷压端子金属部分不外露。
    B. 电线连接时必须用合适的冷压端子；端子制作时切勿损伤电线绝缘部分。
    C. 电缆绝缘部分应在线槽里。接线完毕后线槽应盖住，没有翘起和未完全盖住现象。
    D. 电缆在线槽里最少有 10 cm 余量（若是一根短接线的话，在同一个线槽里不要求）。

79

二、填空题

1．按照接收器接收光的方式的不同，可将光电式接近传感器分为_____、_____和_____3种。

2．光电式接近传感器（简称光电传感器）是利用_____原理，用以检测物体的有无和表面状态变化等的传感器。

3．电感式接近开关是利用_____制造的传感器。

4．YL-335B 自动生产线要求的气压是_____MPa。

5．利用电磁线圈通电，静铁芯对动铁芯产生电磁吸力使电磁阀的方向切换，以改变气流方向的电磁阀，称为电磁控制换向阀，简称_____。

三、判断题

1．落料机构落料时，顶料气缸先伸出，然后挡料气缸再缩回。完成落料后，挡料气缸先伸出，然后顶料气缸再缩回。（　　）

2．装配站中顶料气缸的初始状态为伸出状态。（　　）

3．装配站中挡料气缸的初始状态为伸出状态。（　　）

4．装配站中气动手指的初始状态为松开状态。（　　）

5．对装配站落料和装配控制进行工艺流程设计，必须首先定义它的初始状态。（　　）

6．装配站回转台旋转到位的信号和检测气缸伸出和缩回到位都是通过限位开关的位置实现的。（　　）

7．装配机械手回转台的主要器件是气动摆台，它由直线气缸驱动齿轮齿条实现回转运动，多用于方向和位置需要变换的机构。（　　）

8．已经完成安装和接线的光纤传感器的调试，主要是放大器灵敏度的调节。灵敏度是指光纤头与被检测物一定距离时能检测到物体的能力。灵敏度不仅与距离有关，还与被检测物的大小、表面状态、颜色有关。（　　）

9．双电控电磁阀与单电控电磁阀的区别在于，对于单电控电磁阀，在无电控信号时，阀芯在弹簧力的作用下会被复位；对于双电控电磁阀，在两端都无电控信号时，阀芯的位置取决于前一个电控信号动作的结果。（　　）

10．双电控电磁阀的两个电控信号不能同时为"1"，即在控制过程中不允许两个线圈同时得电，否则可能会造成电磁线圈烧毁。当然，在这种情况下阀芯的位置也是不确定的。（　　）

11．装配站的功能是将料仓内的黑色或白色小圆柱零件嵌入到放置在装配料斗的待装配工件中。（　　）

12．为了在料仓供料不足和缺料时能够报警，在塑料圆管底部和底座处分别安装了两个漫反射光电传感器，并在料仓塑料圆柱上纵向铣槽，以使光电传感器的红外光能可靠照射到被检测的物料上。（　　）

13．装配站的主控制过程包括两个相互独立的子过程，一个是落料过程，另一个是装配过程。落料过程是实现将小圆柱零件从料仓落料到回转台的料盘中，然后回转台回转，使零件转移到装配机械手手爪下方的过程；装配过程则是实现抓取装配机械手手爪下方的零件，送往装配台，完成零件嵌入待装配工件的过程。（　　）

14. 可编程控制器（PLC）以其高抗干扰能力、高可靠性、高性价比且编程简单而广泛地应用于现代化的自动生产设备中，扮演着生产线的大脑——控制器的角色。（   ）

15. PLC 实现控制的过程一般是：输入刷新→运行用户程序→输出刷新，再输入刷新→运行用户程序→输出刷新，永不停止地按照上述过程循环扫描工作着。每一循环中"运行用户程序"这一阶段，则是从第一条程序开始，在无中断或跳转控制的情况下，按照程序存储的先后顺序，逐条执行，直到程序结束。PLC 的这种工作方式称为扫描工作方式，其特点可归结为"循环扫描、顺序执行"。（   ）

项目 4 分拣站系统安装与调试

分拣站是 YL-335B 自动生产线较重要的一个工作站，其主要实现的功能是对不同材质（包含金属、塑料）、不同颜色（黑色、白色、金属银色）的物料进行自动识别并送到不同的物料槽。分拣站既可以独立完成分拣任务，也可以和其他五个工作站联合协作。本项目的任务包括：PLC 控制系统原理图识图，合理分配 I/O 信号，分拣站系统的机电一体化设备安装，顺序功能图绘制，梯形图编程和系统在线仿真与调试等。其目的在于断锻炼学生动手操作能力和 PLC 编程能力，为以后在公司对口工作打下坚实的基础。

扫一扫看分拣站机械部件安装教学课件

扫一扫看分拣站机械部件安装微视频

任务 4.1 分拣站机械部件安装与调整

4.1.1 分拣站机械部件的功能

分拣站主要用于对当前手动投放的物料或者上一站送来的已加工、装配的工件进行分类，使不同颜色的工件投放到不同的料槽。当两种方式中任何一种送来工件放到分拣站传送带上并被入料口光电传感器检测到时，即启动变频器，驱动三相交流异步电动机将工件送入分拣区进行分拣，然后通过光纤传感器，结合气动执行机构将物料推送到相应的料槽。分拣站主要结构组成为：传送和分拣机构，传动带驱动机构，变频器模块，电磁阀组，接线端口，PLC 模块，按钮/指示灯模块及底板等。分拣站的机械部件总成如图 4-1 所示。

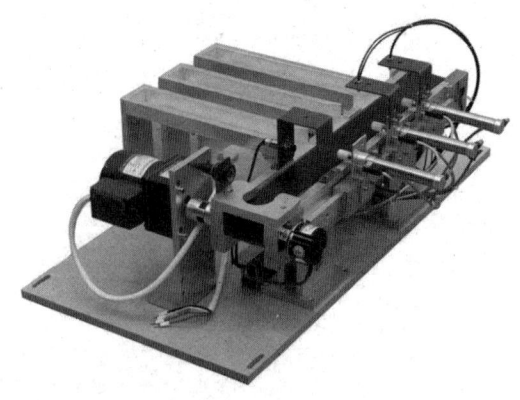

图 4-1 分拣站的机械部件总成

项目4 分拣站系统安装与调试

1. 分拣站机械部件的组成

分拣站机械部件由控制站、传动和分拣机构、电磁阀组和气动元件组成。

（1）传送和分拣机构

传送和分拣机构主要由传送带、出料滑槽、推料（分拣）气缸、漫射式光电传感器、光纤传感器、磁感应传感器组成，用于传送已经加工、装配好的工件，并进行分拣。

传送带是把机械手输送过来的加工好的工件进行传输，输送至分拣区。导向器用于纠偏机械手输送过来的工件。两条物料槽分别用于存放加工好的黑色、白色工件或金属工件。

传送和分拣的工作原理：当输送站送来工件放到传送带上并被入料口漫射式光电传感器检测到时，传感器将信号传输给 PLC，通过 PLC 的程序启动变频器，电动机运转驱动传送带工作，把工件带进分拣区，如果进入分拣区的工件为白色，则检测白色物料的光纤传感器动作，作为 1 号槽推料气缸启动信号，将白色物料推到 1 号槽里；如果进入分拣区工件为黑色，检测黑色的光纤传感器作为 2 号槽推料气缸启动信号，将黑色物料推到 2 号槽里；如果是金属工件被金属传感器检测到将其推到 3 号槽里。

（2）传动带驱动机构

传动带驱动机构如图 4-2 所示，主要由电动机支架、电动机、联轴器等组成。

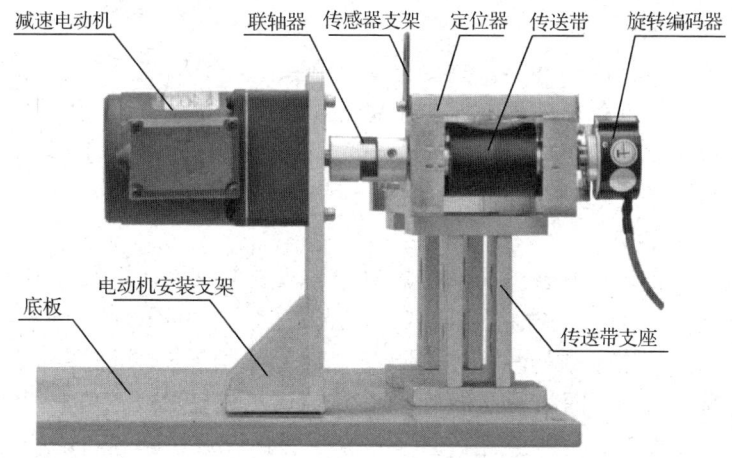

图 4-2　传送带驱动机构

三相异步电动机是传动带驱动机构的主要部分，电动机转速的快慢由变频器来控制，其作用是驱动传送带输送物料。电动机支架用于固定电动机。联轴器把电动机的轴和输送带主动轮的轴联结起来，从而组成一个传动机构。

4.1.2 知识点链接

1. 直流电动机

直流电动机是指能将直流电能转换成机械能的旋转电动机。电动机定子提供磁场，直流电源向转子的绕组提供电流，换向器使转子电流与磁场产生的转矩保持方向不变。

1）直流电动机的结构

直流电动机的结构包括两部分：定子与转子。定子包括主磁极、机座、换向极、电刷装置等,分为永磁式(由永久磁铁做成)和励磁式(磁极上绕线圈,然后在线圈中通直流电,形成电磁铁)两种;转子包括电枢铁芯、电枢绕组、换向器、轴和风扇等。

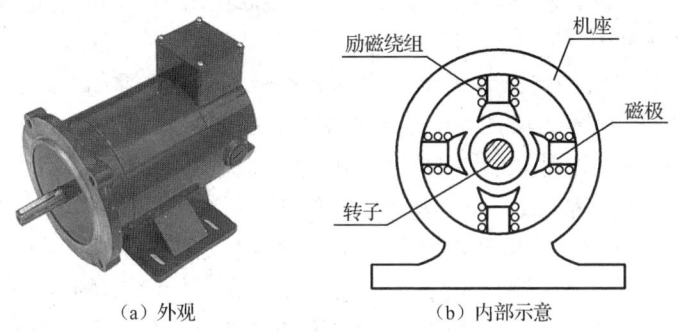

(a)外观　　　　　　　　　　(b)内部示意

图4-3　直流电动机的结构

2)直流电动机的特点

直流电动机虽然比三相交流异步电动机的结构复杂,维修也不方便,但其调速性能较好、启动转矩较大。因此,对调速要求较高的生产机械或者需要较大启动转矩的生产机械往往采用直流电动机驱动。

3)直流电动机的分类

直流电动机可按有无电刷分类,主要分为有刷直流电动机和无刷直流电动机;按励磁方式(即对励磁绕组如何供电、如何产生励磁磁通势而建立主磁场)分类,可以分为永磁式直流电动机和电磁式直流电动机两种,电磁式电动机又分为串励直流电动机、并励直流电动机、他励直流电动机、复励直流电动机等4种类型。

(1)无刷直流电动机

无刷直流电动机是将普通直流电动机的定子与转子进行了互换。其转子为永久磁铁产生气隙磁通;定子为电枢,由多相绕组组成。在结构上,它与永磁同步电动机类似。

无刷直流电动机的定子结构与普通的同步电动机或感应电动机的定子结构相同,在铁芯中嵌入多相绕组(三相、四相、五相不等),绕组可接成星形或三角形,并分别与逆变器的各功率管相连,以便进行合理换相。转子多采用钐钴或钕铁硼等高矫顽力、高剩磁密度的材料。根据磁极中磁性材料所放位置的不同,可将其分为表面式磁极、嵌入式磁极和环形磁极。由于电动机本体为永磁电动机,所以习惯上把无刷直流电动机也称为永磁无刷直流电动机。

(2)有刷直流电动机

有刷直流电动机的两个电刷(铜刷或者碳刷)通过绝缘座固定在电动机后盖上,直接将电源的正负极引入到转子的换相器上,而换相器连通了转子上的线圈,3个线圈的极性不断地交替变换与外壳上固定的两块磁铁形成作用力而转动起来。由于换相器与转子固定在一起,而电刷与外壳(定子)固定在一起,电动机转动时电刷会与换相器不断地发生摩擦产生大量的阻力与热量,因此有刷直流电动机的效率低、损耗大。但是,它同样具有制造简单、成本极其低廉的优点。

(3)永磁式直流电动机

永磁式直流电动机由定子磁极、转子、电刷、外壳等组成。定子磁极采用永磁体(永久磁钢），用铁氧体、铝镍钴、钕铁硼等材料制成，按其结构形式可分为圆筒型和瓦块型等。转子一般采用硅钢片叠压而成，漆包线绕在转子铁心的两槽之间（三槽时有 3 个绕组），其各接头分别焊在换向器的金属片上。电刷是连接电源与转子绕组的导电部件，具备导电与耐磨两种性能。永磁式直流电动机的电刷常采用单性金属片或金属石墨电刷。

（4）电磁式直流电动机

① 串励直流电动机。串励直流电动机的励磁绕组与电枢绕组串联后，再接于直流电源，其原理示意如图 4-4 所示。这种直流电动机的励磁电流就是电枢电流。

② 并励直流电动机。并励直流电动机的励磁绕组与电枢绕组相并联，其原理示意如图 4-5 所示。作为并励直流发电动机来说，是电机本身发出来的端电压为励磁绕组供电；作为并励直流电动机来说，励磁绕组与电枢共用同一电源，从性能上讲与他励直流电动机相同。

③ 他励直流电动机。他励直流电动机的励磁绕组与电枢绕组无连接关系，而是由其他直流电源对励磁绕组供电，其原理示意如图 4-6 所示。永磁式直流电动机也可看作他励直流电动机。

④ 复励直流电动机。复励直流电动机有并励和串励两个励磁绕组，其原理示意如图 4-7 所示。若串励绕组产生的磁通势与并励绕组产生的磁通势方向相同则称为积复励；若两个磁通势方向相反，则称为差复励。

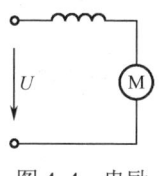
图 4-4 串励

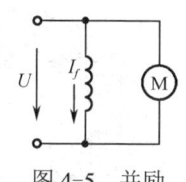
图 4-5 并励

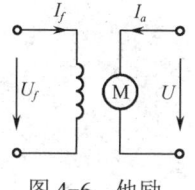
图 4-6 他励

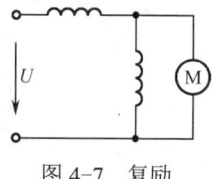
图 4-7 复励

4）直流电动机工作原理

图 4-8 是直流电动机的工作原理。在不动的磁极 N、S 中间放置电枢线圈，线圈两端分别连接在两个换向片上，换向片压着电刷 A 和 B。将直流电源连接在两个电刷之间而使电流通过电枢线圈。电流方向是这样的：N 极下的有效边中的电流总是一个方向，而 S 极下的有效边中的电流总是另一个方向。这样才能使两个边上受到的电磁力的方向一致，从而使电枢转动。因此，当线圈的有效边从 N（S）极下转到 S（N）极下时，两个边上电流的方向必须同时改变，以使电磁力的方向不变，这必须通过换向片来实现。电磁力的方向由左手定则确定。

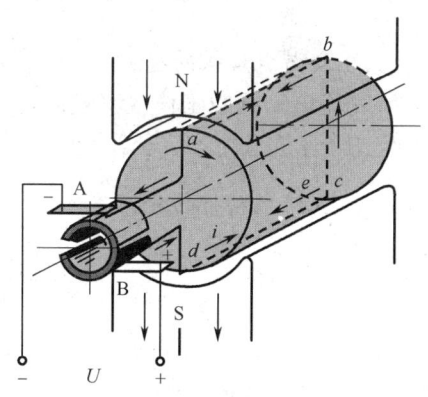
图 4-8 直流电动机的工作原理

2. 交流电动机

交流电动机是将交流电的电能转变为机械能的一种机器。交流电动机主要由一个用以产生磁场的电磁铁绕组或分布的定子绕组和一个旋转电枢或转子组成，如图 4-9 所示。电动机是利用通电线圈在磁场中受力转动的原理而制成的。

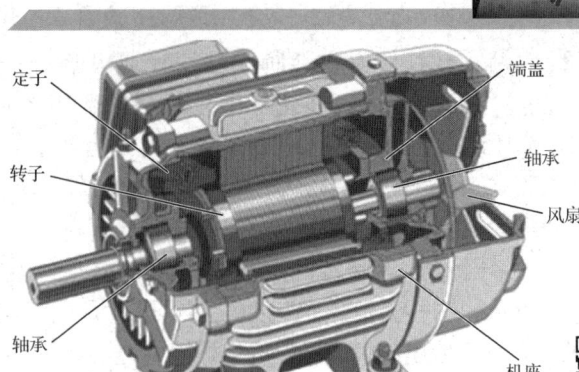

 扫一扫看异步电动机和伺服电动机教学课件

 扫一扫看异步电动机和伺服电动机微视频

图 4-9 交流电动机

1）交流电动机的结构

交流电动机由定子和转子组成，其中定子由机座、定子铁心和定子绕组 3 部分构成，如图 4-10 所示。转子由铁心、转子绕组和转轴 3 部分组成。定子和转子通常采用同一电源，因而电流的方向变化总是同步的。交流电动机就是利用这个原理工作的。

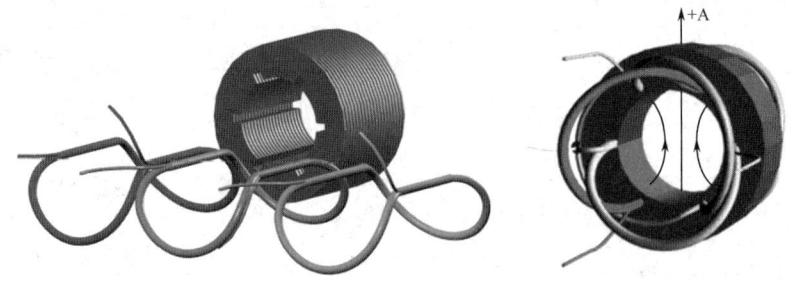

图 4-10 交流电动机的定子铁心和定子绕组

2）交流电动机的特点

交流电动机的工作效率较高，工作时没有烟尘、异味，不污染环境，噪声也较小，主要应用于工农业生产、交通运输、国防、商业及家用电器、医疗电器设备等领域。

3）交流电动机的分类

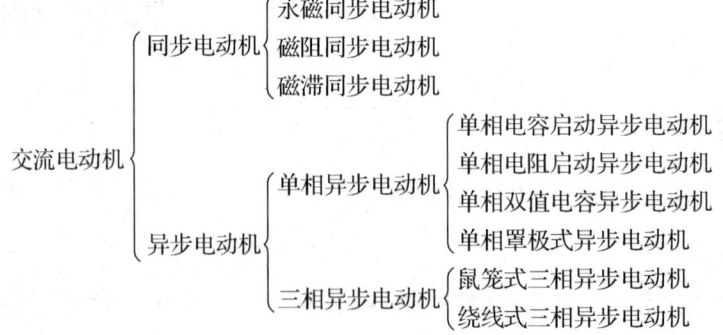

（1）同步电动机

同步电动机是由直流供电的励磁磁场与电枢的旋转磁场相互作用而产生转矩，以同步

转速旋转的交流电动机。其转子转速 n 与磁极对数 p、电源频率 f 之间满足 $n=60f/p$。由于转速 n 决定于电源频率 f，故电源频率一定时，转速不变，且与负载无关。同步电动机具有运行稳定性高和过载能力大等特点，主要部件如图 4-11 所示。

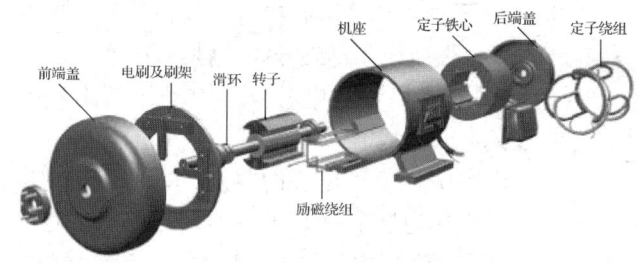

图 4-11　同步电动机主要部件

由于同步电动机可以通过调节励磁电流使它在超前功率因数下运行，有利于改善电网的功率因数，因此如大型鼓风机、水泵、球磨机、压缩机、轧钢机等大型设备常用同步电动机驱动。低速运行的大型设备采用同步电动机时，这一优点尤为突出。此外，同步电动机的转速完全决定于电源频率。这一特点在某些传动系统，特别是多电动机同步传动系统和精密调速稳速系统中具有重要意义。

（2）异步电动机

异步电动机又称感应电动机，其转子置于旋转磁场中，在旋转磁场的作用下，获得一个转动力矩，从而进行转动。转子是可转动的导体，多呈鼠笼状。定子是电动机中不转动的部分，主要任务是产生一个旋转磁场。旋转磁场并不是用机械方法来实现的，而是以交流电通过数对电磁铁绕组中，使其磁极性质循环改变。这种电动机并不像直流电动机有电刷或集电环，依据所用交流电的种类分为单相电动机和三相电动机，单相电动机用于洗衣机、电风扇等电器；三相电动机则作为工厂的动力设备。异步电动机主要部件如图 4-12 所示。

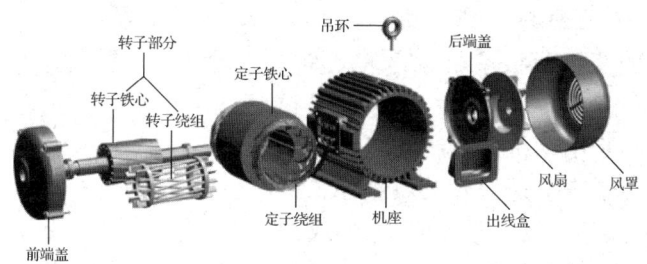

图 4-12　异步电动机主要部件

① 单相异步电动机。单相异步电动机是指用单相交流电源（AC 220 V）供电的小功率电动机，它的功率设计得比较小，一般小于 2 kW。单相异步电动机的数量占小功率异步电动机的大部分，到目前为止已经过 4 次统一设计。由于不同场合对电动机的要求差别较大，因此需要各种不同类型的电动机产品来满足使用要求。

■ 单相电容启动异步电动机：单相电容启动异步电动机与单相电阻启动异步电动机基本相同，在定子上也有主相、副相成 90°电角度的两套绕组。副绕组与外接电容接入离心开关，与主绕组并联，并一起接入电源。同样，在其转速达到同步转速的 75%～80%时，副相绕组被切去，成为一台单相电动机。这种电动机的功率为 120～

750 W。

- 单向电阻启动异步电动机：单向电阻启动异步电动机的定子嵌有主相绕组和副相绕组，这两个绕组和轴线在空间上成 90°电角度。副相绕组一般是串入一个外加电阻经过离心开关，与主相绕组并联，并一起接入电源。当电动机启动到转速达到同步转速的 75%～80%时，离心器打开，离心开关片触点断电。

- 单相双值电容异步电动机：单相双值电容异步电动机的副相绕组中接入了两个电容，其中一个电容通过离心开关，在启动完成后就切断电源；另一个则始终参与副相绕组的工作。这两个电容中，启动电容的容量大，而运转电容的容量小。单相双值电容异步电动机综合了单相电容启动和电容运转电动机的优点，具有比较好的启动性能和运转性能。相同的机座号，功率可以提高 1～2 个容量等级，功率可以达到 1.5～2.2 kW。

- 单相罩极式异步电动机：单相罩极式异步电动机是一种结构简单的异步电动机，一般采用凸极定子，主相绕组是一个集中绕组，而副相绕组是一个单匝的短路环，称为罩极线圈。这种电动机的性能较差，输出功率一般不超过 20 W，但是由于结构牢固、价格便宜，因此生产量较大。

② 三相异步电动机。三相异步电动机是感应电动机的一种，是靠同时接入 380 V 三相交流电源（相位差 120°）供电的一类电动机，其转子与定子旋转磁场以相同的方向、不同的转速差旋转，存在转差率。

- 鼠笼式三相异步电动机：鼠笼式三相异步电动机的转子绕组是一个自己短路的绕组，即在转子的每个槽里放上一根导体，每根导体都比铁心长，在铁心的两端用两个端环把所有的导条都连接起来。如果把转子铁心拿掉，则可以看出，剩下来的绕组形状象一个笼子，如图 4-13 所示。

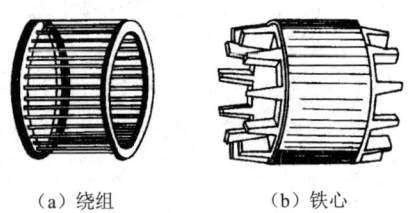

（a）绕组　　　（b）铁心

图 4-13　鼠笼式三相异步电动机转子绕组

- 绕线式三相异步电动机：绕线式三相异步电动机的转子绕组是按一定规律分布的三相对称绕组，它可以连接成 Y 形或 △形。一般小容量电动机连接成△形，大、中容量电动机连接成 Y 形。转子绕组的三条引线分别接到三个滑环上，用一套电刷装置引出，如图 4-14 所示。

3. 变频器的作用与分类

变频器（VFD，Variable-frequency Drive）

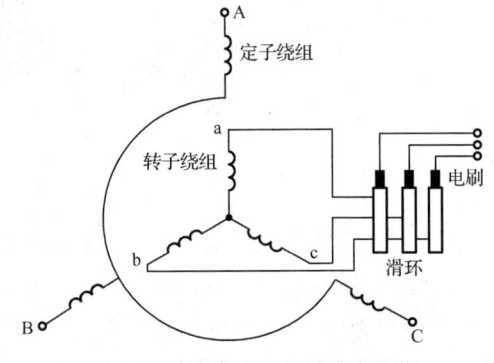

图 4-14　绕线式三相异步电动机

是应用变频技术与微电子技术，通过改变工作电源频率来控制交流电动机的电力控制设备，主要由整流（交流变直流）、滤波、逆变（直流变交流）、制动、驱动、检测、微处理等装置组成。

1)变频器的作用

变频器靠内部 IGBT 的通断来调整输出电源的电压和频率,根据电动机的实际需要来提供其所需要的电源电压,进而达到节能、调速的目的。另外,变频器还有很多的保护功能,如过流、过压、过载保护等。我国电网的频率是 50 Hz,交流电动机的工作频率也是这个数值,且交流电动机的转速,在极数固定的前提下,取决于频率。在允许的范围内,频率越高,转速越高,反之亦然。通常的交流电动机都是固定转速运转,这就极大地限制了它的用途,很难适合需要改变转速的场合。变频器不仅仅是改变电动机的转速,因为转速的下降,势必带来力矩的改变,所以变频器借助现代电子技术,在功能上得以更加完善,目前已经是工业上必不可少的设备,被广泛采用。

2)变频器的分类

变频器的分类方法有多种,按照主电路工作方式分类,可以分为电压型变频器和电流型变频器;按照开关方式分类,可以分为 PAM 控制变频器、PWM 控制变频器和高载频 PWM 控制变频器;按照工作原理分类,可以分为 U/f 控制变频器、转差频率控制变频器和矢量控制变频器等;按照用途分类,可以分为通用变频器、高性能专用变频器、高频变频器、单相变频器和三相变频器;按变频器的变换环节分类,可以分为交-直-交变频器和交-交变频器等。

(1)交-直-交变频器

交-直-交变频器按中间环节的滤波方式又可分为电压型变频器和电流型变频器。交-直-交电压型变频器是通用变频器的主要形式。图 4-15 为交-直-交电压型变频器主电路的基本结构,主要由整流电路、中间直流环节和逆变电路 3 部分组成。

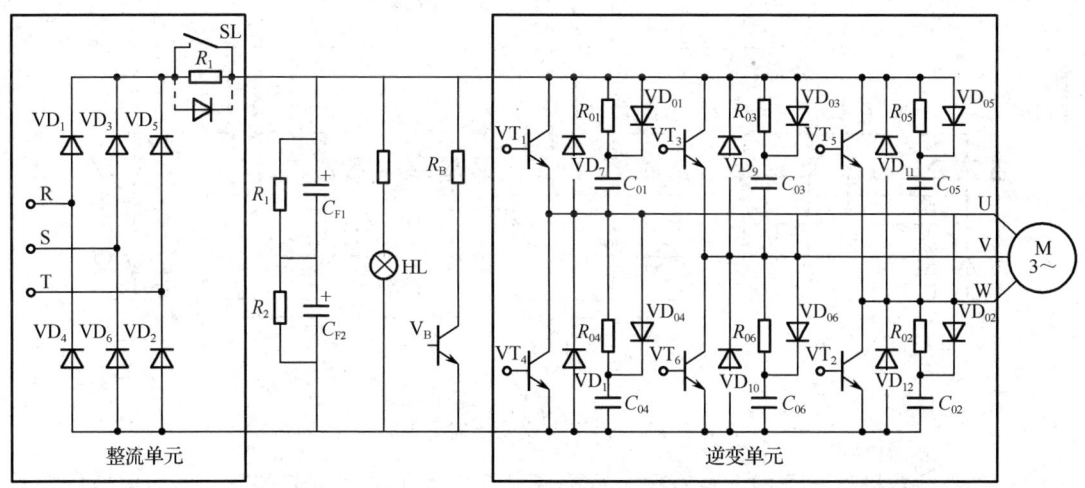

图 4-15 交-直-交电压型变频器主电路的基本结构

(2)交-交变频器

交-交变频器只用一个变换环节就可以把恒压恒频(CVCF)的交流电源变换成 VVVF 电源,因此又称直接变频器,其单相电路及方波电压波形如图 4-16 所示。

常用的交-交变频器输出的每一相都是一个两组晶闸管整流装置反并联的可逆线路，如图 4-16（a）所示。正反向两组按一定周期相互切换，在负载上就获得交变的输出电压 u_o。u_o 的幅值取决于各组整流装置的控制角 α，u_o 的频率取决于两组整流装置的切换频率。如果控制角 α 一直不变，则输出的平均电压就是方波，如图 4-16（b）所示。

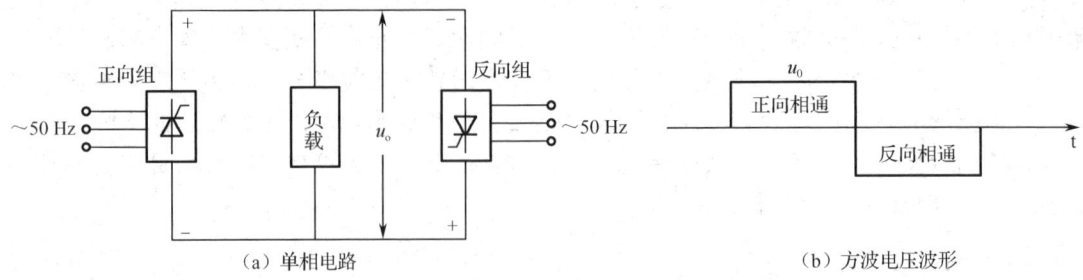

图 4-16　交-交变频器单相电路及方波电压波形

以上只是分析了交-交变频器的单相输出，对于三相负载，其他两相也各用一套反并联的可逆线路，输出的平均电压相位依次相差 120°。这样，如果每个整流器都用桥式电路，三相交-交变频器需用三套反并联桥式线路，共需 36 个晶闸管。其主电路如图 4-17 所示，使用多绕组整流变压器是因为三相之间为星形连接，需要隔断相间的短路环流。这个电路因为无环流运行，必须保证电流严格过零才能触发反向组工作，为可靠起见需要一个死区，所以最高输出频率大约允许为 15 Hz。如果采用有环流运行，则需要加装 6 只环流电抗器，输出频率可以提高到 20～25 Hz，再高时波形的畸变就严重了。

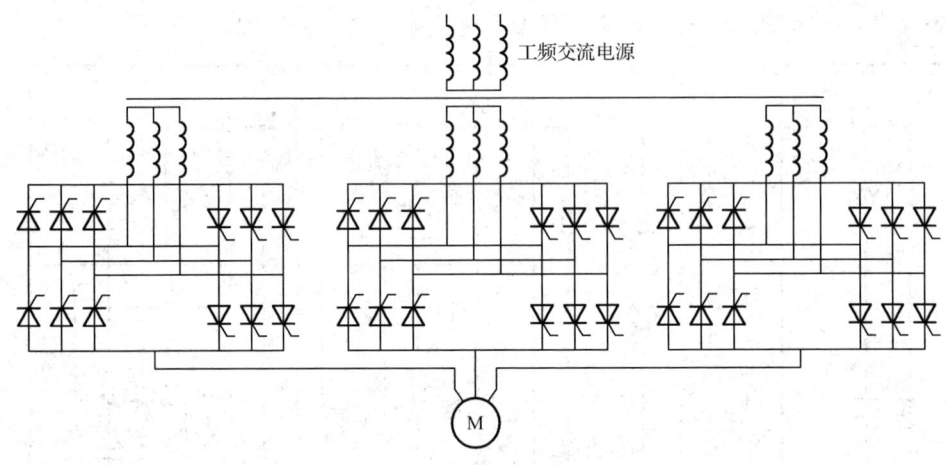

图 4-17　三相交-交变频器主电路

交-交变频器虽然在结构上只有一个变换环节，省去了中间直流环节，但所用器件的数量更多，总设备投资更大。交-交变频器的最大输出频率较低，使其应用范围受到限制，一般只用于低速度、大容量的调速系统，如轧钢机、球磨机、水泥回转窑等。根据输出电压波形的不同，可将交-交变频器分为 120° 导通型的方波电流源变频器和 180° 导通型的正弦波电压源变频器。交-交变频器与交-直-交变频器的性能比较如表 4-1 所示。

项目 4 分拣站系统安装与调试

表 4-1 交-交变频器与交-直-交变频器的性能比较

比较项目	类别	
	交-直-交变频器	交-交变频器
换能形式	两次换能，效率略低	一次换能，效率较高
换流方式	强迫换流或负载谐振换流	电源电压换流
装置元器件数量	元器件数量较少	元器件数量较多
调频范围	频率调节范围宽	一般情况下，输出最高频率为电网频率的 1/3～1/2
电网功率因数	用可控整流调压时，功率因数在低压时较低；用斩波器或 PWM 方式调压时，功率因数较高	较低
适用场合	可用于各种电力拖动装置、稳频稳压电源和不停电电源等	特别适用于低速大功率拖动装置

4.1.3 机械部件安装

1. 机械部件的安装步骤

分拣站机械部件的安装步骤如下。

（1）完成传送机构的安装，装配传送带装置及其支座，然后将其安装到底板上，如图 4-18 所示。

（2）完成驱动电动机组件的安装，进一步装配联轴器，把驱动电动机组件与传送机构相连接并固定在底板上，如图 4-19 所示。

（3）完成推料气缸支架、推料气缸、传感器支架、出料槽及支撑板等的安装，完成的效果图如图 4-20 所示。

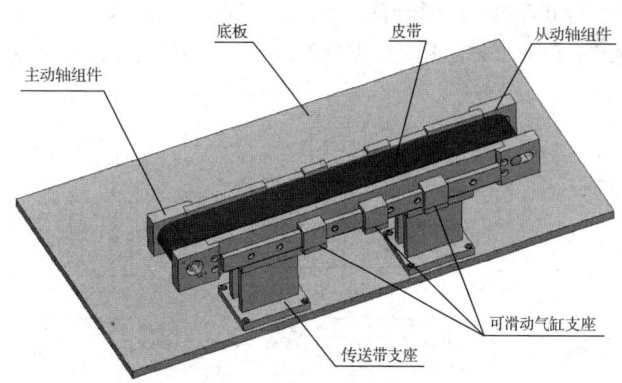

图 4-18 传送机构组件的安装

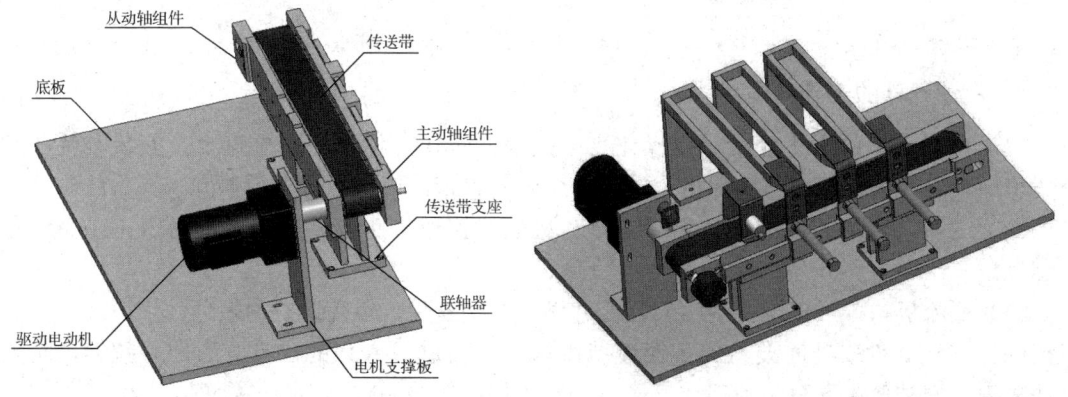

图 4-19 驱动电动机组件的安装　　　　图 4-20 机械部件安装完成的效果图

（4）完成各传感器、电磁阀组件、装置侧接线端口等的安装。

安装传送带时应注意：①皮带托板与传送带两侧板的固定位置应调整好，以免皮带安装后凹入侧板表面,造成推料被卡住的现象。②主动轴和从动轴的安装位置不能错,主动轴和从动轴安装板的位置不能相互调换。③皮带的张紧度应调整适中。④要保证主动轴和从动轴平行。⑤为了使传动部分平稳可靠、噪音较小,特使用滚动轴承作为动力回转件,但滚动轴承及其配合零件均为精密结构件,对其拆装需要一定的技能和专用的工具,建议不要自行拆卸。

2. 气动控制回路的连接与调整

气动元件是通过气体的压强或膨胀产生的力来做功的元件。分拣站的气动系统包括气源、气动汇流板、双作用直线气缸、单电控二位五通电磁阀、单向节流阀、气管等构成。

分拣站的电磁阀组使用了3个二位五通的带手控开关的单电控电磁阀,它们安装在汇流板上。这3个阀分别对金属、白料和黑料推动气缸的气路进行控制,以改变各自的动作状态。

3. 气动控制原理

分拣站气动控制回路的工作原理如图4-21所示。图中,1A、2A和3A分别为分拣气缸1、分拣气缸2和分拣气缸3,1B1、2B1和3B1分别为安装在各分拣气缸的前极限工作位置的磁性开关,1Y1、2Y1和3Y1分别为控制3个分拣气缸电磁阀的电磁控制端。

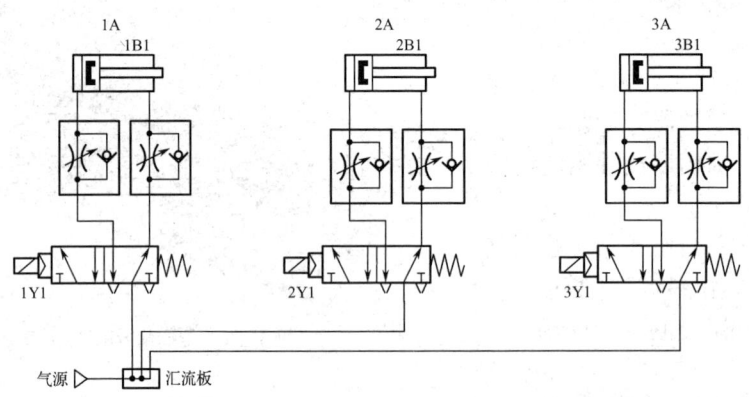

图4-21 分拣站气动控制回路的工作原理

4. 气动元件的连接方法

(1)单向节流阀由于经常需要操作,因此应安装在方便操作的位置上。安装时要注意介质方向与阀体所标箭头方向保持一致。缠绕好密封带,以免运行时漏气。

(2)二位五通电磁阀的进气口和工作口应安装快速插头,并缠绕好密封带,以免运行时漏气。

(3)汇流板的排气口应安装消声器,并缠绕好密封带,以免运行时漏气。

(4)气动元件安装时要在使用温度范围内,不要进行人为的击打、弯曲、拉伸,防止造成破损,安装要注意整洁美观、气管不交叉并保证气路通畅。

5. 气路系统的调试方法

气路系统安装质量好坏的标准主要是通过气动执行元件运行状态决定的,基本调试方法有两步，第一步手动按下单相换向阀按钮，观察对应气动执行元件的动作；第二步采用强制置位法，即将单相换向阀电源侧强制接入高电平，再次观察对应气动执行元件的动作。运行过程中还可以通过声音辨别漏气、气管不通畅等情况，同时，通过对各单向节流阀的调整获得稳定可控的运行速度。

任务 4.2 完成分拣站电路设计及接线

扫一扫看分拣站电路设计及接线教学课件

扫一扫看分拣站电路设计及接线微视频

4.2.1 任务描述

本项目只考虑分拣站作为独立设备运行时的情况，该站工作的主令信号和工作状态显示信号来自 PLC（S7-224 AC/DC/RLY，共 14 点输入、10 点继电器输出）旁边的按钮/指示灯模块，如图 0-19 所示。

线路设计具体控制要求如下。

（1）在初始状态下，设备通电和气源接通后，若分拣站的 3 个气缸满足初始位置要求，则指示灯 HL1 常亮，表示设备已准备好；否则该指示灯以 1 Hz 频率闪烁，代表未准备就绪。

（2）若设备已准备好，按下启动按钮启动系统，指示灯 HL2 常亮。当传送带上的入料口人工放下已装配的工件时，变频器立即启动，驱动电动机以 30 Hz 频率运行，把工件带往分拣区。

（3）如果金属工件的小圆柱零件为白色，则该工件到达 1 号滑槽中间时，传送带停止，工件对被推到 1 号槽中；如果塑料工件的小圆柱零件为白色，则该工件到达 2 号滑槽中间时，传送带停止，工件对被推到 2 号槽中；如果工件的小圆柱工件为黑色，则该工件到达 3 号滑槽中间时，传送带停止，工件对被推到 3 号槽中。工件被推出滑槽后，该工作站的一个工作周期结束。仅当工件被推出滑槽后，才能再次向传送带下料。

（4）如果在运行期间按下停止按钮，该工作站在本工作周期结束后停止运行。

4.2.2 知识点链接

1. 旋转编码器

YL-335B 自动生产线的分拣站使用了 A、B 两相成 90°相位差的通用型旋转编码器，用于计算工件在传送带上的位置。编码器直接连接到传送带主动轴上。该旋转编码器的三相脉冲采用 NPN 型集电极开路输出，分辨率为 500 线（即编码器转一圈输出 500 个脉冲），工作电源为 DC 12～24 V。

1）旋转编码器原理

旋转编码器是通过光电转换，将输出轴上的机械、几何位移量转换成脉冲或数字信号的传感器，主要用于速度或位置（角度）的检测。典型的旋转编码器由光电码盘和光电检测装置组成。光电码盘是在一定直径的圆板上等分地开通若干个长方形狭缝。由于光电码盘与电动机同轴，电动机旋转时，光电码盘与电动机同速旋转，经发光二极管等电子元器件组成的检测装置检测后输出若干个脉冲信号，其原理示意如图 4-22 所示，通过计算每秒旋转编码器输出脉冲的个数就能反映当前电动机的转速。

2）旋转编码器的安装

根据旋转编码器产生脉冲的方式的不同，可将其分为增量式旋转编码器、绝对式旋转编码器以及复合式旋转编码器3类。自动生产线上常采用的是增量

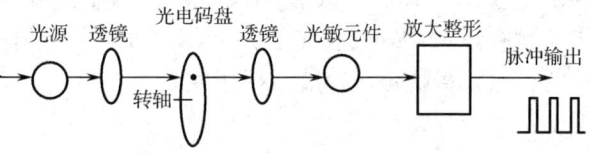

图4-22 旋转编码器原理示意

式旋转编码器。增量式旋转编码器是直接利用光电转换原理输出3组方波脉冲A、B和Z相；A、B两组脉冲相位差90°，用于辨别旋转方向。当A相脉冲超前B相时为正转方向，而当B相脉冲超前A相时则为反转方向。Z相用于基准点定位。旋转编码器需要安装在电动机输出中心轴上。增量式旋转编码器实物图和输出的方波脉冲如图4-23所示。

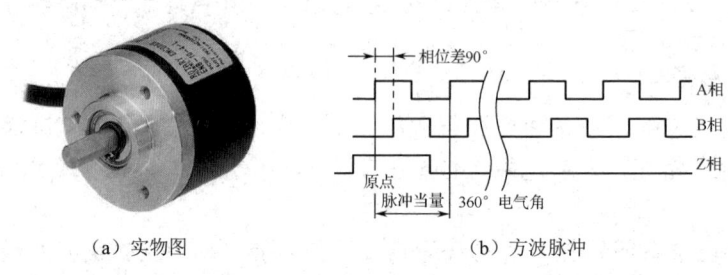

（a）实物图　　　　　　　　　　（b）方波脉冲

图4-23 增量式编码器实物图和输出的方波脉冲

3）旋转编码器的接线

本工作站没有使用旋转编码器的Z相脉冲，A、B两相输出端直接连接到PLC（S7-224 AC/DC/RLY主站）的高速计数器输入端。

4）脉冲当量计算

计算工件在传送带上的位置时，需要确定每两个脉冲之间的距离即脉冲当量。分拣站主动轴的直径 d=43 mm，则假设电动机每旋转一周，皮带上的工件移动 $L=\pi \cdot d \approx 3.14 \times 43$ mm=136.35 mm，故脉冲当量 $\mu=L/500$ mm≈0.273 mm。按如图4-24所示的安装尺寸，当工件从下料口中心线移至传感器中心时，旋转编码器约发出 430 个脉冲；移至第一个推杆中心点时，约发出 614 个脉冲；移至第二个推杆中心点时，约发出 963 个脉冲；移至第三个推杆中心点时，约发出 1 284 个脉冲。

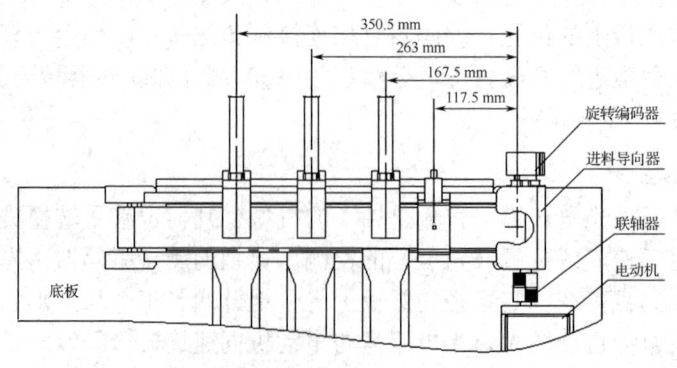

图4-24 传送带位置计算用图

项目4 分拣站系统安装与调试

2. 西门子MM420变频器

西门子 MM420 系列变频器用于控制三相交流电动机,该系列变频器有多种型号,YL-335B 选用的 MM420 变频器,外形如图 4-25 所示。

在工程使用中,MM420 变频器通常安装在配电箱内的 DIN 导轨上,安装和拆卸方法如图 4-26 所示。

图 4-25 西门子 MM420 变频器外形

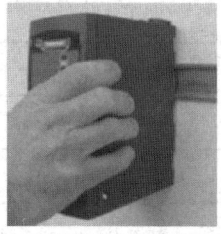

图 4-26 MM420 变频器安装和拆卸的步骤

3. MM420变频器的接线

打开变频器的盖子后,就可以连接电源和电动机的接线端子。接线端子在变频器机壳下盖板内,机壳盖板的拆卸步骤如图 4-27 所示。

拆卸盖板后可以看到变频器的接线端子,如表 4-2 所示。

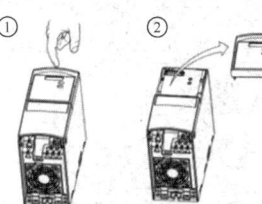

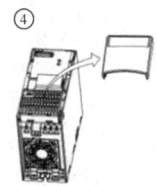

图 4-27 机壳盖板的拆卸步骤

表 4-2 MM420 变频器的接线端子

端子	标志	功能	图示
1	—	输出+10 V	
2	—	输出 0 V	
3	ADC+	模拟输入(+)	
4	ADC-	模拟输入(-)	
5	DIN1	数字输入 1	
6	DIN2	数字输入 2	
7	DIN3	数字输入 3	

续表

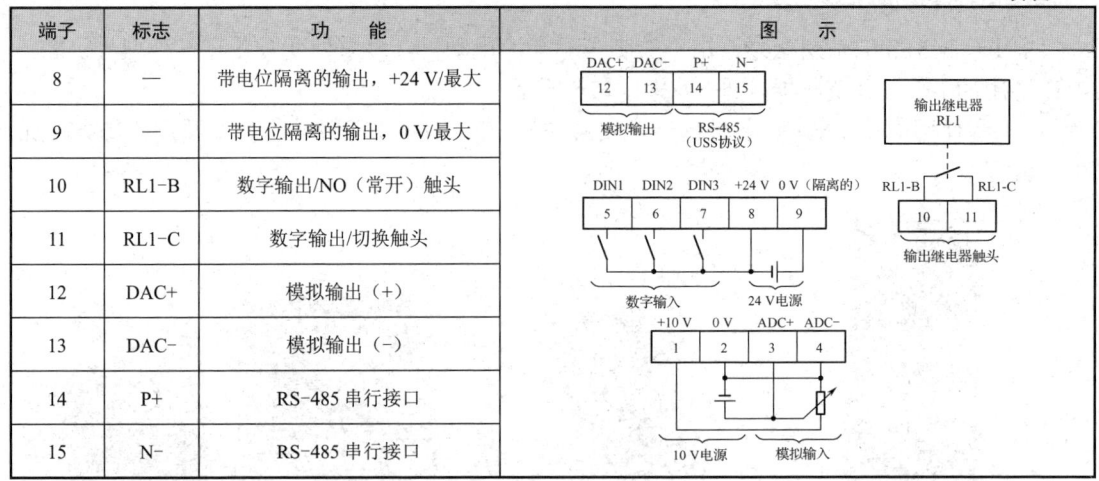

端子	标志	功 能
8	—	带电位隔离的输出，+24 V/最大
9	—	带电位隔离的输出，0 V/最大
10	RL1-B	数字输出/NO（常开）触头
11	RL1-C	数字输出/切换触头
12	DAC+	模拟输出（+）
13	DAC-	模拟输出（-）
14	P+	RS-485 串行接口
15	N-	RS-485 串行接口

MM420 变频器整体接线如图 4-28 所示。

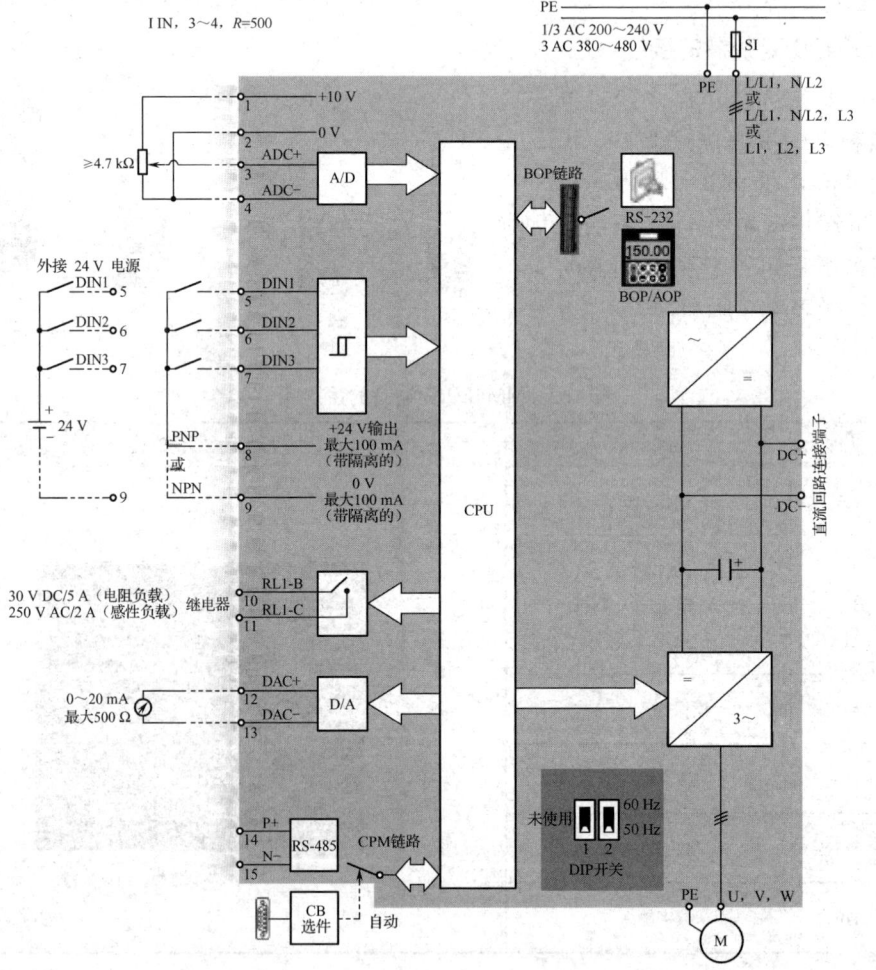

图 4-28　MM420 变频器整体接线

分拣站的变频器主电路电源由配电箱通过自动开关（断路器）QF 单独提供一路三相电源，连接到电源接线端子，电动机接线端子的引出线则连接到电动机。注意接地线 PE 必须连接到变频器的接地端子，并连接到交流电动机的外壳。变频调速系统电气简图如图 4-29 所示。

4．MM420 变频器的操作面板

标准 MM420 变频器装有状态显示板（SDP），对于很多用户来说，利用 SDP 和出厂设置值，就可以使变频器成功地投入运行。如果出厂设置值不适合设备实际情况，则可以利用基本操作板（BOP）或高级操作板（AOP）修改参数，使之匹配起来。BOP 和 AOP 是作为可选件供货的。用户也可以用 PC IBN 工具"Drive Monitor"或"STARTER"来调整出厂设置值。相关的软件在随变频器供货的 CD ROM 中可以找到。MM420 变频器的操作面板如图 4-30 所示。

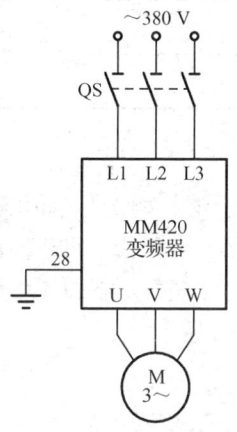

图 4-29 变频调速系统电气简图

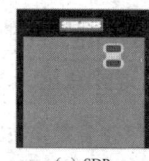
(a) SDP

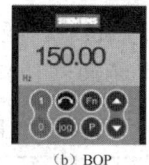
(b) BOP

(c) AOP

图 4-30 MM420 变频器的操作面板

BOP 有 8 个按钮，这些按钮的功能如表 4-3 所示。

表 4-3 BOP 按钮的功能

显示/按钮	功　能	功 能 说 明
`r0000`	状态显示	LCD 显示变频器当前的设定值
Ⅰ	启动变频器	按此键启动变频器。按出厂设置值运行时此键是被封锁的。为了使此键的操作有效，应设定 P0700 = 1
O	停止变频器	OFF1：按此键，变频器将按选定的斜坡下降速率减速停机，按出厂设置值运行时此键被封锁；为了允许此键操作，应设定 P0700 = 1。OFF2：按此键两次（或一次，但时间较长）电动机将在惯性作用下自由停机。此功能总是"使能"的
↻	改变电动机的转动方向	按此键可以改变电动机的转动方向，电动机反向时，用负号表示或用闪烁的小数点表示。按出厂设置值运行时此键是被封锁的，为了使此键的操作有效应设定 P0700 = 1
jog	电动机点动	在变频器无输出的情况下按此键，将使电动机启动，并按预设定的点动频率运行。释放此键时，变频器停机。如果变频器/电动机正在运行，按此键将不起作用
Fn	功能	此键用于浏览辅助信息。变频器运行过程中，在显示任何一个参数时按下此键并保持 2 s，将显示以下参数值（变频器在运行中从任何一个参数开始）： 1．直流回路电压（用 d 表示，单位为 V）； 2．输出电流（A）；

自动生产线技术应用

续表

显示/按钮	功 能	功 能 说 明
Fn	功能	3. 输出频率（Hz）； 4. 输出电压（用 o 表示，单位为 V）； 5. 由 P0005 选定的数值。如果 P0005 选择显示上述参数中的一个（3、4 或 5），这里将不再显示。连续多次按下此键将轮流显示以上参数。 跳转功能： 在显示任何一个参数（r××××或 P××××）时短时间按下此键，将立即跳转到 r0000，如果需要的话，可以接着修改其他的参数。跳转到 r0000 后，按此键将返回原来的显示点
P	访问参数	按此键即可访问参数
▲	增加数值	按此键即可增加面板上显示的参数数值
▼	减少数值	按此键即可减少面板上显示的参数数值

5. 用操作面板修改设置参数

MM420 变频器在出厂设置时，用 BOP 控制电动机的功能是被禁止的。如果要用 BOP 进行控制，参数 P0700 和参数 P1000 应设置为 1。用 BOP 可以修改任何一个参数。修改参数的数值时，BOP 有时会显示"busy"，表明变频器正忙于处理优先级更高的任务。下面就以设置 P1000=1 的过程为例，来介绍通过 BOP 修改设置参数的流程，如表 4-4 所示。

表 4-4 通过 BOP 修改设置参数的流程

	操 作 步 骤	BOP 显示结果
1	按 P 键，访问参数	r0000
2	按 ▲ 键，直到显示 P1000	P1000
3	按 P 键，直到显示 in000，即 P1000 的第 0 组值	in000
4	按 P 键，显示当前值 2	2
5	按 ▼ 键，达到所要求的值 1	1
6	按 P 键，存储当前设置	P1000
7	按 Fn 键，显示 r0000	r0000
8	按 P 键，显示频率	50.00

6. 变频器主要参数运行与操作

1）变频器恢复出厂设置参数

设定 P0010=30 和 P0970=1，按下 P 键，开始复位，变频器将自动地把所有参数都复位为出厂设置值。复位为工厂设置值的时间大约为 60 s。

2）设置电动机参数

为了使电动机与变频器相匹配，需要设置电动机参数。电动机参数设置如表 4-5 所示。电动机参数设置完成后，设定 P0010=0，变频器当前处于准备状态，可正常运行。

表 4-5 电动机参数设置

参数号	出厂设置值	当前设置值	说　明
P0003	1	1	设定用户访问级为标准级
P0010	0	1	快速调试
P0100	0	0	功率以 kW 表示，频率为 50 Hz
P0304	230	380	电动机额定电压（V）
P0305	3.25	1.05	电动机额定电流（A）
P0307	0.75	0.37	电动机额定功率（kW）
P0310	50	50	电动机运行额定频率（Hz）
P0311	0	1 400	电动机额定转速（r/min）

3）设置面板操作控制参数

设置面板基本操作控制参数，如表 4-6 所示。

表 4-6 设置面板基本操作控制参数

参数号	出厂设置值	当前设置值	说　明
P0003	1	1	设用户访问级为标准级
P0010	0	0	正确地进行运行命令的初始化
P0004	0	7	命令和数字 I/O
P0700	2	1	由键盘输入设定值（选择命令源）
P0003	1	1	设用户访问级为标准级
P0004	0	10	设定值通道和斜坡函数发生器
P1000	2	1	由键盘（电动电位计）输入设定值
P1080	0	0	电动机运行的最低频率（Hz）
P1082	50	50	电动机运行的最高频率（Hz）
P0003	1	2	设用户访问级为扩展级
P0004	0	10	设定值通道和斜坡函数发生器
P1040	5	20	设定键盘控制的频率值（Hz）
P1058	5	10	正向点动频率（Hz）
P1059	5	10	反向点动频率（Hz）
P1060	10	5	点动斜坡上升时间（s）
P1061	10	5	点动斜坡下降时间（s）

4）变频器运行操作

（1）变频器启动：在变频器的前操作面板上按运行键，变频器将驱动电动机升速，并运行在由 P1040 所设定的 20 Hz 频率对应的 560 r/min 的转速上。

（2）正反转及加减速运行：电动机的转速（运行频率）及旋转方向可直接通过按前操

作面板上的增加/减少键（▲/▼）来改变。

（3）点动运行：按下变频器前操作面板上的点动键，则变频器驱动电动机升速，并运行在由 P1058 所设置的正向点动 10 Hz 频率值上。当松开变频器前操作面板上的点动键，则变频器将驱动电动机降速至零。这时，如果按下变频器前操作面板上的换向键，再重复上述的点动运行操作，电动机可在变频器的驱动下反向点动运行。

（4）电动机停机：在变频器的前操作面板上按停止键，则变频器将驱动电动机降速至零。

7. 变频器的外部运行操作

变频器在实际使用中，电动机经常要根据各类机械的某种状态进行正转、反转、点动等运行，变频器的给定频率信号、电动机的启动信号等都通过变频器控制端子给出，即变频器的外部运行操作，大大提高了生产过程的自动化程度。

1）电路连接

MM420 变频器有 3 个数字输入端口，如图 4-31 所示。

2）数字输入端口功能

MM420 变频器的 3 个数字输入端口（DIN1～DIN3），即端口"5""6""7"，其功能很多，用户可根据需要进行设置。参数 P0701～P0703 与 DIN1～DIN3 相对应，每一个参数输入设置的参数值范围均为 0～99，出厂设置值均为 1。以下列出其中几个常用参数值，各数值的具体含义如表 4-7 所示。

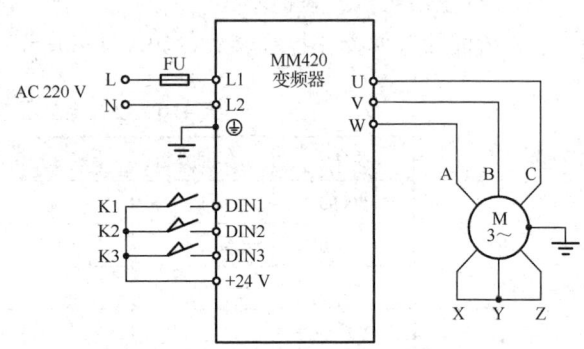

图 4-31 MM420 变频器的数字输入端口

表 4-7 MM420 数字输入端口常用数值具体含义

参数值	功 能 说 明
0	禁止数字输入
1	ON/OFF1（接通正转、停机命令 1）
2	ON/OFF1（接通反转、停机命令 1）
3	OFF2（停机命令 2），按惯性自由停车
4	OFF3（停机命令 3），按斜坡函数曲线快速降速
9	故障确认
10	正向点动
11	反向点动
12	反转
13	MOP（电动电位计）升速（增大频率）
14	MOP 降速（减小频率）

续表

参数值	功能说明
15	固定频率设定值（直接选择）
16	固定频率设定值（直接选择+ON命令）
17	固定频率设定值（二进制编码选择+ON命令）
25	直流注入制动

3）变频器参数设置

本项目的变频器参数设置，如表4-8所示。

表4-8 变频器参数设置

参数号	出厂设置值	当前设置值	说明
P0003	1	1	设用户访问级为标准级
P0004	0	7	命令和数字I/O
P0700	2	2	命令源选择"由端子排输入"
P0003	1	2	设用户访问级为扩展级
P0004	0	7	命令和数字I/O
*P0701	1	1	ON接通正转，OFF停止
*P0702	1	2	ON接通反转，OFF停止
*P0703	9	10	正向点动
P0003	1	1	设用户访问级为标准级
P0004	0	10	设定值通道和斜坡函数发生器
P1000	2	1	由键盘（电动电位计）输入设定值
*P1080	0	0	电动机运行的最小频率（Hz）
*P1082	50	50	电动机运行的最大频率（Hz）
*P1120	10	5	斜坡上升时间（s）
*P1121	10	5	斜坡下降时间（s）
P0003	1	2	设用户访问级为扩展级
P0004	0	10	设定值通道和斜坡函数发生器
*P1040	5	20	设定键盘控制的频率值
*P1058	5	10	正向点动频率（Hz）
*P1059	5	10	反向点动频率（Hz）
*P1060	10	5	点动斜坡上升时间（s）
*P1061	10	5	点动斜坡下降时间（s）

8. 变频器的模拟信号操作控制

MM420变频器可以通过3个数字输入端口对电动机进行正反转运行、正反转点动运行方向控制。可通过BOP按频率调节按键增加和减少输出频率，从而设置正反向转速的大小。也可以由模拟输入端控制电动机转速的大小。本项目的目的就是通过模拟输入端的模拟量控制电动机转速的大小，具体操作如下。

1）电路连接

MM420 变频器模拟信号控制接线如图 4-32 所示。

2）变频器参数设置

（1）恢复变频器出厂设置值，设定 P0010=30 和 P0970=1，按下 P 键，开始复位。

（2）设置电动机参数如表 4-9 所示。电动机参数设置完成后，设定 P0010=0，变频器当前处于准备状态，可正常运行。

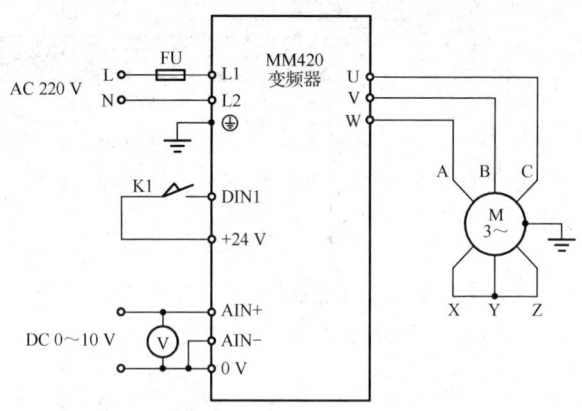

图 4-32 MM420 变频器模拟信号控制接线图

表 4-9 电动机参数设置

参数号	出厂设置值	当前设置值	说　明
P0003	1	1	设用户访问级为标准级
P0010	0	1	快速调试
P0100	0	0	功率以 kW 表示，频率为 50 Hz
P0304	230	230	电动机额定电压（V）
P0305	3.25	0.9	电动机额定电流（A）
P0307	0.75	0.4	电动机额定功率（kW）
P0308	0	0.8	电动机额定功率因数（$\cos\varphi$）
P0310	50	50	电动机运行额定频率（Hz）
P03111	0	1 400	电动机额定转速（r/min）

（3）设置模拟信号操作控制参数，如表 4-10 所示。

表 4-10 模拟信号操作控制参数

参数号	出厂设置值	当前设置值	说　明
P0003	1	1	设用户访问级为标准级
P0004	0	7	命令和数字 I/O
P0700	2	2	命令源选择"由端子排输入"
P0003	1	2	设用户访问级为扩展级
P0004	0	7	命令和数字 I/O
P0701	1	1	ON 接通正转，OFF 停止
P0702	1	2	ON 接通反转，OFF 停止
P0003	1	1	设用户访问级为标准级
P0004	0	10	设定值通道和斜坡函数发生器
P1000	2	2	频率设定值选择为"模拟输入"
P1080	0	0	电动机运行的最小频率（Hz）
P1082	50	50	电动机运行的最大频率（Hz）

数字输入端口 DIN1 为"ON",电动机正转运行,转速由外接电位器 RP1 来控制,模拟电压信号在 0～10 V 之间变化,对应变频器的运行频率在 0～50 Hz 之间变化,对应电动机的转速在 0～1500 r/min 之间变化。

9. 变频器的多段速运行操作

由于现场工艺的要求,很多生产机械需要在不同的转速下运行。为方便这种负载,大多数变频器提供了多挡频率控制功能。用户可以通过几个开关的通、断组合来选择不同的运行频率,实现在不同转速下运行的目的。

1）电路连接

三段固定频率控制接线图如图 4-33 所示。

2）变频器参数设置

（1）恢复变频器出厂设置值,设定 P0010=30,P0970=1,按下 P 键,变频器开始复位。

（2）设置电动机参数,如表 4-11 所示。电动机参数设置完成后,设定 P0010=0,变频器当前处于准备状态,可正常运行。

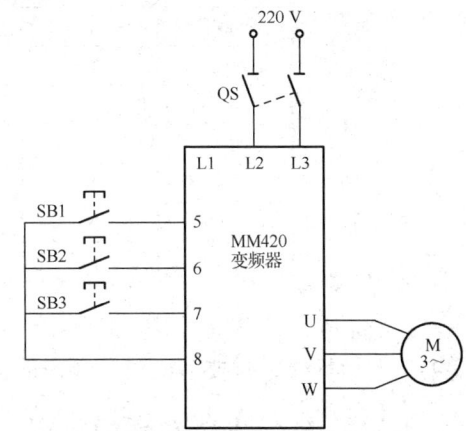

图 4-33 三段固定频率控制接线图

表 4-11 电动机参数设置

参数号	出厂设置值	当前设置值	说　　明
P0003	1	1	设用户访问级为标准级
P0010	0	1	快速调试
P0100	0	0	功率以 kW 表示,频率为 50 Hz
P0304	230	230	电动机额定电压（V）
P0305	3.25	0.9	电动机额定电流（A）
P0307	0.75	0.4	电动机额定功率（kW）
P0308	0	0.8	电动机额定功率因数（cosφ）
P0310	50	50	电动机运行额定频率（Hz）
P03111	0	1 400	电动机额定转速（r/min）

（3）设置变频器三段固定频率控制参数,如表 4-12 所示。

表 4-12 变频器三段固定频率控制参数设置

参数号	设置出厂值	当前设置值	说　　明
P0003	1	1	设用户访问级为标准级
P0004	0	7	命令和数字 I/O
P0700	2	2	命令源选择"由端子排输入"
P0003	1	2	设用户访问级为拓展级
P0004	0	7	命令和数字 I/O
P0701	1	17	选择固定频率

续表

参数号	出厂设置值	当前设置值	说　明
P0702	1	17	选择固定频率
P0703	1	1	ON 接通正转，OFF 停止
P0003	1	1	设用户访问级为标准级
P0004	2	10	设定值通道和斜坡函数发生器
P1000	2	3	选择固定频率设定值
P0003	1	2	设用户访问级为拓展级
P0004	0	10	设定值通道和斜坡函数发生器
P1001	0	20	选择固定频率 1（Hz）
P1002	5	30	选择固定频率 2（Hz）
P1003	10	50	选择固定频率 3（Hz）

3 个频段的频率值可根据用户要求通过 P1001、P1002 和 P1003 参数来修改。当电动机需要反向运行时，只要将向对应频段的频率值设定为负即可。

4.2.3　分拣站 PLC 系统接线

本项目的工作任务仅要求以 30 Hz 的固定频率驱动电动机运行，只须用固定频率方式控制变频器即可，选用 MM420 变频器的端子 5（DIN1）作为电动机启动和频率控制，PLC I/O 接线如图 4-34 所示。各传感器信号线及电磁阀信号线与装置侧对应的端子排号如表 4-13 所示。

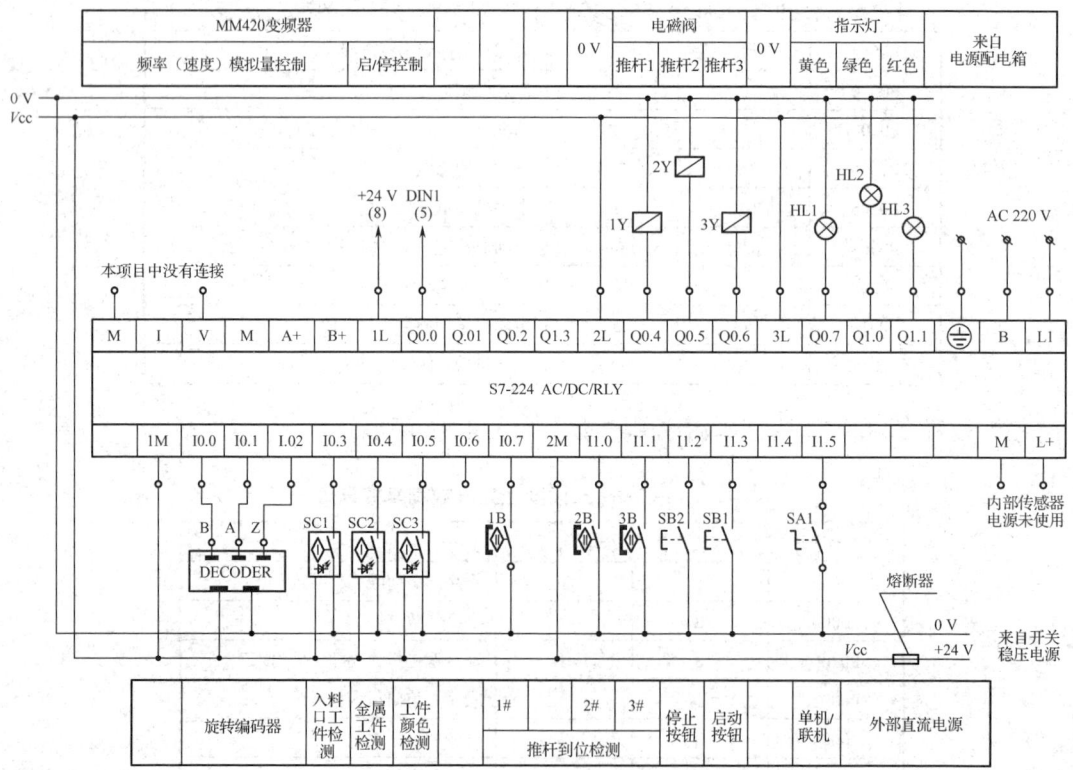

图 4-34　分拣站 PLC I/O 接线

表 4-13 各传感器信号线及电磁阀信号线与装置侧对应的端子排号

输入端口中间层			输出端口中间层		
端子排号	设备符号	信号线	端子排号	设备符号	信号线
2	DECODER	旋转编码器 B 相	2	Y1A	推杆 1 电磁阀
3		旋转编码器 A 相	3	Y2A	推杆 2 电磁阀
4		旋转编码器 Z 相	4	Y3A	推杆 3 电磁阀
5	SC1	入料口工件检测			
6	SC2	光纤传感器			
7	SC3	电感式传感器			
8					
9	1B	推杆 1 推出到位			
10	2B	推杆 2 推出到位			
11	3B	推杆 3 推出到位			
12~17 号端子没有连接			5~14 号端子没有连接		

1. 分拣站电气端子排接线

分拣站电气端子排接线包括装置侧和 PLC 侧接线两部分。

1) 装置侧接线

装置侧接线分为输入和输出两个端子排，如图 4-35 所示，规定把各类传感器、直流电源正极和直流电源负极接至装置侧输入端子排；把电磁阀的信号线接至输出端子排，详细的接线安排如表 4-13 所示。

2) PLC 侧接线

PLC 侧接线也分为输入和输出两个端子排，如图 4-36 所示，规定把装置侧输入端子排与 PLC 侧输入端子排相应的端口对接；把装置侧输出端子排与 PLC 侧输出端子排相应的端口对接。

图 4-35 装置侧接线

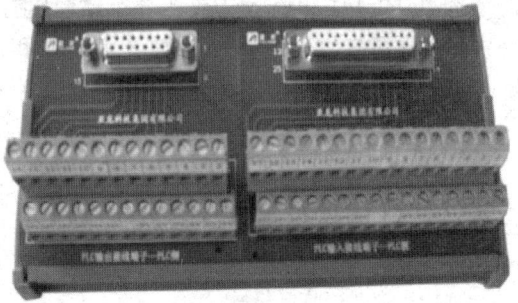

图 4-36 PLC 侧接线

2. 分拣站 I/O 分配

根据分拣站电气控制原理，配置 PLC 的 I/O 信号分配如表 4-14 所示。

表 4-14 分拣站 PLC 的 I/O 信号分配

输入信号				输出信号			
序号	PLC 输入点	信号名称	来源	序号	PLC 输出点	信号名称	来源
1	I0.0	旋转编码器 B 相	装置侧	1	Q0.0	电动机启动	变频器
2	I0.1	旋转编码器 A 相	装置侧	2	Q0.1		
3	I0.2	旋转编码器 Z 相	装置侧	3	Q0.2		
4	I0.3	入料口工件检测	装置侧	4	Q0.3		
5	I0.4	电感式传感器	装置侧	5	Q0.4	推杆 1 电磁阀	
6	I0.5	光纤传感器 1	装置侧	6	Q0.5	推杆 2 电磁阀	
7	I0.6	光纤传感器 2	装置侧	7	Q0.6	推杆 3 电磁阀	
8	I0.7	推杆 1 推出到位	装置侧	8	Q0.7	HL1	按钮/指示灯模块
9	I1.0	推杆 2 推出到位	装置侧	9	Q1.0	HL2	按钮/指示灯模块
10	I1.1	推杆 3 推出到位	装置侧	10	Q1.1	HL3	按钮/指示灯模块
11	I1.2	停止按钮	按钮/指示灯模块	11			
12	I1.3	启动按钮	按钮/指示灯模块	12			
13	I1.4		按钮/指示灯模块	13			
14	I1.5	单机/联机	按钮/指示灯模块	14			

4.2.4 分拣站接线测试

分拣站接线测试包括传感器功能测试、按钮/指示灯功能测试、电磁阀功能测试、MM420 变频器功能测试、PLC 功能测试等。

1. 传感器功能测试

1）磁性开关功能测试

分拣站通电（关闭气源），手动控制 3 个推料气缸，实现推料气缸 1、推料气缸 2 和推料气缸 3 的动作和返回（或者分拣站通电打开气源，电磁阀控制 3 个推料气缸，实现推料气缸 1、推料气缸 2 和推料气缸 3 的动作和返回），观察 PLC 输入口 I0.7、I1.0 和 I1.1 的指示灯是否闪烁，若不闪烁，应检查磁性开关本身以及连接线是否故障。

2）光电传感器功能测试

分拣站通电（关闭气源），用手遮挡或者用物料遮挡入料口光电传感器，模拟工件通过光电传感器，观察 PLC 输入口 I0.3 的指示灯是否闪烁，若不闪烁，应检查光电传感器本身以及连接线是否故障。

3）光纤传感器功能测试

分拣站通电（关闭气源），用白色物料遮挡光纤传感器 1，模拟工件通过光纤传感器 1，观察 PLC 输入口 I0.5 的指示灯是否闪烁，若不闪烁，应检查光纤传感器 1 以及连接线是否故障，同理也可检测黑色工件通过传感器。

4）电感式传感器功能测试

分拣站通电（关闭气源），用金属物料遮挡电感式传感器，模拟工件通过电感式传感器，观察 PLC 输入口 I0.4 的指示灯是否闪烁，若不闪烁，应检查电感式传感器以及连接线是否故障。

5）光电旋转编码器功能测试

分拣站通电（关闭气源），手动拉动传送带，模拟电动机运转，观察 PLC 输入口 I0.1、I0.2、I0.3 的指示灯是否闪烁，若不闪烁，应检查光电旋转编码器以及连接线是否故障。

2. 按钮/指示灯功能测试

1）按钮功能能测试

分拣站通电（接通气源），用手按动停止/启动按钮、急停按钮、单机/联机转换开关，观察 PLC I1.2、I1.3、I1.5 的指示灯是否亮（灭），若不亮（灭）应检查对应按钮及连接线。

2）指示灯功能测试

分拣站通电（接通气源），进入 STEP 7-Micro/WIN 编程软件，利用强制功能，分别强制 PLC Q0.7、Q1.0、Q1.1 输出口接通/断开一次，观察 PLC Q0.7、Q1.0、Q1.1 的输入指示灯是否亮，外部指示灯黄色、绿色、红色是否亮，若不亮应检查指示灯及连接线。

3. 电磁阀功能测试

分拣站通电（接通气源），进入 STEP 7-Micro/WIN 编程软件，利用强制功能，分别强制 PLC 接有电磁阀的输出口，使其接通/断开一次，观察 PLC 对应输出口的指示灯是否亮，认真听电磁阀是否有动作声音，观察外部气动手指和气缸推杆是否执行动作，若不执行，应检查气路连接部分及电磁阀接线。

4. 变频器功能测试

变频器的功能测试主要通过快速调试功能进行。分拣站通电（接通气源），设置变频器快速调试参数，启动变频器并观察电动机运行情况，如果电动机不能运行，应检查变频器及连接线是否故障。

5. PLC 功能测试

PLC 功能测试主要是对分拣站测试程序（用户随意编写）进行上传与下载、监控功能的调试。在程序执行过程中，还要观察对应位指示灯是否亮灭，除此之外还要对相应的位进行测试，检查 I/O 情况。

扫一扫看分拣站编程调试教学课件

扫一扫看分拣站编程调试微视频

任务 4.3　编制分拣站程序并调试

4.3.1　分拣站单站运行工作要求

（1）初始状态：设备通电和气源接通后，若该工作站的 3 个气缸满足初始位置要求，则正常工作指示灯 HL1 常亮，表示设备已准备好。否则该指示灯以 1 Hz 频率闪烁。

（2）若设备已准备好，按下启动按钮，系统启动，设备运行指示灯 HL2 常亮。当传送带的入料口处人工放下已装配的工件时，变频器立即启动，驱动电动机以 30 Hz 的频率运行，把工件带往分拣区。

（3）如果金属工件的小圆柱零件为白色，则该工件到达 1 号滑槽中间时，传送带停止，工件对被推到 1 号槽中；如果塑料工件的小圆柱零件为白色，则该工件到达 2 号滑槽中间时，传送带停止，工件对被推到 2 号槽中；如果工件的小圆柱零件为黑色，则该工件到达 3 号滑槽中间时，传送带停止，工件对被推到 3 号槽中。工件被推出滑槽后，该工作站的一个工作周期结束。仅当工件被推出滑槽后，才能再次向传送带下料。

（4）如果在运行期间按下停止按钮，该工作站在本工作周期结束后停止运行。

4.3.2 分拣站单站控制编程思路

分拣站采用顺序控制编程思路，分为分拣控制主程序和分拣控制子程序两部分。

分拣控制主程序如图 4-37 所示，是一个周期循环程序，上电运行后，首先初始化高速脉冲计数器（HSC），并检查 3 个推料气缸是否缩回到位。如果检查通过，则设备准备就绪允许启动，主程序在每个扫描周期调用分拣子程序；反之，如果检查不通过，则设备无法启动。

分拣控制子程序如图 4-38 所示，该程序采用步进指令（SCR 指令）编程，编程的整体思路主要采用了 3 重选择结构，分别对应推杆 1、推杆 2 和推杆 3 的动作控制。此外，推杆动作结束，当检测到推料到位，则启动延时程序复位推杆，以此形成一个循环。

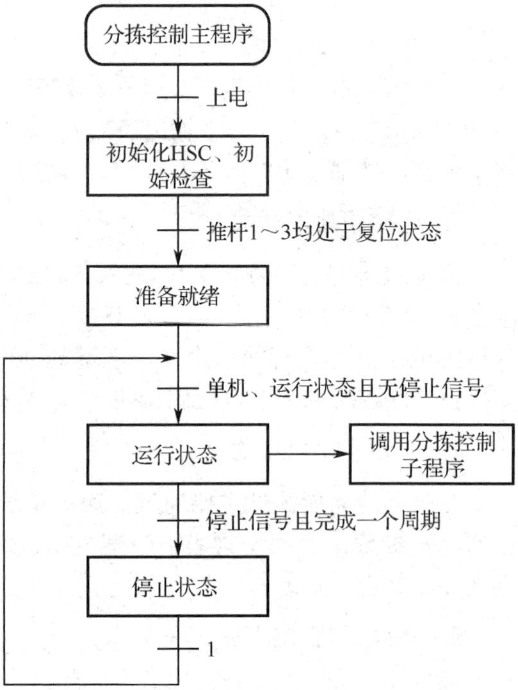

图 4-37 分拣站分拣控制主程序

4.3.3 PLC 高速计数器

1. 高速计数器的编程

高速计数器的编程方法有两种，一是采用梯形图或语句表进行正常编程，二是通过 STEP 7-Micro/WIN 编程软件进行引导式编程。不论用哪一种方法，都先要根据计数输入信号的形式与要求确定计数模式；然后选择计数器编号，确定输入地址。

分拣站所配置的 PLC 是 S7-224XP AC/DC/RLY 主站，集成有 6 点的高速计数器，编号为 HSC0～HSC5，每一编号的计数器均分配有固定地址的输入端。同时，高速计数器可以被配置为 12 种模式中的任意一种，如表 4-15 所示。

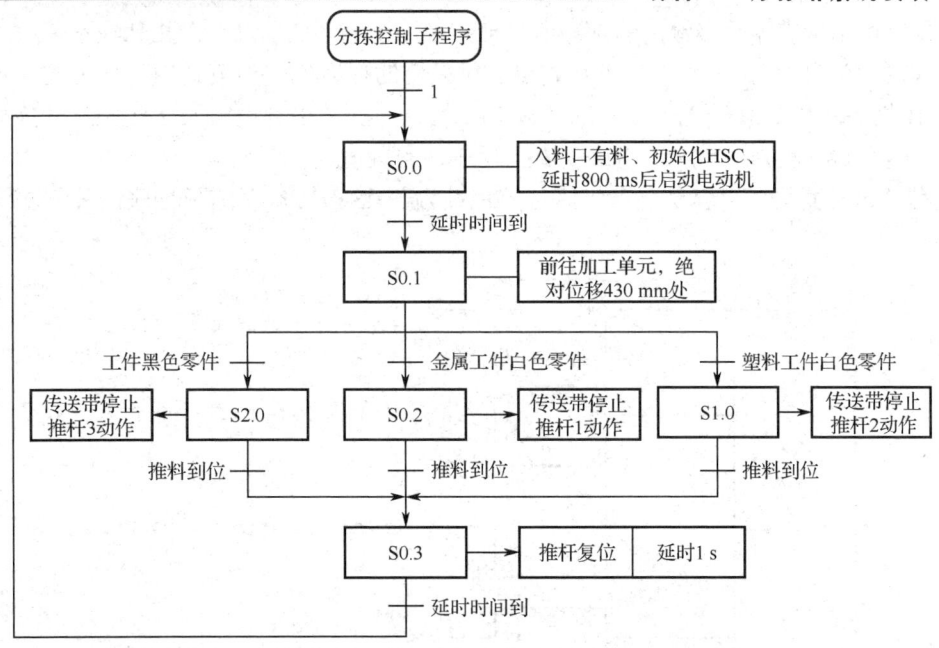

图 4-38 分拣站分拣控制子程序

表 4-15 S7-224 PLC 的 HSC0~HSC5 输入地址和计数模式

模式	中断描述	输入点			
	HSC0	I0.0	I0.1	I0.2	
	HSC1	I0.6	I0.7	I1.0	I1.1
	HSC2	I1.2	I1.3	I1.4	I1.5
	HSC3	I0.1			
	HSC4	I0.3	I0.4	I0.5	
	HSC5	I0.4			
0	带有内部方向控制的单相计数器	时钟			
1		时钟		复位	
2		时钟		复位	启动
3	带有外部方向控制的单相计数器	时钟	方向		
4		时钟	方向	复位	
5		时钟	方向	复位	启动
6	带有增减计数时钟的双相计数器	增时钟	减时钟		
7		增时钟	减时钟	复位	
8		增时钟	减时钟	复位	启动
9	A/B 相正交计数器	时钟 A	时钟 B		
10		时钟 A	时钟 B	复位	
11		时钟 A	时钟 B	复位	启动

根据分拣站旋转编码器输出的脉冲信号形式（A/B 相正交脉冲，Z 相脉冲不使用，无外部复位和启动信号），由表 4-15 容易确定，所采用的计数模式为模式 9，选用的计数器为 HSC0，B 相脉冲从 I0.0 输入，A 相脉冲从 I0.1 输入，计数倍频设定为 4 倍频。分拣站高速计数器的编程要求较为简单，不考虑中断子程序、预置值等。

使用引导式编程，很容易自动生成符号地址为"HSC_INIT"的子程序，其程序清单如图 4-39 所示。

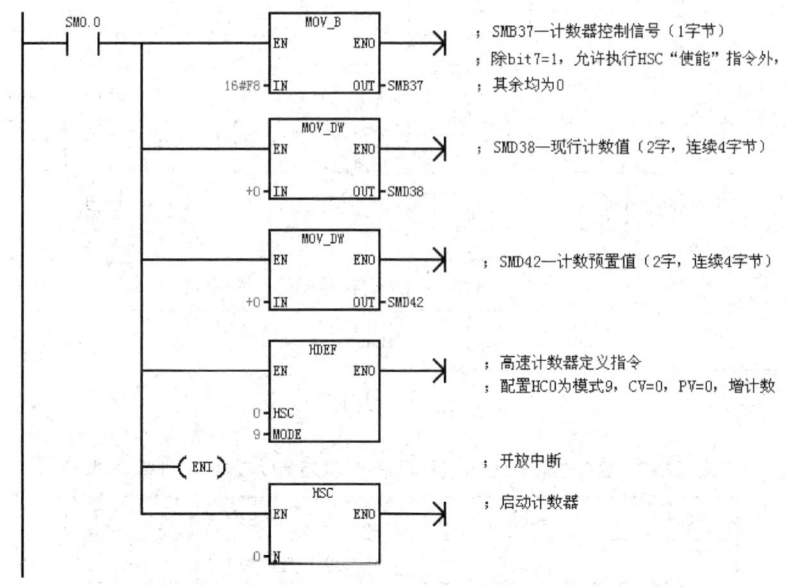

图 4-39 "HSC_INIT"子程序清单

2. 旋转编码器脉冲当量测试

前面已经指出，根据传送带主动轴直径计算旋转编码器的脉冲当量，其结果只是一个近似值。在分拣站安装调试时，除了要仔细调整尽量减小安装偏差外，尚须现场测试脉冲当量值。测试步骤如下。

1）变频器安装测试

分拣站安装调试时，必须仔细调整电动机与主动轴联轴的同心度和传送皮带的张紧度。调节张紧度时，两个调节螺钉应平衡调节，避免皮带运行时跑偏。传送带张紧度以电动机在输入频率为 1 Hz 时能顺利启动，低于 1 Hz 时难以启动为宜。测试时可把变频器设置为在 BOP 操作板进行操作（启动/停止和频率调节）的运行模式，即设定参数 P0700 = 1（使能 BOP 操作板上的启动/停止按钮），P1000 = 1（使能电动电位计的设定值）。

2）变频器参数设置

安装调整结束后，变频器参数设置为：

P0700 = 2（指定命令源为"由端子排输入"）；

P0701 = 16（确定数字输入 DIN1 为"直接选择+ON"命令）；

P1000 = 3（频率设定值选择为固定频率）；

P1001 = 25 Hz（DIN1 的频率设定值）。

3）PLC 编程

在 PC 上用 STEP 7-Micro/WIN 编程软件编写 PLC 程序，主程序清单如图 4-40 所示，编译后传送到 PLC。

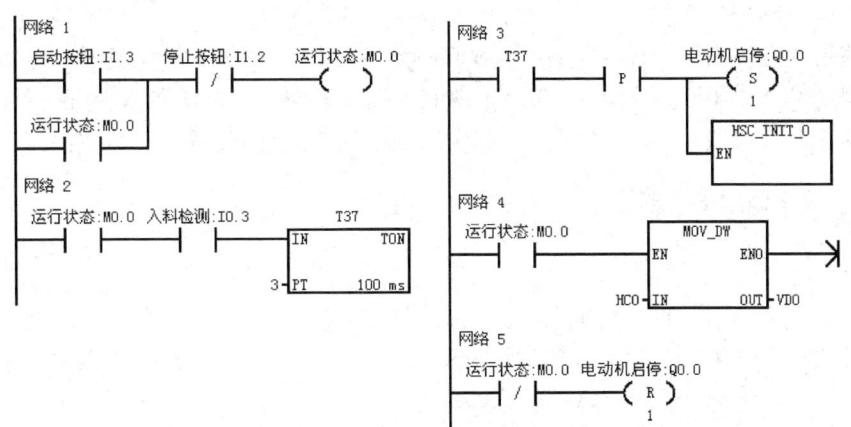

图 4-40 脉冲当量现场测试主程序清单

4）运行 PLC 程序

启动 PLC 程序，并置于监控方式。在传送带入料口中心处放下工件后，按启动按钮启动运行。工件被传送一段较长的距离后，按下停止按钮停止运行。观察 STEP 7-Micro/WIN 软件监控界面上 VD0 的读数，将此值填写到表 4-16 的"高速计数脉冲数"一栏中；然后，在传送带上测量工件移动的距离，把测量值填写到表中"工件移动距离"一栏中；计算高速计数脉冲数/4 的值，填写到"编码器脉冲数"一栏中，则脉冲当量 μ（计算值）=工件移动距离/编码器脉冲数，填写到相应栏目中。

表 4-16 脉冲当量现场测试数据

检测次数	工件移动距离 （测量值）	高速计数脉冲数 （测试值）	编码器脉冲数 （计算值）	脉冲当量 μ （计算值）
第一次				
第二次				
第三次				

5）脉冲当量计算

重新把工件放到入料口中心处，按下启动按钮进行第二次测试。在进行三次测试后，求出脉冲当量的平均值 $\bar{\mu} = (\mu_1+\mu_2+\mu_3)/3$。

重新计算旋转编码器到各位置应发出的脉冲数：当工件从入料口中心线移至传感器中心时，旋转编码器发出 456 个脉冲；移至第一个推杆中心点时，发出 650 个脉冲；移至第二个推杆中心点时，发出 1 021 个脉冲；移至第三个推杆中心点时，发出 1 361 个脉冲。上述数据 4 倍频后，就是高速计数器 HC0 的经过值。

在本项任务中，编程高速计数器的目的是根据 HC0 当前值确定工件位置，与存储到指定变量存储器的特定位置数据进行比较，以确定程序的流向。特定位置数据是：

自动生产线技术应用

(1) 入料口到传感器位置的脉冲数为 1 824，存储在 VD10 站中（双整数）；

(2) 入料口到推杆 1 位置的脉冲数为 2 600，存储在 VD14 站中；

(3) 入料口到推杆 2 位置的脉冲数为 4 084，存储在 VD18 站中；

(4) 入料口到推杆 3 位置的脉冲数为 5 444，存储在 VD22 站中。

可以使用数据块来对上述 V 存储器赋值，在 STEP 7-Micro/WIN 界面项目指令树中，选择"数据块"→"用户定义 1"，在所出现的数据页界面上逐行键入 V 存储器起始地址、数据值及其注释（可选），允许用逗号、制表符或空格作地址和数据的分隔符号。

4.3.4 分拣站参考程序

1. 分拣主程序

主程序的流程与前面所述的供料、加工等工作站是类似的。但由于用高速计数器编程，因此必须在上电第 1 个扫描周期调用 HSC_INIT 子程序，以定义并使能高速计数器。

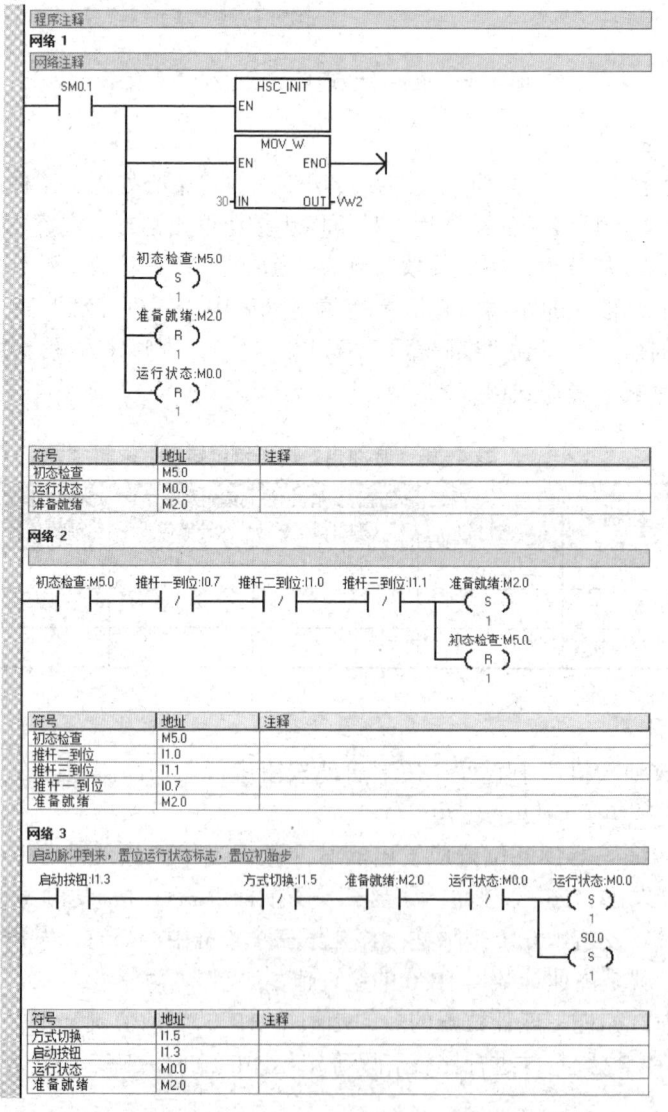

项目 4 分拣站系统安装与调试

网络 4
单站运行方式下，在运行中曾经按下停止按钮，M1.1 ON

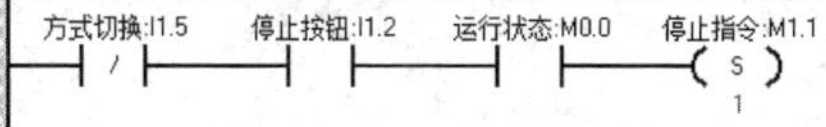

```
方式切换:I1.5   停止按钮:I1.2   运行状态:M0.0         停止指令:M1.1
   ──/──────────┤├──────────────┤├──────────────────────( S )
                                                           1
```

符号	地址	注释
方式切换	I1.5	
停止按钮	I1.2	
停止指令	M1.1	
运行状态	M0.0	

网络 5

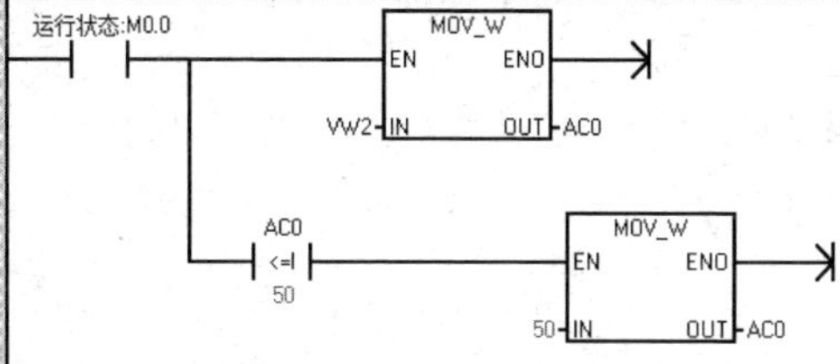

```
运行状态:M0.0          MOV_W
   ──┤├──────────────┤EN   ENO├─
                  VW2─┤IN   OUT├─AC0

              AC0
              ─┤<=I├─          MOV_W
               50           ──┤EN   ENO├─
                           50─┤IN   OUT├─AC0
```

符号	地址	注释
运行状态	M0.0	

网络 6
用于D/A变换的数字量

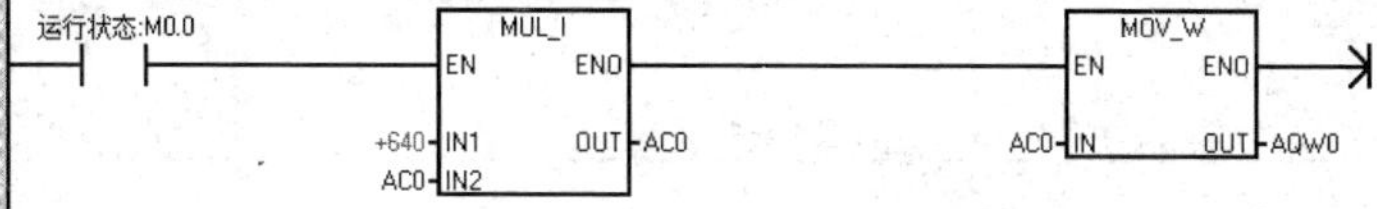

```
运行状态:M0.0         MUL_I                         MOV_W
   ──┤├──────────────┤EN   ENO├─────────────────────┤EN   ENO├─
               +640─┤IN1  OUT├─AC0            AC0─┤IN   OUT├─AQW0
                AC0─┤IN2
```

符号	地址	注释
运行状态	M0.0	

网络 7

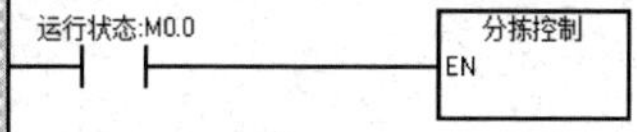

```
运行状态:M0.0          分拣控制
   ──┤├──────────────┤EN
```

符号	地址	注释
运行状态	M0.0	

网络 8

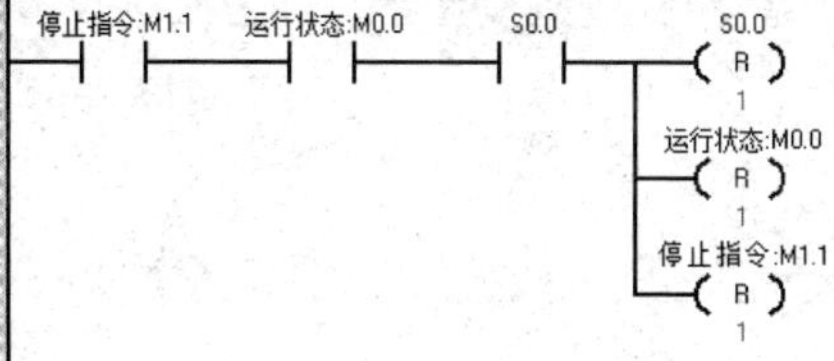

```
停止指令:M1.1   运行状态:M0.0   S0.0         S0.0
   ──┤├──────────┤├────────────┤├──────────( R )
                                              1
                                          运行状态:M0.0
                                           ──( R )──
                                               1
                                          停止指令:M1.1
                                           ──( R )──
                                               1
```

符号	地址	注释
停止指令	M1.1	
运行状态	M0.0	

网络 9 网络标题
网络注释

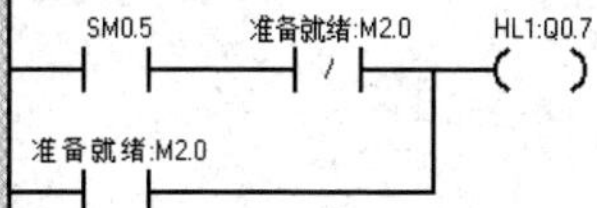

```
  SM0.5       准备就绪:M2.0        HL1:Q0.7
 ──┤├──────────┤/├────────────────( )
 准备就绪:M2.0
 ──┤├──
```

符号	地址	注释
HL1	Q0.7	
准备就绪	M2.0	

113

自动生产线技术应用

网络 10

```
运行状态:M0.0      HL2:Q1.0
   ┤├──────────────( )
```

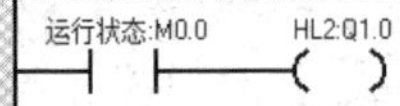

符号	地址	注释
HL2	Q1.0	
运行状态	M0.0	

2. 分拣子程序

子程序注释

网络 1
初始步

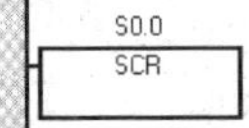

```
 S0.0
┌─────┐
│ SCR │
└─────┘
```

网络 2
0.5 s 没有检测到料,则电机自动停止运行。

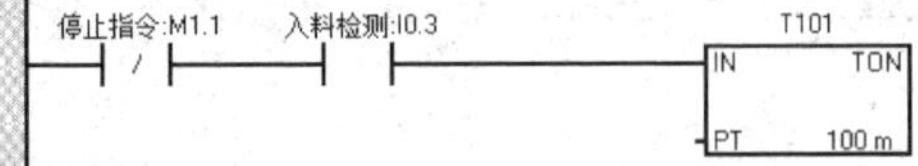

```
停止指令:M1.1  入料检测:I0.3         T101
    ┤├─────────┤├──────────┤IN    TON│
                            │PT   100 m│
```

符号	地址	注释
入料检测	I0.3	
停止指令	M1.1	

网络 3

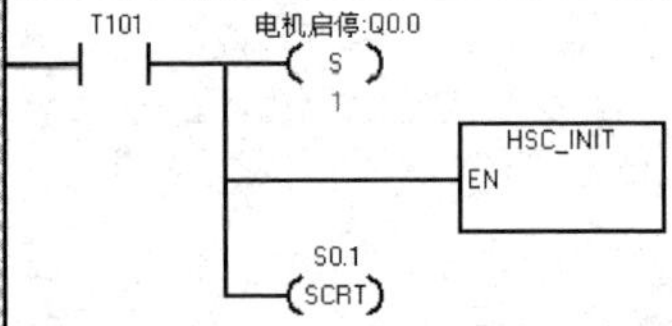

```
 T101      电机启停:Q0.0
  ┤├─────────( S )
              1
           ┌─────────┐
           │HSC_INIT │
           │EN       │
           └─────────┘
              S0.1
           ──(SCRT)
```

符号	地址	注释
电机启停	Q0.0	

网络 4

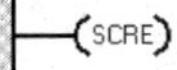

```
──(SCRE)
```

网络 5 物料属性检测

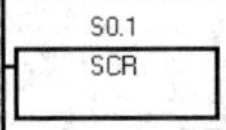

```
 S0.1
┌─────┐
│ SCR │
└─────┘
```

网络 6

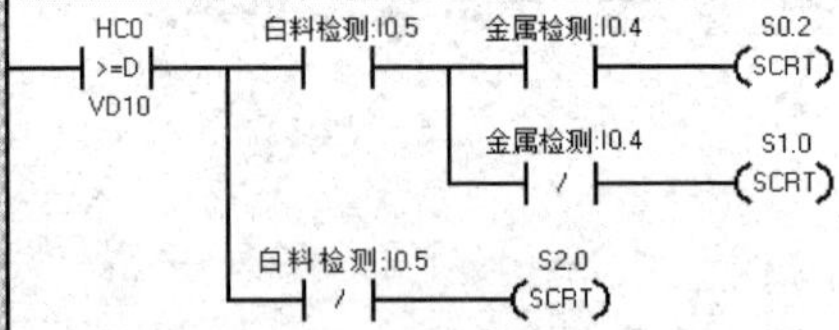

```
  HC0     白料检测:I0.5   金属检测:I0.4    S0.2
 ┤>=D├────────┤├───────────┤├────────(SCRT)
 VD10                
                           金属检测:I0.4    S1.0
                           ──┤/├────────(SCRT)
          
          白料检测:I0.5             S2.0
          ──┤/├──────────────────(SCRT)
```

符号	地址	注释
白料检测	I0.5	
金属检测	I0.4	

项目4　分拣站系统安装与调试

网络 7

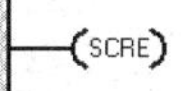

—(SCRE)

网络 8　料槽一

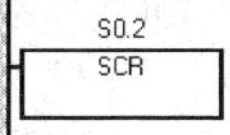

```
S0.2
SCR
```

网络 9

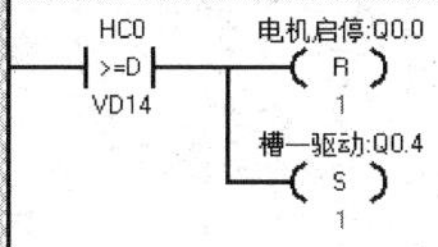

```
HC0          电机启停:Q0.0
>=D          ( R )
VD14          1
             槽一驱动:Q0.4
             ( S )
              1
```

符号	地址	注释

网络 10

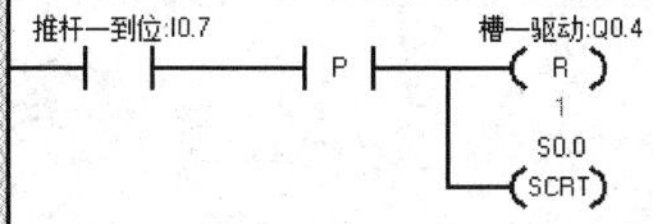

```
推杆一到位:I0.7      槽一驱动:Q0.4
——| |——| P |——( R )
                    1
                   S0.0
                   (SCRT)
```

符号	地址	注释
槽一驱动	Q0.4	
推杆一到位	I0.7	

网络 11

—(SCRE)

网络 12　料槽二

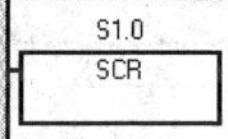

```
S1.0
SCR
```

网络 13

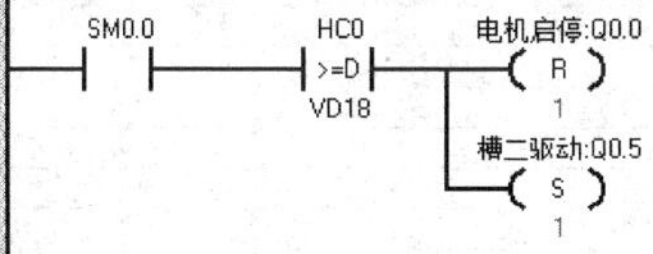

```
SM0.0    HC0          电机启停:Q0.0
——| |——| >=D |——     ( R )
         VD18          1
                      槽二驱动:Q0.5
                      ( S )
                       1
```

符号	地址	注释
槽二驱动	Q0.5	
电机启停	Q0.0	

网络 14

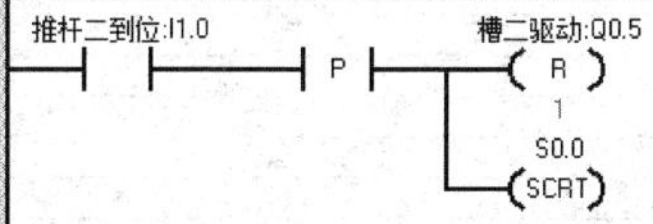

```
推杆二到位:I1.0        槽二驱动:Q0.5
——| |——| P |——       ( R )
                       1
                      S0.0
                      (SCRT)
```

符号	地址	注释
槽二驱动	Q0.5	
推杆二到位	I1.0	

自动生产线技术应用

网络 15

—(SCRE)

网络 16 料槽三

S2.0
SCR

网络 17

SM0.0   HC0   电机启停:Q0.0
——| |——|>=D|——(R)
         VD22   1
                 槽三驱动:Q0.6
                 (S)
                   1

符号	地址	注释
槽三驱动	Q0.6	
电机启停	Q0.0	

网络 18

推杆三到位:I1.1   槽三驱动:Q0.6
——| |——|P|——(R)
                           1
                          S0.0
                         (SCRT)

符号	地址	注释
槽三驱动	Q0.6	
推杆三到位	I1.1	

网络 19

—(SCRE)

3. 分拣站 PLC 符号表

			符号	地址	注释
1			入料检测	I0.3	
2			金属检测	I0.4	
3			白料检测	I0.5	
4			推杆一到位	I0.7	
5			推杆二到位	I1.0	
6			推杆三到位	I1.1	
7			停止按钮	I1.2	
8			启动按钮	I1.3	
9			方式切换	I1.5	
10			电机启停	Q0.0	
11			槽一驱动	Q0.4	
12			槽二驱动	Q0.5	
13			槽三驱动	Q0.6	
14			HL1	Q0.7	
15			HL2	Q1.0	
16		🔍	HL3	Q1.1	
17			运行状态	M0.0	
18			停止指令	M1.1	
19			准备就绪	M2.0	
20		🔍	联机方式	M3.4	
21			初态检查	M5.0	
22		🔍	禁止放料	M5.1	
23					
24		🔍	全线运行	V1000.0	
25		🔍	全线复位	V1000.5	
26		🔍	HMI联机	V1000.7	
27		🔍	允许分拣	V1001.5	
28		🔍	分拣联机	V1050.4	分拣单元SA1开关置于联机方式
29		🔍	初始态	V1050.0	
30		🔍	分拣完成	V1050.1	

项目 4　分拣站系统安装与调试

课后习题 4

一、选择题

1. 在分拣站的 S7-224 PLC 上，有（　　）A/D，一路 D/A。
   A．一路　　　　B．两路　　　　C．四路　　　　D．八路
2. YL-335B 自动生产线的外部供电电源为（　　）AC 380 V/220 V。
   A．三相三线制　B．三相四线制　C．三相五线制　D．都可以
3. S7-200 系列 PLC 硬件接口为 RS-485 通信接口，为（　　）通信方式。
   A．全双工　　　B．半双工　　　C．单工　　　　D．都可以
4. YL-335B 自动生产线的分拣单元有（　　）个物料槽。
   A．2　　　　　B．3　　　　　C．4　　　　　D．5
5. 光纤内部从端面发出的光线以约（　　）的角度进行扩散，照射到物体上。
   A．60°　　　　B．50°　　　　C．45°　　　　D．90°
6. 时间顺序控制系统是（　　）程序的控制系统。
   A．逻辑先后　　B．指令条件　　C．时间控制　　D．以上均否
7. 假设每个电流周期磁场转过的空间角度为 360°，三相异步电动机绕组电流频率为 50 Hz 时，极对数为 2 的电动机的同步转速是（　　）。
   A．3 000 r/min　B．1 500 r/min　C．750 r/min　　D．1 000 r/min
8. 一般对于 PLC 而言，冗余系统的范围主要是 CPU、存储单元、（　　）、通信系统。
   A．输入单元　　B．电源系统　　C．输出单元　　D．功能单元
9. PLC 在工作时候采用（　　）原理。
   A．循环扫描　　　　　　　　　B．输入输出
   C．集中采样　　　　　　　　　D．分段输出
10. 下面不属于基本逻辑运算的是（　　）。
    A．与　　　　　B．或　　　　　C．非　　　　　D．真
11. 变频器的调压调频过程是通过控制（　　）进行的。
    A．载波　　　　B．调制波　　　C．输入电压　　D．输入电流
12. 为适应多台电动机的比例运行控制要求，变频器设置了（　　）功能。
    A．频率增益　　B．转矩补偿　　C．矢量控制　　D．回避频率
13. 为提高电动机的转速控制精度，变频器具有（　　）功能。
    A．转矩补偿　　B．转差补偿　　C．频率增益　　D．段速控制
14. 在 U/f 控制方式下，当输出频率比较低时会出现输出转矩不足的情况，要求变频器具有（　　）功能。
    A．频率偏置　　B．转差补偿　　C．转矩补偿　　D．段速控制
15. 变频器常用的转矩补偿方法有线性补偿、分段补偿和（　　）补偿。
    A．平方根　　　B．平方率　　　C．立方根　　　D．立方率

16. 变频器的节能运行方式只能用于（　　）控制方式
　　A．U/f 开环　　　B．矢量　　　　　C．直接转矩　　　D．CVCF

二、填空题

1. YL-335B 自动生产线由_____、_____、_____、_____和_____5 个工作站组成。

2. 光纤式光电接近传感器由_____和_____两部分组成。

3. PLC 的工作方式是_____。

4. 光电传感器分为对射型、_____和_____3 种。

5. MM420 变频器基本操作面板（BOP）备有_____个按钮。

三、判断题

1. 磁性开关是一种非接触式位置检测开关。（　　）

2. 气缸和气动马达均用于实现直线往复运动。（　　）

3. YL-335B 自动生产线最常用的电磁阀是二位五通式的。（　　）

4. 光电传感器是一种非接触式的传感器。（　　）

5. 改变异步电动机转子转速可通过改变电动机的转差率来实现。（　　）

6. MM420 变频器用 BOP 可以修改和设定系统参数，使变频器具有期望的特性。例如，斜坡时间、最小和最大频率等。（　　）

四、简答题

1. 简述磁性开关是如何控制气缸活塞运动的两个位置的。

2. 简述更换损坏的电磁阀的步骤。

3. 在分拣站安装中，如何根据实际装置计算编码器每个脉冲的当量值？

4. 分析程序，说明分拣站判别产品的方法。

5. 旋转编码器一般分哪几种形式？各有什么特点？举例说明各种编码器的使用方法。

6. 编码器在分拣站中的作用是什么？在编程中是如何体现的？举例说明。

7. 分拣站中，若脉冲当量为 0.2 mm，移动距离是 100 mm，则旋转编码器需要发出多少个脉冲？写出计算过程。

项目 5 输送站系统调试

输送站作为 YL-335B 自动生产线的最后一个工作站，不仅承担着整条生产线物料传送控制任务，而且对于系统协调和管理也至关重要，它配备有专门的触摸屏 TPC7062KX，既可以单独完成输送任务，也可以通过联机与其他站配合工作。输送站的机械部件比较复杂，不建议学生组装这一部分，所以本站只介绍电气控制部分。本项目的任务包括：PLC 控制系统原理识图，合理分配 I/O 站，独立自主完成系统硬件接线，针对接线能够排查和修改系统错误，顺序功能图绘制，PLC 编程调试。

扫一扫看输送站机械部件安装教学课件

扫一扫看输送站机械部件安装微视频

任务 5.1 输送站机械部件安装与调整

5.1.1 输送站机械部件的功能

输送站的功能是驱动其抓取机械手装置精确定位到指定站的物料台，在物料台上抓取工件，把抓到的工件输送到指定地点然后放下。输送站由两大部分组成，一部分是机械整体结构部分（机械组件、气动元件）；另一部分则是电气控制部分（传感器、PLC、伺服驱动装置、电气接线端子排组件）。图 5-1 是安装在工作台面上的输送站装置侧部分。

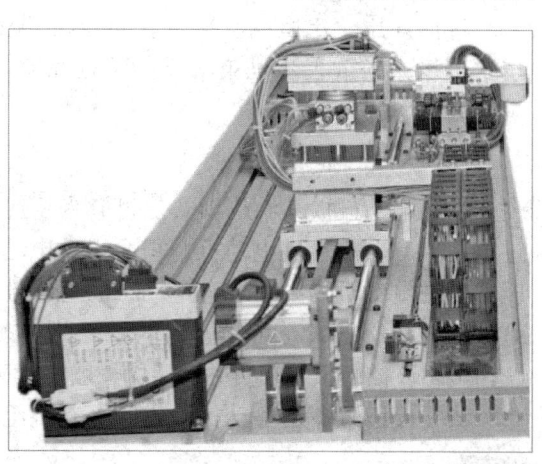

图 5-1 输送站装置侧部分

5.1.2 知识点链接

1. 步进电动机工作原理与选择

步进电动机是将电脉冲信号转变为角位移或线位移的开环控制元件。当步进驱动器接收到一个脉冲信号，它就驱动步进电动机按设定的方向转动一个固定的角度（称为"步距角"），可以通过控制脉冲个数来控制角位移量，同时结合脉冲频率来控制电动机转动的速度和加速度，从而达到准确定位和快速调速的目的。在非超载的情况下，电动机的转速、停止的位置只取决于脉冲信号的频率和脉冲数，而不受负载变化的影响。这一线性关系的存在，加上步进电动机只有周期性的误差而无累积误差等特点，使得其在速度、位置等控制领域应用广泛。步进电动机还可以作为一种控制用的特种电动机，利用其没有积累误差（精度为100%）的特点，广泛应用于各种开环控制。

步进电动机工作时具有以下特点：

（1）步进电动机工作时每相绕组不是恒定地通电，而是按一定的规律轮流通电；
（2）每输入一个脉冲电信号转子转过的角度称为步距角；
（3）步进电动机可以按特定指令进行角度控制，也可以进行速度控制。

当进行角度控制时，每输入一个脉冲，定子绕组就换接一次，输出轴就转过一个角度，其步数与脉冲数一致，输出轴转动的角位移量与输入脉冲数成正比。当进行速度控制时，步进电动机绕组中送入的是连续脉冲，各相绕组不断地轮流通电，步进电动机连续转动，它的转速与脉冲频率成正比。改变通电顺序，即改变定子磁场的旋转方向，就可以控制电动机正转或反转。

1）步进电动机的典型应用场合

（1）步进电动机主要用于一些有定位要求的场合。例如，线切割工作台、植毛机工作台（毛孔定位）、包装机（定长度）拖动等，基本上涉及定位的场合都用得到。

（2）广泛应用于 ATM 机、喷绘机、刻字机、写真机、喷涂设备、医疗仪器及设备、计算机外设及海量存储设备、精密仪器、工业控制系统、办公自动化、机器人等领域。特别适合要求运行平稳、低噪音、响应快、使用寿命长、高输出扭矩的应用场合。

（3）步进电动机因能够保持转矩不高、频繁启动时反应速度快、运转噪音低、运行平稳、控制性能好、整机成本低，在电脑绣花机等纺织机械设备中有着广泛的应用。

目前，用于电脑绣花机的步进电动机多数为三相混合式步进电动机，采用细分驱动技术可以大大改善步进电动机的运行品质，减少转矩波动，抑制振荡，降低噪音，提高步矩分辨率。

2）步进电动机的分类

步进电动机按其结构形式上可分为反应式步进电动机、永磁式步进电动机、混合式步进电动机、单相步进电动机、平面步进电动机等多种类型。我国所采用的步进电动机以反应式步进电动机为主。步进电动机的运行性能与控制方式有密切的关系，步进电动机控制系统按其控制方式，可以分为以下 3 类：开环控制系统、闭环控制系统、半闭环控制系统。半闭环控制系统在实际应用中一般归类于开环或闭环系统中。

（1）反应式步进电动机：定子上有绕组、转子由软磁材料组成。其特点是结构简单、成本低、步距角小（可达 1.2°），但动态性能差、效率低、发热大，可靠性难保证。

（2）永磁式步进电动机：转子用永磁材料制成，转子的极数与定子的极数相同。其特点是动态性能好、输出力矩大，但精度差、步距角大（一般为 7.5°或 15°）。

（3）混合式步进电动机：综合了反应式步进电动机和永磁式步进电动机的优点，定子上有多相绕组、转子采用永磁材料，转子和定子上均有多个小齿以提高步距精度。其特点是输出力矩大、动态性能好、步距角小，但结构复杂、成本相对较高。

按定子绕组来分，可分为二相、三相和五相等系列。最受欢迎的是两相混合式步进电动机，约占 97%以上的市场份额，其原因是性价比高，配上细分驱动器后效果良好。该种电动机的基本步距角为 1.8°，配上半步驱动器后，步距角减小为 0.9°，配上细分驱动器后其步距角可细分为 0.007°。由于摩擦力和制造精度等原因，实际控制精度略低。同一步进电动机可配不同细分的驱动器以改变精度和效果。

3）步进电动机工作原理

反应式步进电动机是利用磁阻转矩使转子转动的。反应式步进电动机不像传统交/直流电动机那样依靠定/转子绕组电流所产生的磁场间的相互作用形成转矩与转速，它遵循磁通总是沿磁阻最小的路径闭合的原理，产生磁拉力形成转矩，即磁阻性质的转矩。所以，反应式步进电动机也称为磁阻式步进电动机。

4）步进电动机运行方式

三相步进电动机绕组的通电方式有单三拍，双三拍和单、双六拍等。

（1）三相单三拍运行方式

图 5-2 为三相反应式步进电动机单三拍工作原理。该电动机的定子上有 6 个极，每个极上都装有控制绕组，每相对的两极组成一相。转子是 4 个均匀分布的齿，上面没有绕组。

如此循环往复，若按 A→B→C→A 的顺序通电，则电动机按顺时针方向转动；若按 A→C→B→A 的顺序通电，则电动机逆时针转动。电动机的转速取决于控制绕组与电源接通或断开的变化频率。

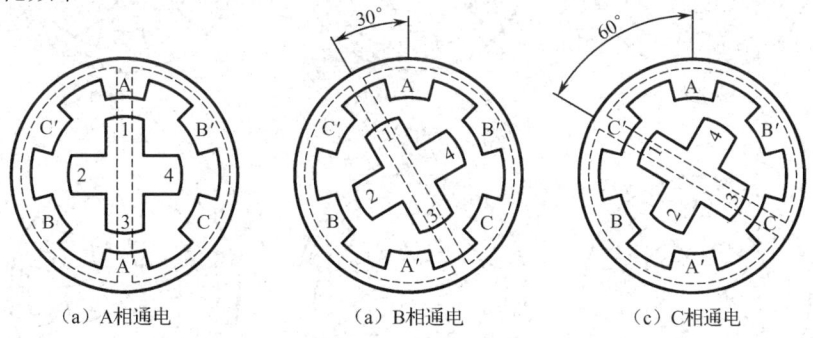

（a）A 相通电　　　　　（a）B 相通电　　　　　（c）C 相通电

图 5-2　三相反应式步进电动机单三拍工作原理

（2）三相双三拍运行方式

在实际使用中，单三拍通电运行方式由于在切换时一相控制绕组断电后而另一相控制绕组才开始通电，因此容易造成失步。此外，由单一控制绕组通电吸引转子，也容易使转子在平衡位置附近产生振荡，故运行的稳定性较差，所以很少采用。

通常将"单三拍"通电运行方式改为"双三拍"通电运行方式，即按 AB→BC→CA→

AB 的通电顺序，即每拍都有两个绕组同时通电，工作原理如图 5-3 所示。当 A、B 两相同时通电时，转子齿的位置同时受到两个定子极的作用，只有 A 相极和 B 相极对转子齿所产生的磁拉力相等时转子才平衡。

从上述分析可以看出双三拍运行时，同样三拍为一循环，所以步距角与单三拍运行方式相同，也是 30°。

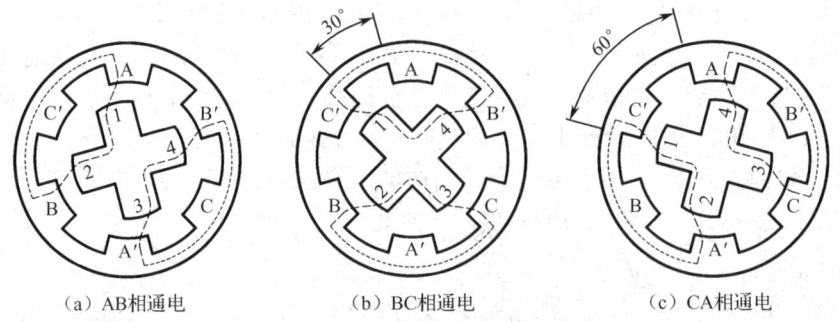

图 5-3 三相反应式步进电动机双三拍工作原理

（3）三相单、双六拍运行方式

若控制绕组的通电顺序为：A→AB→B→BC→C→CA→A，或是 A→AC→C→CB→B→BA→A，则称步进电动机工作在三相单、双六拍通电方式。工作原理如图 5-4 所示，在这种通电方式下，定子三相控制绕组需经过 6 次切换通电状态才能完成一个循环，故称"六拍"。在通电时，有时是单个控制绕组通电，有时又为两个控制绕组同时通电，因此称为"单、双六拍"。

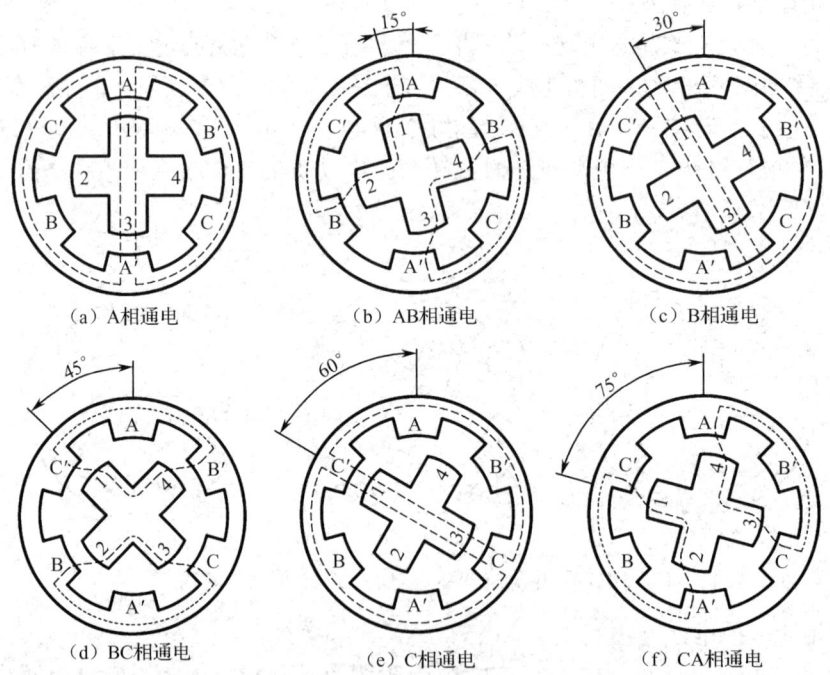

图 5-4 三相反应式步进电动机单、双六拍工作原理

在单三拍通电方式中，步进电动机每一拍转子转过的步距角 θ_s 为 30°。采用单、双六拍通电方式后，步进电动机由 A 相控制绕组单独通电到 B 相控制绕组单独通电，中间还要经

过 A、B 两相同时通电这个状态，也就是说要经过二拍，转子才转过 30°。所以，在这种通电方式下，三相步进电动机的步距角 $\theta_s=30°/2=15°$。

从上述分析可知，即使同一台步进电动机，若通电运行方式不同，其步距角也不相同。

5）小步距角步进电动机

上述反应式步进电动机虽然结构简单，但是步距角较大，往往满足不了系统的精度要求。例如，在数控机床中使用就会影响到加工工件的精度。所以，在实际中常采用一种小步距角的三相反应式步进电动机。

这种电动机的定子有 6 个极，上面装有控制绕组，这些绕组组成 A、B、C 三相。转子上均匀分布 40 个齿，定子每个极上有 5 个齿，定、转子的齿宽和齿距都相同。因转子上共有 40 个齿，每个齿的齿距为 360°/40=9°，而每个定子磁极的极距为 360°/6=60°，所以每一个极距所占的齿距数不是整数（60°/9°），如图 5-5（a）所示。当 A 极面下的定、转子齿对齐时，B 极、C 极面下的齿就分别和转子齿相错三分之一的转子齿距，即 3°，如图 5-5（b）所示。

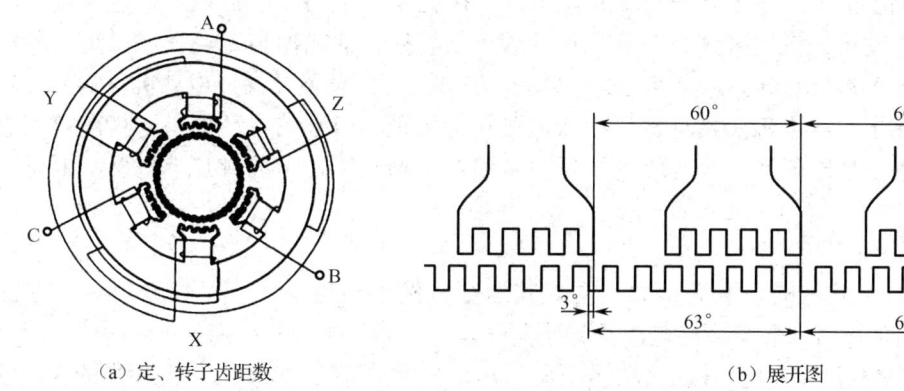

图 5-5 小步距角步进电动机

步进电动机的步距角 θ_s 的大小是由转子的齿数 Z_r、控制绕组的相数 m 和通电方式所决定的。它们之间关系为：

$$\theta_s = \frac{360°}{mZ_rC}$$

式中，C——通电状态系数，单拍或双拍通电运行方式时，C=1；单、双拍通电运行方式时，C=2。

若步进电动机通电的脉冲频率为 f，由于转子经过 Z_rC 个脉冲旋转一周，则步进电动机的转速为：

$$n = \frac{60f}{mZ_rC}$$

6）步进电动机的选择

步进电动机的选择根据步距角（涉及到相数）、静转矩、保持转矩、转速及电流等确定。

（1）步距角

电动机的步距角取决于负载精度的要求，将负载的最小分辨率（当量）换算到电动机轴上，每个当量电动机应走多少角度（包括减速）。电动机的步距角应等于或小于此角度。目前，市场上步进电动机的步距角一般有 0.36°/0.72°（五相电动机）、0.9°/1.8°（二、四相电动机）、1.5°/3°（三相电动机）等。

(2) 静转矩和保持转矩

步进电动机的动态转矩很难快捷确定，我们往往先确定电动机的静转矩和保持转矩。静转矩选择的依据是电动机工作的负载，而负载可分为惯性负载和摩擦负载两种。单一的惯性负载和单一的摩擦负载是不存在的。直接启动时（一般由低速）两种负载均要考虑，加速启动时主要考虑惯性负载，恒速运行则只考虑摩擦负载。一般情况下，静转矩应为摩擦负载的 2～3 倍为好。静转矩一旦选定，电动机的机座及长度便能确定。保持转矩近似于传统电动机所称的"功率"。当然，二者有着本质的区别。步进电动机的物理结构完全不同于交/直流电动机，电动机的输出功率是可变的。通常根据需要的转矩大小（即所要带动物体的扭力大小），来确定选择哪种型号的电动机。

(3) 转速

选择步进电动机时，对于转速也要特别考虑。因为电动机的输出转矩与转速成反比。就是说，步进电动机在低速时（每分钟几百转或更低转速）的输出转矩较大，在高速旋转状态下（1 000～9 000 r/min）的转矩很小。当然，有些工况环境需要高速电动机，就要对步进电动机的线圈电阻、电感等指标进行衡量，选择电感稍小一些的电动机，以获得较大的输出转矩。反之，要求低速、大力矩的情况下，就要选择电感在十几或几十毫亨，电阻也要大一些为好。

(4) 电流

静转矩一样的电动机，电流参数不同，其运行特性差别也很大，可依据矩频特性曲线，判断电动机的电流（参考驱动电源及驱动电压）。

除了上述要素外，步进电动机还有阻尼转矩、电动机惯量等技术参数，这些参数的物理意义请参阅有关步进电动机的专门资料。3S57Q-04056 步进电动机部分技术参数如表 5-1 所示。

表 5-1　3S57Q-04056 步进电动机部分技术参数

参数	步距角	相电流	保持扭矩	阻尼扭矩	电动机惯量	温升	空载启动频率
值	1.8°	5.8 A	1.0 N·m	0.04 N·m	0.3 kg·cm²	80 ℃	2.4 kHz

2. **步进电动机驱动器**

步进电动机需要专门的驱动器供电，驱动器和步进电动机是一个有机的整体，步进电动机的运行性能是电动机及驱动器二者配合所反映的综合效果。

一般来说，每一台步进电动机都有其对应的驱动器。例如，与 Kinco 三相步进电动机 3S57Q-04056 配套的驱动器是 Kinco 3M458 三相步进电动机驱动器。

1) Kinco 3M458 驱动器的外观

Kinco 3M458 驱动器的外观和 PLC 接线图，分别如图 5-6 和图 5-7 所示。该驱动器可采用 DC 24～40 V 电源供电，输出相电流为 3.0～5.8 A，通过拨动开关设定；驱动器采用自然风冷的冷却方式；控制信号输入电流为 6～20 mA，控制信号的输入电路采用光耦隔离。输送站 PLC 输出公共端 V_{cc} 使用的是 DC 24 V 电压，所使用的限流电阻 R_1=2 kΩ。

项目 5　输送站系统调试

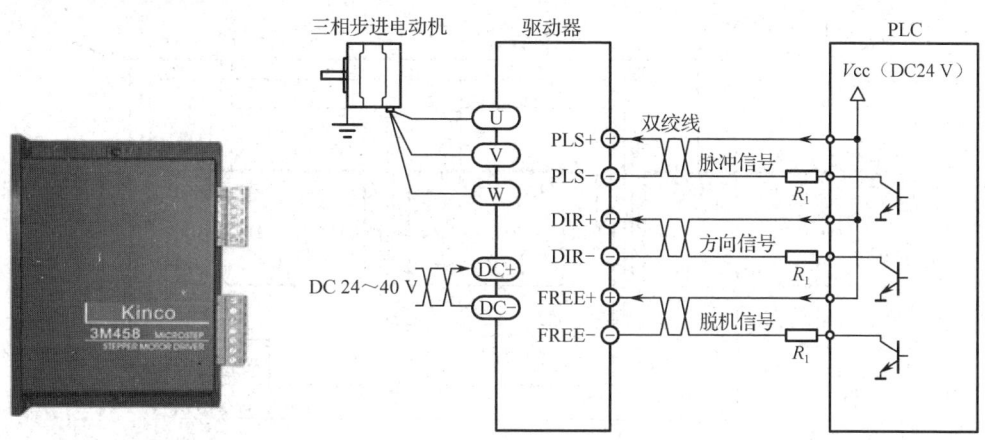

图 5-6　Kinco 3M458 驱动器外观　　　图 5-7　Kinco 3M458 驱动器与 PLC 接线

2) Kinco 3M458 驱动器的工作原理

步进电动机驱动器的功能是接收来自 PLC 的一定数量和频率的脉冲信号，为步进电动机输出三相功率脉冲信号。步进电动机驱动器的组成包括脉冲分配器和脉冲放大器两部分，主要解决向步进电动机的各绕组分配输出脉冲和功率放大两个问题。

（1）脉冲分配器。脉冲分配器的作用是产生多路顺序脉冲信号，它可以由计数器和译码器组成，也可以由环形计数器构成，图 5-8 中 CP 端上的系列脉冲经 N 位二进制计数器和相应的译码器，可以转变为 2^N 路顺序输出脉冲。

三相步进电动机的驱动电路如图 5-9 所示。

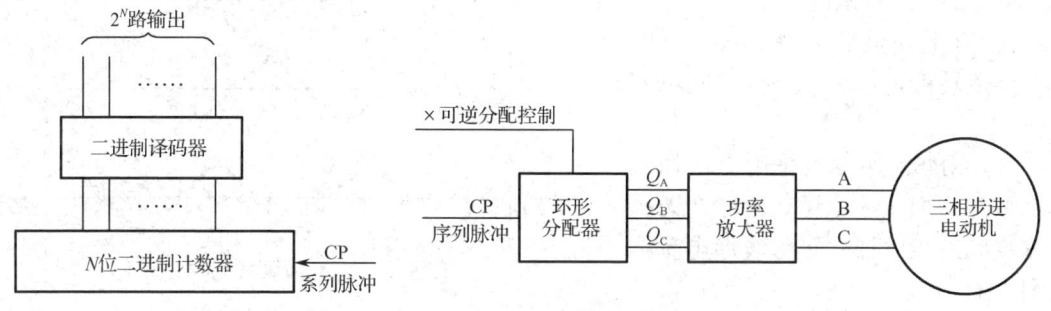

图 5-8　脉冲分配器的组成　　　图 5-9　三相步进电动机的驱动电路

A、B、C 分别表示步进电动机的三相绕组。步进电动机按三相六拍方式运行，即要求步进电动机正转时，控制端 $X=1$，使电动机三相绕组的通电顺序为：

$$A \rightarrow AB \rightarrow B \rightarrow BC \rightarrow C \rightarrow CA \rightarrow A$$

要求步进电动机反转时，令控制端 $X=0$，电动机三相绕组的通电顺序改为：

$$A \rightarrow AC \rightarrow C \rightarrow BC \rightarrow B \rightarrow AB \rightarrow A$$

由 3 个 JK 触发器构成的六拍通电方式的脉冲环形计数器如图 5-10 所示。

要使步进电动机反转，通常应加有正脉冲输入控制和反脉冲输入控制端。

此外，由于步进电动机三相绕组任何时刻都不得出现 A、B、C 三相同时通电或同时断电的情况，即脉冲分配器的三路输出不允许出现 111 和 000 两种状态，故要给电路加初态预置环节。

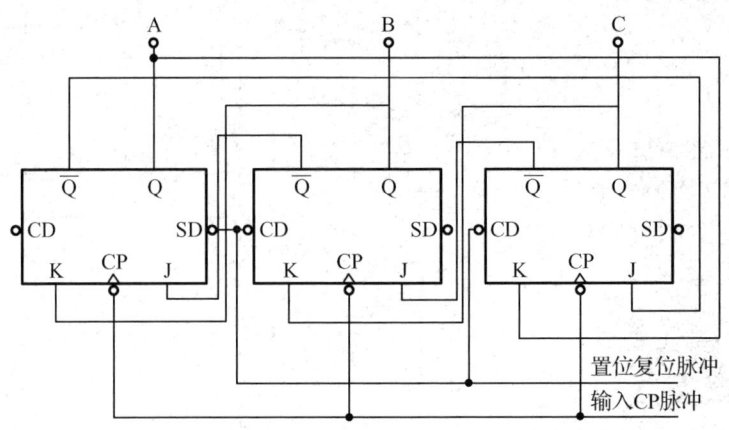

图 5-10 六拍通电方式的脉冲环形计数器

（2）脉冲放大器。脉冲放大器的作用是进行脉冲功率放大。从计算机输出口或从环形分配器输出的脉冲电流一般只有几毫安，不能直接驱动电动机，必须采用功率放大器将脉冲电流进行放大，使其增加到几安至十几安，从而驱动电动机运转。

步进电动机所使用的功率放大器有电压型和电流型，电压型又有单电压型、双电压型（高低压型）；电流型又分为恒流驱动、斩波驱动等。

（3）改善电动机性能的措施。为了改善步进电动机输出的脉冲波形、幅度、波形前沿陡度等运行性能，3M458 驱动器采取了如下措施：

① 部驱动直流电压达 40 V，能提供更好的高速性能；

② 有电动机静态锁紧状态下的自动半流功能，可大大降低电动机的发热；

③ 3M458 驱动器采用交流伺服驱动原理，把直流电压通过脉宽调制技术变为三相阶梯式正弦波形电流，如图 5-11 所示。

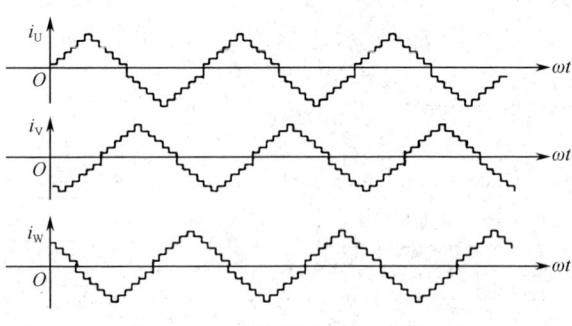

图 5-11 三相阶梯式正弦波形电流

5.1.3 机械部件的组成与安装

抓取机械手装置是一个能实现三自由度运动（即升降、伸缩、气动手指夹紧/松开和沿垂直轴旋转的四维运动）的工作站。该装置整体安装在直线运动传动组件的滑动溜板上，在传动组件的带动下整体做直线往复运动，定位到其他各工作站的物料台，完成抓取和放下工件的功能。

1. 机械手装置构成

装配完成的抓取机械手装置如图 5-12 所示，主要构成部件如下。

（1）气动手爪：用于在各个工作站物料台上抓取/放下工件，由一个双电控二位五通换向阀控制。

(2)伸缩气缸：用于驱动手臂伸出和缩回，由一个单电控二位五通换向阀控制。
(3)回转气缸：用于驱动手臂正反向90°旋转，由一个二位五通单向电控阀控制。
(4)提升气缸：用于驱动整个机械手提升与下降，由一个二位五通单向电控阀控制。

2. 抓取机械手装置安装方法

提升机构组装效果如图5-13所示。

扫一扫看输送站气路安装与调试教学课件

扫一扫看输送站气路安装与调试微视频

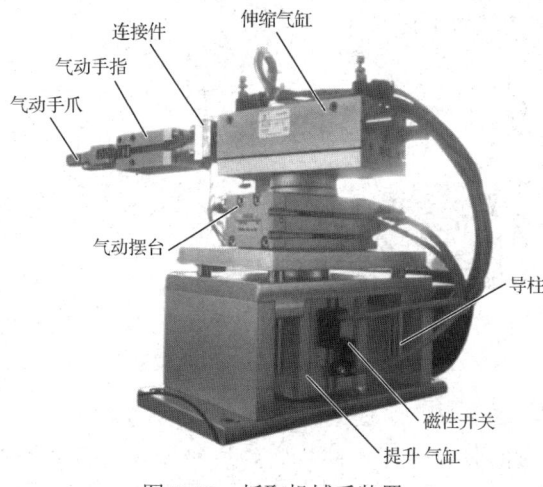

图5-12 抓取机械手装置

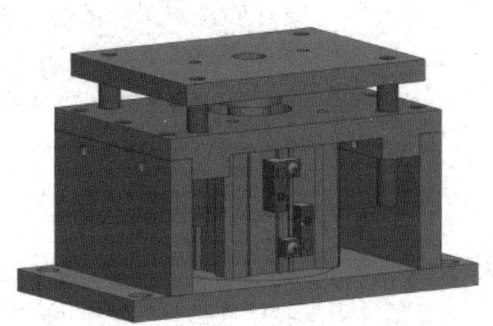

图5-13 提升机构组装效果

为了提高安装的速度和准确性，对输送站的安装同样遵循先安装成组件，再进行总装的原则。组装机械手装置的装配步骤如下。

（1）把气动摆台固定在组装好的提升机构上，然后在气动摆台上固定导杆气缸安装板。安装时注意要先找好导杆、气缸、安装板与气动摆台连接的原始位置，以便有足够的回转角度。

（2）连接气动手指和导杆气缸，再把导杆气缸固定到导杆气缸安装板上，完成抓取机械手装置的装配。

（3）把抓取机械手装置固定到直线运动组件的大溜板上。

（4）检查气动摆台上的导杆气缸、气动手指组件的回转位置是否满足在其余各工作站上抓取和放下工件的要求，进行适当的调整。初步装配完成的抓取机械手装置如图5-14所示。

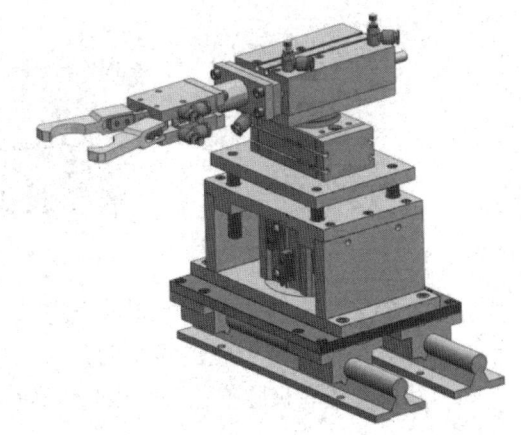

图5-14 初步装配完成的抓取机械手装置

3. 直线运动传动组件

直线运动传动组件用于拖动抓取机械手装置做往复直线运动，完成精确定位的功能，图5-15是该组件的俯视图。

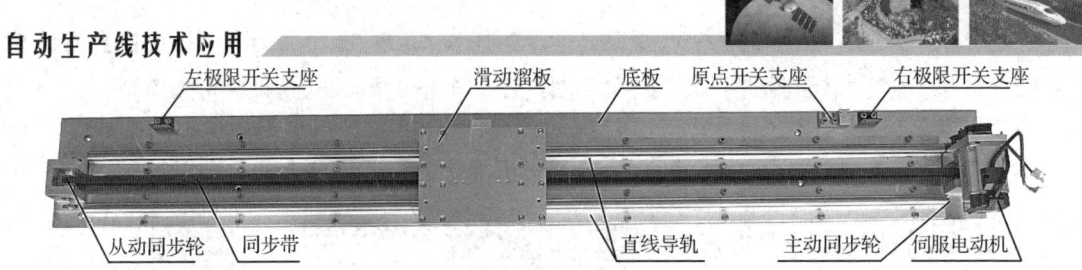

图 5-15　直线运动传动组件府视图

组装完成的直线运动传动组件和抓取机械手装置如图 5-16 所示。

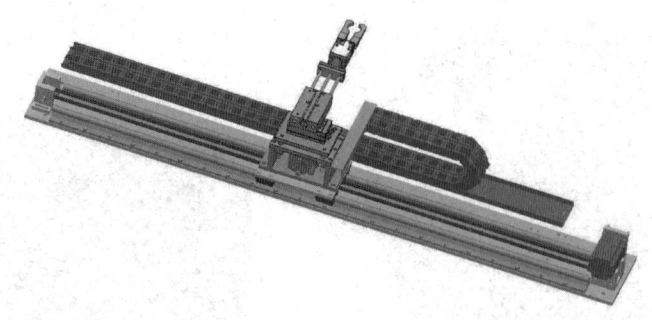

图 5-16　组装完成的运动传动组件和抓取机械手装置

传动组件由直线导轨底板，伺服电动机与伺服放大器，同步轮，同步带，直线导轨，滑动溜板，拖链和原点接近开关，左、右极限开关组成。

伺服电动机由伺服电动机放大器驱动，通过同步轮和同步带带动滑动溜板沿直线导轨做往复直线运动，进而带动固定在滑动溜板上的抓取机械手装置做往复直线运动。同步轮齿距为 5 mm，共 12 个齿，旋转一周搬运机械手位移 60 mm。

抓取机械手装置上所有气管和导线沿拖链敷设，进入线槽后分别连接到电磁阀组和接线端口。原点接近开关和左、右极限开关安装在直线导轨底板上，如图 5-17 所示。

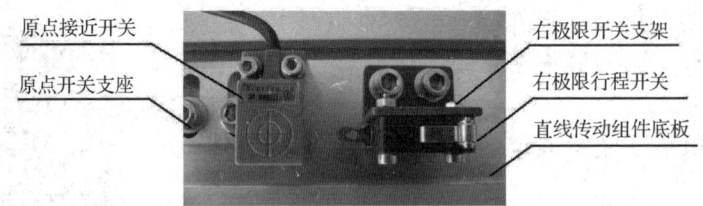

图 5-17　原点开关和右极限开关

原点接近开关是一个无触点的电感式接近传感器，用来提供直线运动的起始点信号。左、右极限开关均是有触点的微动开关，用来提供越程故障时的保护信号，当滑动溜板在运动中越过左或右极限位置时，极限开关会动作，从而向系统发出越程故障信号。

4. 组装直线运动组件的步骤

（1）在底板上装配直线导轨。直线导轨是精密机械运动部件，其安装、调整都要遵循一定的方法和步骤，而且该站中使用的导轨的长度较长，要快速准确地调整好两导轨的相互位置，使其运动平稳、受力均匀、运动噪音小。

（2）装配大溜板、4 个滑块组件。找准大溜板与两直线导轨上的 4 个滑块的位置并进行固定,在拧紧固定螺钉的时候,应一边推动大溜板左右运动一边调整,直到滑动顺畅为止。

(3) 连接同步带。将连接了 4 个滑块的大溜板从导轨的一端取出。由于用于滚动的钢球嵌在滑块的橡胶套内,因此要避免橡胶套受到破坏或用力太大致使钢球掉落。将两个同步带固定座安装在大溜板的反面,用于固定同步带的两端。

(4) 安装同步轮支架组件。先将电动机侧同步轮支架组件用螺钉固定在导轨安装底板上,再将调整端同步轮支架组件与底板连接,然后调整好同步带的张紧度,锁紧螺钉。

(5) 安装伺服电动机。将电动机安装板固定在电动机侧同步轮支架组件的相应位置,将电动机与电动机安装板活动连接,并在主动轴、电动机轴上分别套接同步轮,安装好同步带,调整电动机位置,锁紧连接螺钉。

(6) 安装左、右极限开关以及原点传感器支架。

注意,在以上各构成零件中,轴承以及轴承座均为精密机械零部件,拆卸以及组装需要较熟练的技能和专用工具。因此,不可轻易对其进行拆卸或修配工作(具体安装过程请观看安装视频)。装配完成的输送站装配侧如图 5-18 所示。

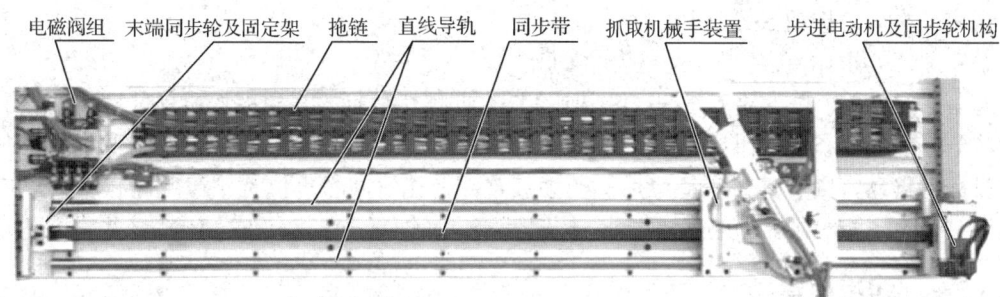

图 5-18 装配完成的输送站装配侧

任务 5.2 输送站电路设计及电路连接

5.2.1 任务描述

本项目只考虑输送站作为独立设备运行时的情况,该工作站的主令信号和工作状态显示信号来自 PLC(S7-226 DC/DC/DC,共 24 点输入,16 点输出,输入/输出均采用 DC 24 V)旁边的按钮/指示灯模块,如图 0-19 所示。

具体控制要求如下。

(1) 输送站在通电初始化后,按下复位按钮 SB1,执行复位操作,使抓取机械手装置回到原点位置。在复位过程中,指示灯 HL1 以 1 Hz 的频率闪烁。

(2) 当抓取机械手装置回到原点位置,且输送站各个气缸满足初始位置的要求时,则复位完成,指示灯 HL1 常亮。按下启动按钮 SB2,设备启动,指示灯 HL2 也常亮,开始进行功能测试。

(3) 抓取机械手装置从供料站出料台抓取工件,然后移动到加工站物料台的正前方后放到加工站物料台上。抓取机械手装置在加工站放下工件的顺序是:手臂伸出→升降台下降→手爪松开放下工件→手臂缩回。

（4）放下工件动作完成 2 s 后，抓取机械手装置执行抓取加工站工件的操作。抓取的顺序与供料站抓取工件的顺序相同。

（5）抓取动作完成后，伺服电动机驱动机械手装置移动到装配站物料台的正前方。然后把工件放到装配站物料台上。其动作顺序与加工站放下工件的顺序相同。

（6）放下工件动作完成 2 s 后，抓取机械手装置执行抓取装配站工件的操作。抓取的顺序与供料站抓取工件的顺序相同。

（7）机械手手臂缩回后，气动摆台逆时针旋转 90°，伺服电动机驱动机械手装置从装配站向分拣站运送工件，到达分拣站传送带上方入料口后把工件放下，动作顺序与加工站放下工件的顺序相同。

（8）放下工件动作完成后，抓取机械手装置的手臂缩回，然后执行返回原点的操作。伺服电动机驱动机械手装置以 400 mm/s 的速度返回，返回 900 mm 后，气动摆台顺时针旋转 90°，然后以 100 mm/s 的速度低速返回原点。

当抓取机械手装置返回原点后，一个测试周期结束。当供料站的出料台上放置了工件时，再按一次启动按钮 SB2，开始新一轮的测试。

急停运行要求如下：

若在工作过程中按下急停按钮 QS，则系统立即停止运行。在急停按钮复位后，机械手装置应从急停前的断点开始继续运行。但是，若急停按钮按下时，输送站的机械手装置正在向某一目标点移动，则急停按钮复位后机械手装置应首先返回原点位置。在急停状态下，绿色指示灯 HL2 以 1 Hz 的频率闪烁，直到急按钮停复位后恢复正常运行时，HL2 恢复常亮。

5.2.2 知识点链接

1. 伺服电动机工作原理

自 20 世纪 80 年代以来，随着现代电动机技术、传感器技术、电力电子技术、微电子技术、控制技术以及计算机技术等的快速发展，伺服控制技术取得了巨大的进步。尤其是矢量控制技术的发展，使得交流电动机高动态响应的转矩控制得以实现，极大地提高了交流伺服系统的性能，从而使得交流伺服系统电动机的控制复杂、控制特性差等问题的解决取得了突破性的进展。交流伺服系统在各种应用领域充分展现了高精度、高动态性能、高可靠性、高效率、体积小等突出的优势。伺服电动机分为直流和交流两大类，在 YL-335B 自动生产线中多采用松下 MINAS-A4 伺服电动机及 MADDT1207003 驱动器，如图 5-19 所示。

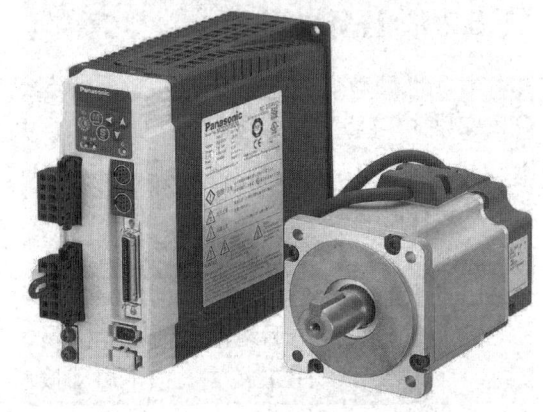

图 5-19　YL-335B 自动生产线伺服电动机和驱动器

伺服系统是使物体的位置、方位、状态等输出被控量能够跟随输入目标（或给定值）任意变化的自动控制系统。伺服主要用来定位，基本上可以这样理解，伺服电动机接收到 1 个脉冲，就会旋转 1 个脉冲对应的角度，从而实现位移。因为伺服电动机本身具备发出脉冲的功能，所以伺服电动机每旋转一个角度，都会发出对应数量的脉冲。这样，和伺服电动机接收的脉冲形成呼应，或者叫闭环，系统就会知道发了多少脉冲给伺服电动机，同时又接收了多少脉冲回来，从而精确地控制电动机的转动，实现精确的定位，精度可以达到 0.001 mm。直流伺服电动机分为有刷和无刷电动机。直流伺服电动机的成本低，结构简单，启动转矩大，调速范围宽，控制容易，但需要维护，且维护不方便（换碳刷），会产生干扰，对使用环境有要求。因此，直流伺服电动一般用于对成本敏感的普通工业和民用场合。

交流伺服电动机也是无刷电动机，分为同步和异步电动机。目前一般都用同步电动机，它具有功率范围大、惯量大、最高转动速度低且随着功率增大而快速降低的优点，适合做低速平稳运行的应用。伺服电动机内部的转子是永久磁铁，驱动器控制的 U/V/W 三相电形成电磁场，转子在此磁场的作用下转动，同时电动机自带的编码器反馈信号给驱动器，驱动器根据反馈值与目标值进行比较，调整电动机转动的角度。伺服电动机的精度决定于编码器的精度（线数）。

2. 伺服驱动器与控制系统

1）伺服驱动器工作原理

伺服控制系统是用来精确地跟踪或复现某个过程的反馈控制系统，又称随动系统。在很多情况下，伺服系统专指被控制量（系统的输出量）是机械位移或位移速度、加速度的反馈控制系统，其作用是使输出的机械位移（或转角）准确地跟踪输入的位移（或转角）。

伺服控制系统的结构、类型繁多，但从自动控制理论的角度来分析，伺服控制系统一般包括控制器、被控对象、执行环节、检测环节、比较环节等 5 个部分。

（1）控制器通常是计算机或 PID 控制电路，其主要任务是对比较元件输出的偏差信号进行变换处理，以控制执行元件按要求动作。

（2）被控对象包括位移、速度、加速度、力、力矩等参数。

（3）执行环节的作用是按控制信号的要求，将输入的各种形式的能量转化成机械能，驱动被控对象工作。机电一体化系统中的执行元件一般指各种电动机或液压、气动伺服机构等。

（4）检测环节是指能够对输出进行测量并转换成比较环节所需要的量纲的装置，一般包括传感器和转换电路。

（5）比较环节是将输入的指令信号与系统的反馈信号进行比较，以获得输出与输入间的偏差信号的环节，通常由专门的电路或计算机来实现。

交流永磁同步伺服驱动器主要由伺服控制、功率驱动、通信接口、伺服电动机及相应的反馈检测器件组成，其中伺服控制站包括位置控制器、速度控制器、转矩和电流控制器等。伺服系统控制结构如图 5-20 所示。

伺服驱动器均采用数字信号处理器（DSP，Digital Signal Processing）作为控制核心，其优点是可以实现比较复杂的控制算法，实现数字化、网络化和智能化。其功率器件普遍采用以智能功率模块（IPM，Intelligent Power Module）为核心设计的驱动电路。IPM 内部集成了驱动电路，同时具有过电压、过电流、过热、欠电压等故障检测保护电路。在主回路中还加入了软启动电路，以减小启动过程对驱动器的冲击。

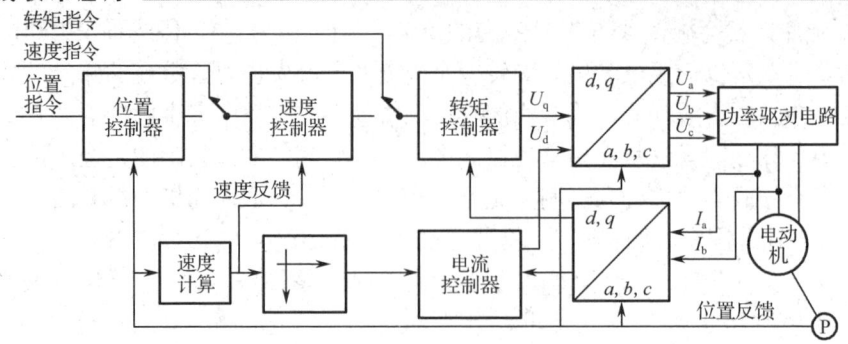

图 5-20 伺服系统控制结构

功率驱动站首先通过整流电路对输入的三相电或者市电进行整流,得到相应的直流电。再通过三相正弦 PWM 电压型逆变器变频来驱动三相永磁式同步交流伺服电动机。

逆变器(DC/AC)采用功率器件集成驱动电路,保护电路和功率开关集成于一体,主要拓扑结构是三相桥式电路,如图 5-21 所示。利用脉宽调制技术(PWM,Pulse Width Modulation),通过改变功率晶体管交替导通的时间来改变逆变器输出波形的频率,改变每半周期内晶体管的通断时间比,也就是说,通过改变脉冲宽度来改变逆变器输出电压幅值的大小以达到调节功率的目的。

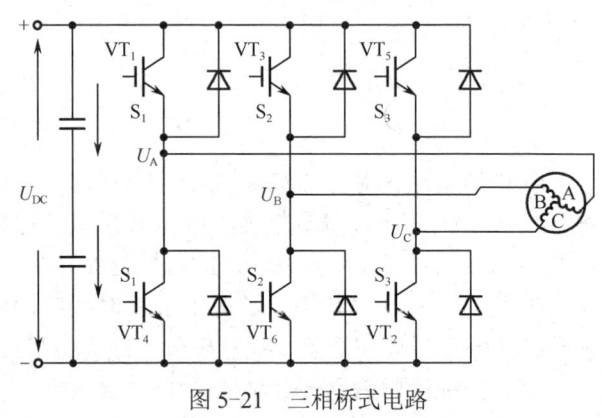

图 5-21 三相桥式电路

4) 交流伺服系统的位置控制模式

伺服驱动器输出到伺服电动机的三相电压波形基本上是正弦波(高次谐波被绕组电感滤除),而不是像步进电动机那样的三相脉冲序列,即使从位置控制器输入的是脉冲信号。伺服系统用作定位控制时,位置指令输入到位置控制器,速度控制器输入端前面的电子开关切换到位置控制器输出端;同样,电流控制器输入端前面的电子开关切换到速度控制器输出端。因此,位置控制模式下的伺服系统是一个三闭环控制系统,两个内环分别是电流环和速度环。

5) 位置控制模式下电子齿轮的概念

在位置控制模式下,等效的单闭环位置控制系统方框图如图 5-22 所示。

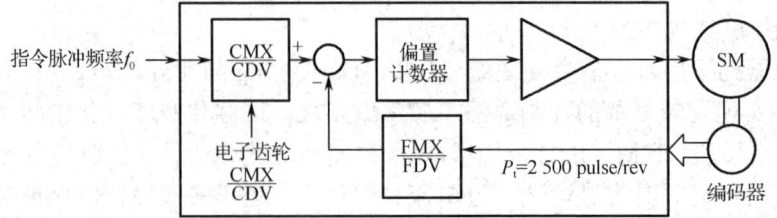

图 5-22 等效的单闭环位置控制系统方框图

项目 5　输送站系统调试

图中,指令脉冲信号和电动机编码器反馈脉冲信号进入驱动器后,均通过电子齿轮变换才进行偏差计算。电子齿轮实际是一个分/倍频器,合理搭配它们的分/倍频值,可以灵活地设置指令脉冲的行程。

6）松下伺服驱动系统

在 YL-335B 自动生产线的输送站中,采用了松下 MHMD022G1U 永磁同步交流伺服电动机,及 MADHT1507E 全数字交流永磁同步伺服驱动装置作为抓取机械手的运动控制装置。驱动器的外观和面板如图 5-23 所示。

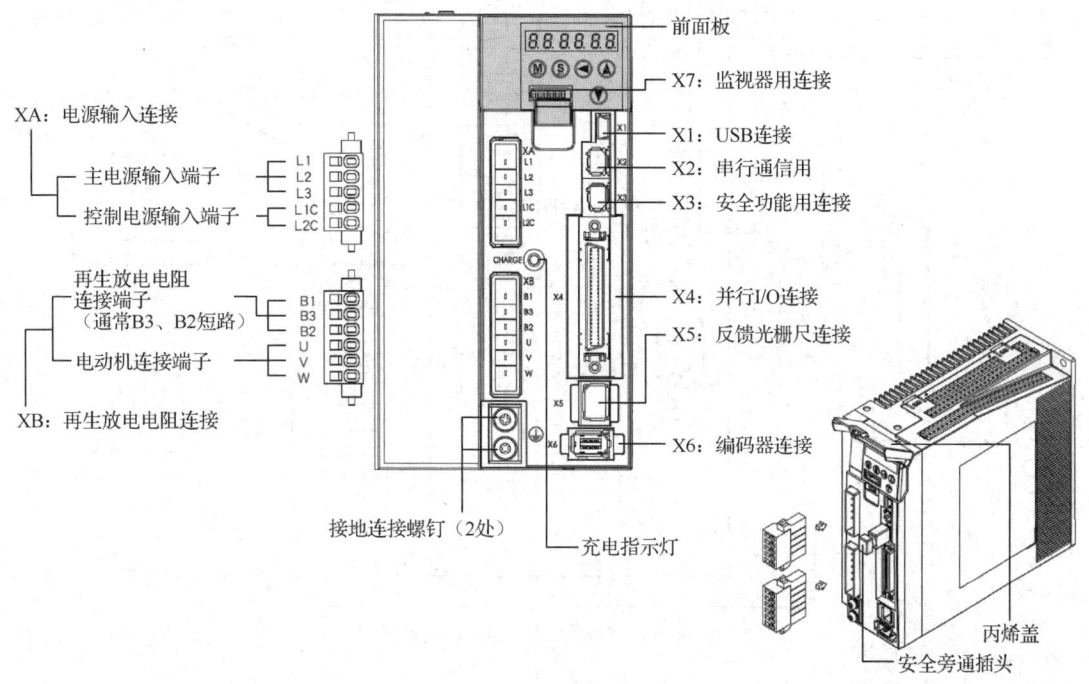

图 5-23　驱动器外观和面板

（1）伺服驱动器主回路接线

MADHT1507E 伺服驱动器面板上有多个接线端口,部分端口含义如下。

① XA：电源输入接口,AC 220 V 电源连接到 L1、L3 主电源输入端子,同时连接到控制电源输入端子 L1C、L2C。

② XB：电动机接口和外置再生放电电阻接口。U、V、W 端子用于连接电动机。必须注意,电源电压务必符合驱动器铭牌的要求,电动机接线端子（U、V、W）不可以接地或短路。交流伺服电动机的旋转方向不像感应电动机可以通过交换三相相序来改变,必须保证驱动器上的 U、V、W、E 接线端子与电动机主回路接线端子按规定的次序一一对应,否则可能造成驱动器的损坏。电动机的接地端子、驱动器的接地端子和滤波器的接地端子必须保证可靠地连接到同一个接地点上。机身也必须接地。B1、B3、B2 端子用于外接放电电阻,YL-335B 自动生产线中没有使用外接放电电阻。

③ X6：连接到电动机编码器信号接口,连接电缆应选用带有屏蔽层的双绞电缆,屏蔽层应接到电动机侧的接地端子,应确保将编码器电缆屏蔽层连接到插头的外壳（FG）上。

133

④ X4：I/O 控制信号接线端口，其部分引脚信号定义与选择的控制模式有关，在不同模式下的接线请参考松下 A5 系列伺服驱动器说明书。

在 YL-335B 自动生产线输送站中，伺服电动机用于定位控制，选用位置控制模式。伺服驱动器所采用的是简化接线方式，其电气接线图如图 5-24 所示。

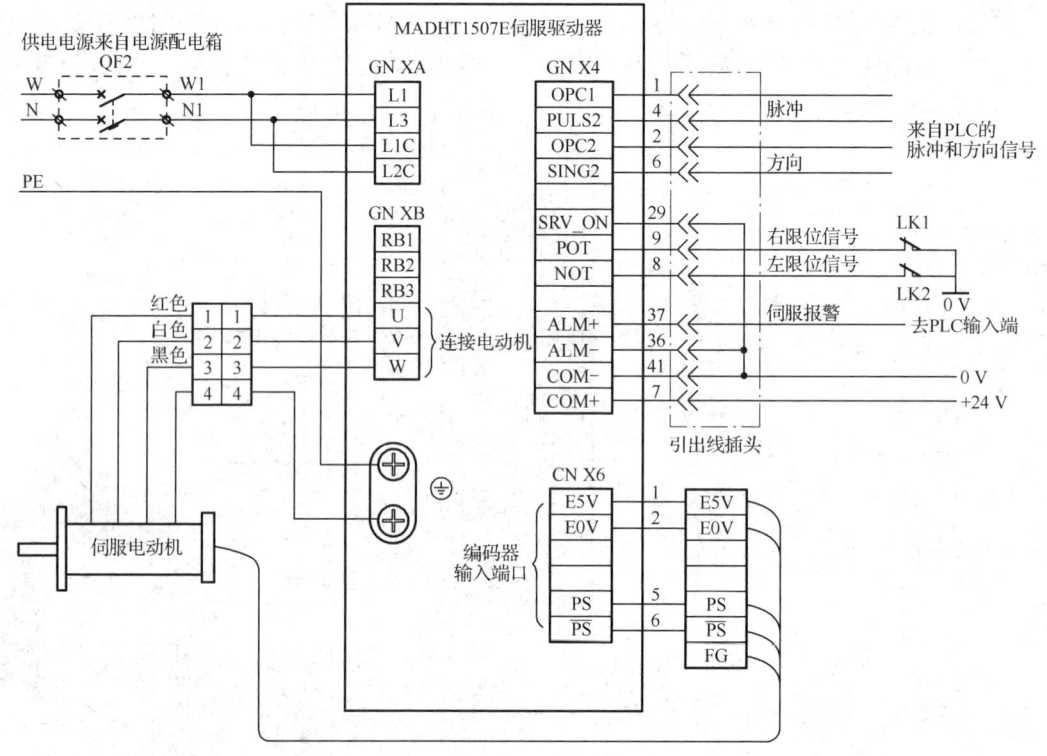

图 5-24　伺服驱动器电气接线图

（2）光电编码器与伺服驱动器接线

YL-335B 自动生产线输送站的光电编码器采用 5 线增量式编码器，信号连接电缆选用带有屏蔽层的双绞电缆，其线径不小于 0.18 mm^2，电缆最长不超过 20 m，5 V 电源供电。电缆较长时，建议电源双接线，以免电压跌落。将编码器电缆的屏蔽层接到电动机侧的接地端子上，确保将编码器电缆的屏蔽层接到驱动器侧 X6 插头的外壳（FG）上。如果是航空插头，请将编码器电缆的屏蔽层接到电动机侧的 J 端子上。编码器信号电缆与电源电缆，即 L1、L2、L3、L1C（r）、L2C（t）、U、V、W 和接地，相距请尽可能地远（不小于 30 cm）。这两种电缆请不要放在同一线槽内，或捆扎成一束。X6 插头上未用到的引脚不必接线，如图 5-25 所示。

（3）驱动器部分参数说明

在 YL-335B 自动生产线中，伺服驱动器工作于位置控制模式，S7-226 的 Q0.0 输出脉冲作为伺服驱动器的位置指令，脉冲的数量决定伺服电动机的旋转位移，即机械手的直线位移，脉冲的频率决定了伺服电动机的旋转速度，即机械手的运动速度。S7-226 的 Q0.1 输出脉冲作为伺服驱动器的方向指令。若控制要求较为简单，伺服驱动器可采用自动增益调整模式。

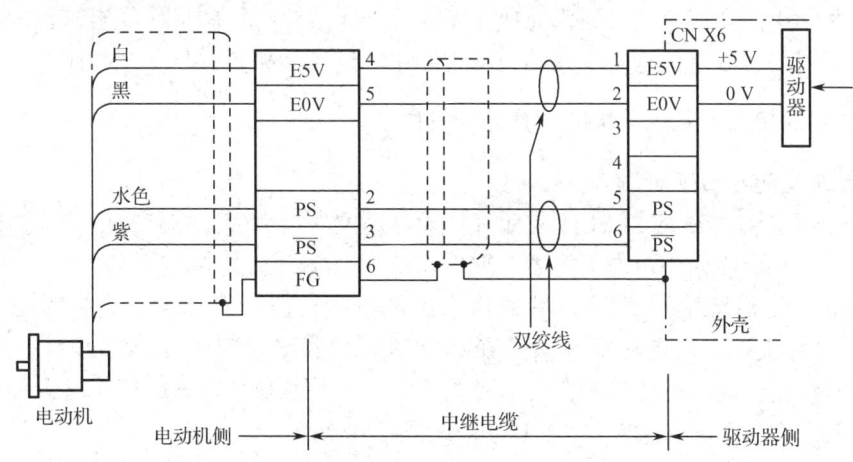

图 5-25 光电编码器与伺服驱动器接线图

根据上述要求,伺服电动机驱动器参数设置如表 5-3 所示。

表 5-3 伺服电动机驱动器参数设置

序号	参数编号	参数名称	设置数值	功能和含义
1	Pr5.28	LED初始状态	1	显示电动机转速
2	Pr0.01	控制模式	0	位置控制(相关代码P)
3	Pr5.04	驱动禁止输入设定	2	当左或右限位动作,则会发生Err38行程限位禁止输入信号出错报警。设置此参数值必须在控制电源断电重启后才能修改、写入成功
4	Pr0.04	惯量比	250	
5	Pr0.02	实时自动增益设置	1	实时自动调整为标准模式,运行时负载惯量的变化情况很小
6	Pr0.03	实时自动增益的机械刚性选择	13	此参数值设得越大,响应越快
7	Pr0.06	指令脉冲旋转方向设置	1	
8	Pr0.07	指令脉冲输入方式	3	
9	Pr0.08	电动机每旋转一周的脉冲数	6 000	

5.2.3 PLC 的脉冲输出功能及位置控制编程

S7-200 PLC 有两个内置 PTO/PWM 发生器,用以建立高速脉冲串(PTO,Pulse Train Output)或脉宽调(PWM,Pulse Width Modulation)信号波形。一个发生器指定给数字输出点 Q0.0,另一个发生器指定给数字输出点 Q0.1。

当组态一个输出为 PTO 操作时,生成一个 50%占空比脉冲串用于步进电动机或伺服电动机的速度和位置的开环控制。内置 PTO 功能提供了脉冲串输出,脉冲周期和数量可由用户控制,但应用程序必须通过 PLC 内置 I/O 提供方向和限位控制。

为了简化用户应用程序中位置控制功能的使用步骤,STEP 7-Micro/WIN 提供的位置控制向导可以帮助用户在很短的时间内完成 PWM、PTO 或位置控制模块的组态。向导可以生成位置指令，用户可以用这些指令在其应用程序中为速度和位置提供动态控制。

1. 步进电动机或伺服电动机的位置控制信息

1）最大速度和启动/停止速度

如图 5-26 所示，MAX_SPEED 是允许的操作速度的最大值，它应在电动机力矩能力的范围内。驱动负载所需的力矩由摩擦力、惯性以及加速/减速时间决定。

SS_SPEED 是启动/停止速度，其数值应满足电动机在低速时驱动负载的能力，如果 SS_SPEED 的数值过低，电动机和负载在运动的开始和结束时可能会摇摆或颤动；如果 SS_SPEED 的数值过高，电动机会在启动时丢失脉冲，并且负载在试图停止时会使电动机超速。通常，SS_SPEED 值是 MAX_SPEED 值的 5%~15%。

2）加速和减速时间

加速时间 ACCEL_TIME：电动机从 SS_SPEED 速度加速到 MAX_SPEED 速度所需的时间。减速时间 DECEL_TIME：电动机从 MAX_SPEED 速度减速到 SS_SPEED 速度所需要的时间。

加速时间和减速时间的出厂设置值都是 1 000 ms，通常电动机可在小于 1 000 ms 的时间内工作，如图 5-27 所示，这两个值的设定要以毫秒为单位。电动机的加速和减速时间通常要经过测试来确定：开始时，应输入一个较大的值，然后逐渐减少这个时间值直至电动机开始减速，从而优化应用中的这些设置。

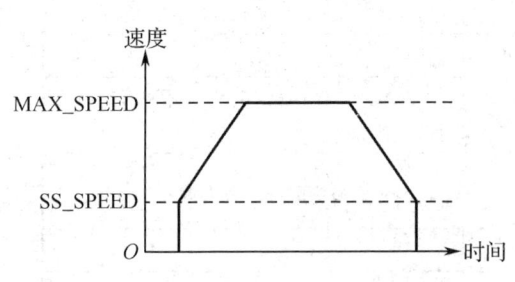

图 5-26　最大速度和启动/停止速度示意

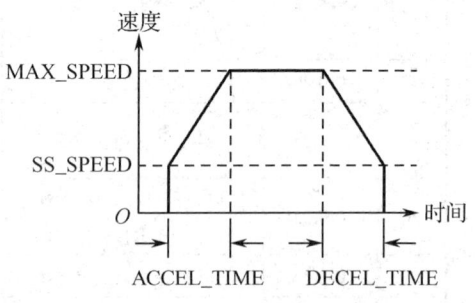

图 5-27　加速和减速时间

3）运动包络

一个包络是一个预先定义的移动描述，它包括一个或多个速度，影响着从起点到终点的移动。一个包络由多段组成，每段包含一个达到目标速度的加速/减速过程和以目标速度匀速运行的一串固定数量的脉冲。

位置控制向导提供运动包络定义界面，应用程序所需的每一个运动包络均可在这里定义。PTO 最多支持 100 个包络。定义一个包络，包括如下几点：

（1）选择包络的操作模式。PTO 支持相对位置和单一速度的连续转动两种模式，如图 5-28 所示，相对位置模式指的是运动的终点位置是从起点位置开始计算的脉冲数量。单速连续转动则不需要提供终点位置，PTO 一直持续输出脉冲，直至有其他命令发出，如到达原点要求停发脉冲。

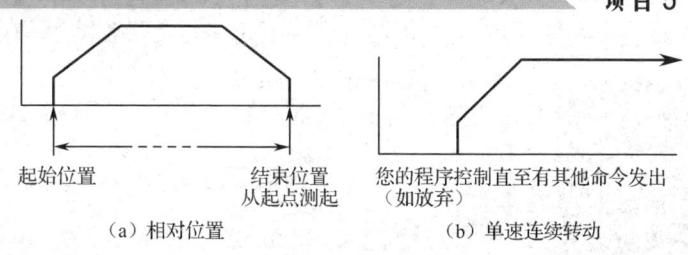

图 5-28 一个包络的操作模式

（2）为包络的各步定义指标。一个步是工件运动的一个固定距离，包括加速和减速时间内的距离。PTO 每个包络最多允许 29 个步。每步包括目标速度和结束位置或脉冲数量等几个指标。图 5-29 为包络的步数示意。注意，一步包络只有一个常速段，两步包络有两个常速段，依次类推。步的数目与包络中常速段的数目一致。

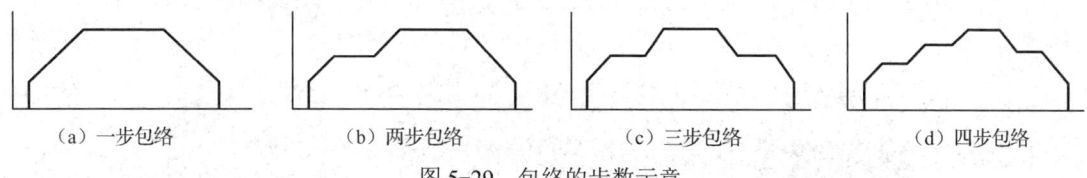

图 5-29 包络的步数示意

2. 使用位置控制向导编程

STEP 7-Micro/WIN 软件的位置控制向导能自动处理 PTO 脉冲的单段管线和多段管线、脉宽调制、SM 位置配置和创建包络表。

1）向导编程步骤

下面给出一个简单工作任务实例，阐述使用位置控制向导编程的方法和步骤。表 5-4 是这个实例中实现伺服电动机运行所需的运动包络。

表 5-4 伺服电动机运行所需的运动包络

运动包络	站 点	脉 冲 量	移 动 方 向
1	供料站→加工站 430 mm	43 000	
2	加工站→装配站 350 mm	35 000	
3	装配站→分拣站 260 mm	26 000	
4	分拣站→高速回零前 900 mm	90 000	DIR
5	低速回零	单速返回	DIR

使用位置控制向导编程的步骤如下。

（1）为 S7-200 PLC 选择选项组态内置 PTO 操作

在 STEP 7-Micro/WIN 软件命令菜单中选择"工具"→"位置控制向导"，即开始引导位置控制配置。在向导弹出的第 1 个界面，选择"配置 S7-200 PLC 内置 PTO/PWM 操作"，如图 5-30 所示。在第 2 个界面中选择"Q0.0"作为脉冲输出，如图 5-31 所示。接下来的第 3 个界面如图 5-32 所示，请选择"线性脉冲输出（PTO）"，并点选"使用高速计数器 HSC0（模式 12）自动计数线性 PTO 生成的脉冲。此功能将在内部完成，无需外部接线"复选项，单击"下一步"按钮就开始组态内置 PTO 操作。

自动生产线技术应用

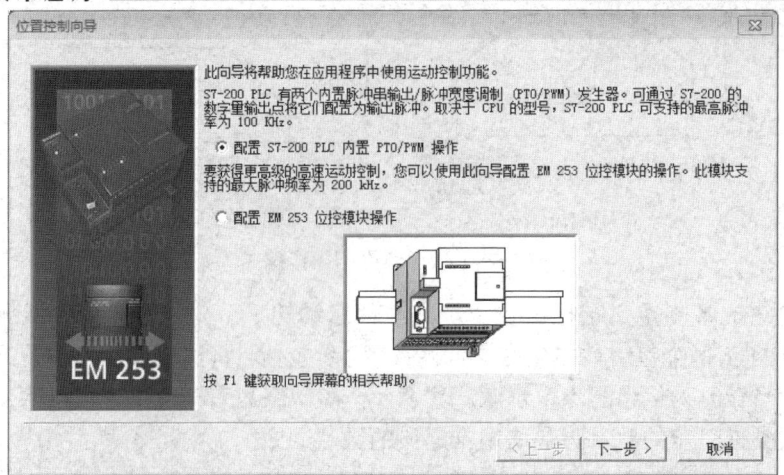

图 5-30　配置 S7-200 PLC 内置 PTO/PWM

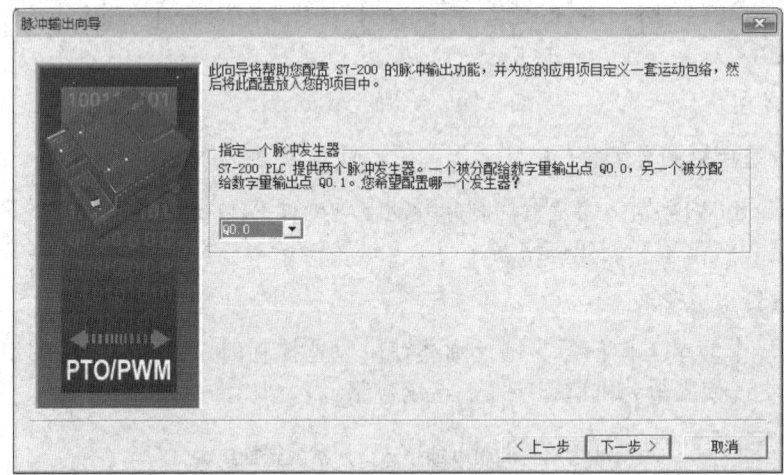

图 5-31　选择脉冲输出端

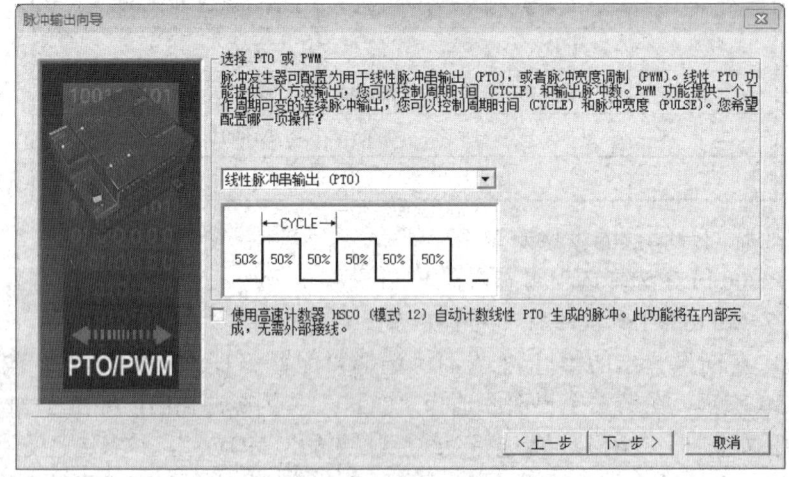

图 5-32　选择线性脉冲输出（PTO）

项目5 输送站系统调试

（2）选择 CPU 类型和设定电动机速度参数

根据输送站配置要求，选择 PLC 类型和 CPU 版本，如图 5-33 所示。需要设定的电动机速度参数包含最高电动机速度 MAX_SPEED 和电动机启动/停止速度 SS_SPEED，以及加速时间 ACCEL_TIME 和减速时间 DECEL_TIME。

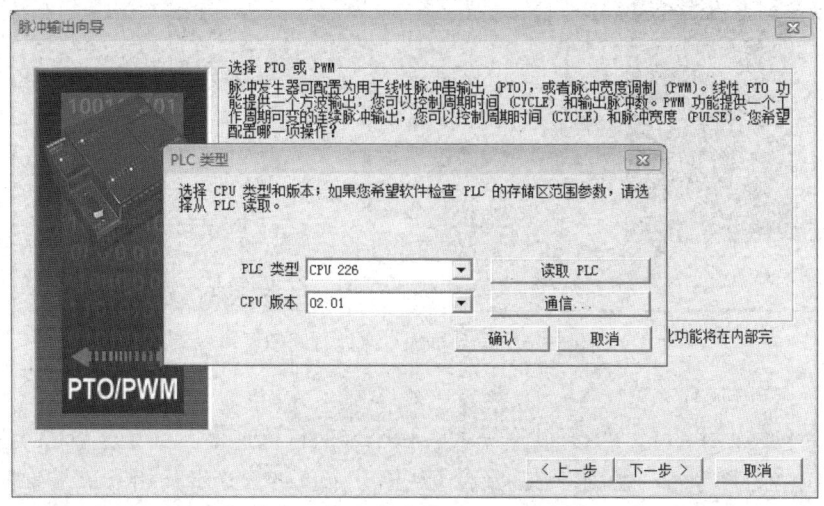

图 5-33 PLC 类型和 CPU 版本选择

PLC 类型和 CPU 版本选择完成后，单击"确认"，然后在对应的编辑框中输入电动机速度参数。例如，输入最高电动机速度为"90000"（脉冲/s），输入电动机启动/停止速度为"600"（脉冲/s），如图 5-34 所示。

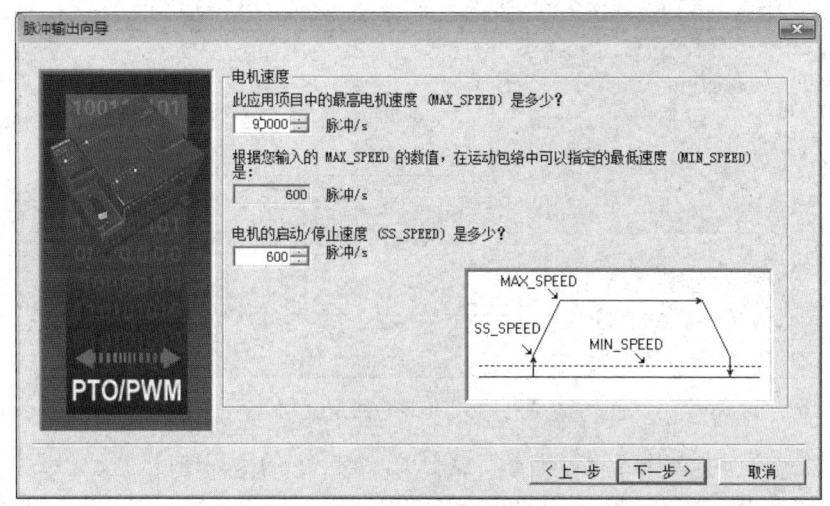

图 5-34 设定电动机速度

加速时间 ACCEL_TIME 和减速时间 DECEL_TIME 分别设定为 1000（ms）和 200（ms），如图 5-35 所示。完成给位置控制向导提供基本信息的工作后，单击"下一步"按钮，开始配置运动包络。

自动生产线技术应用

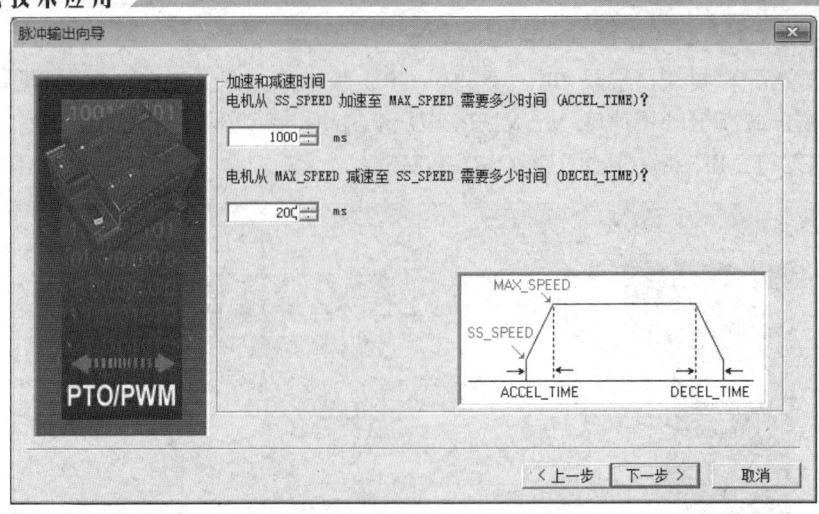

图 5-35 电动机加、减速时间配置

(3) 配置运动包络

配置运动包络要求设定 PTO 操作模式、1 个步的目标速度、结束位置等步的指标，以及定义这一包络的符号名，如图 5-36 所示（从第 0 个包络第 0 步开始）。

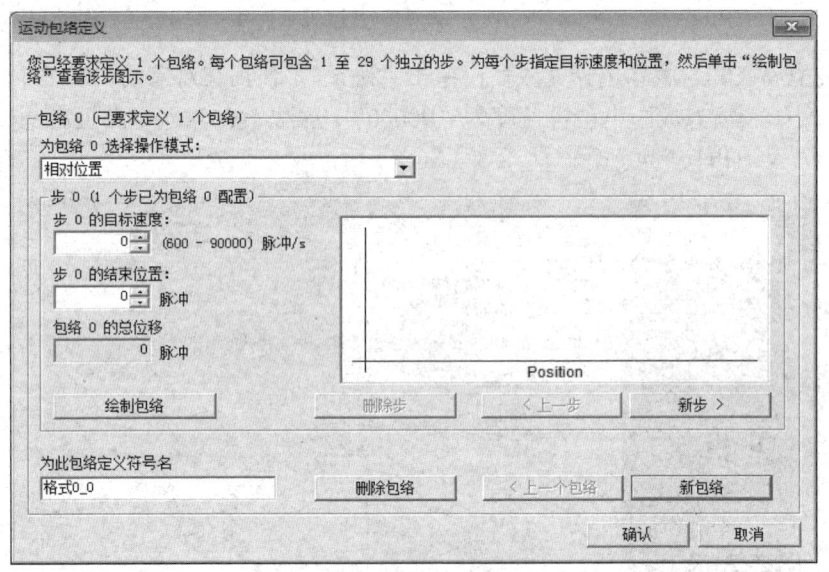

图 5-36 运动包络定义

在操作模式选项中选择"相对位置"控制项，"步 0 的目标速度"设置为"6000"，"步 0 的结束位置"设置为"85600"，然后单击"绘制包络"按钮，界面如图 5-37 所示。

注意，这个包络只有 1 步。包络的符号名按默认定义（格式 0_0）。这样，第 0 个包络，即从供料站→加工站的运动包络就设置完成了。接下来设置下一个包络，单击"新包络"按钮，按上述方法将表 5-5 中前 3 个位置数据输入包络中去。

项目 5　输送站系统调试

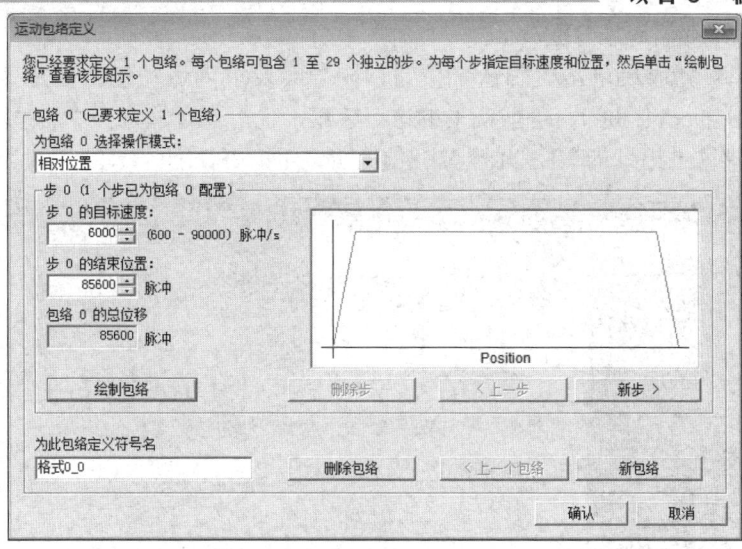

图 5-37　设置第 0 个包络

表 5-5　包络位置数据

站　　点	位移脉冲量	目标速度	移动方向
加工站→装配站	286 mm	52 000	60 000	
装配站→分拣站	235 mm	42 700	60 000	
分拣站→高速回零前	925 mm	168 000	57 000	DIR
低速回零	单速返回		20 000	DIR

表 5-5 中最后一行低速回零，选择"单速连续旋转"模式，选择这种操作模式后，伺服电动机将低速返回，直到遇到限位开关停止运转，界面如图 5-38 所示，"目标速度"设置为"20000"。界面中还有一个包络停止操作的复选项，是当停止信号输入时再向运动方向按设定的脉冲数走完才停止，在本系统中不使用。

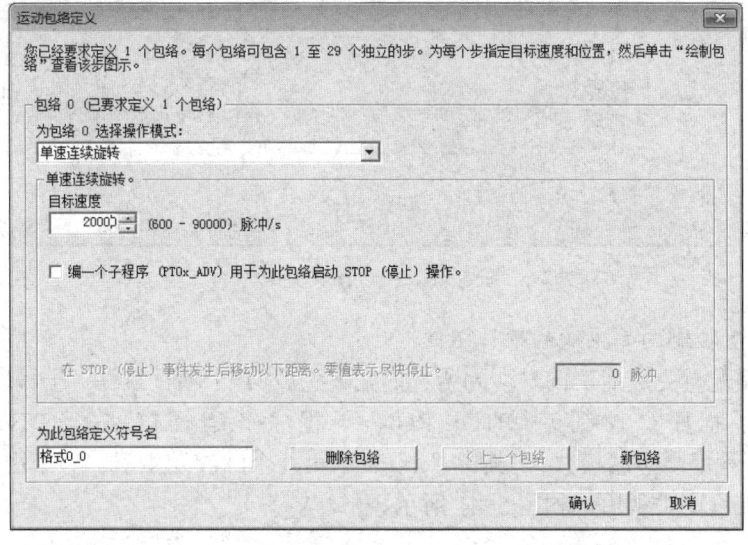

图 5-38　"单速连续旋转"模式包络设定

141

（4）运动包络存储地址分配

运动包络配置完成后单击"确认"按钮，向导会要求为运动包络指定 V 存储区地址（建议地址为 VB75～VB300），可默认采纳这一建议，也可自行输入一个合适的地址。图 5-39 是指定 V 存储区首地址为 VB524 至 VB881 时的界面，向导会自动计算地址的范围。

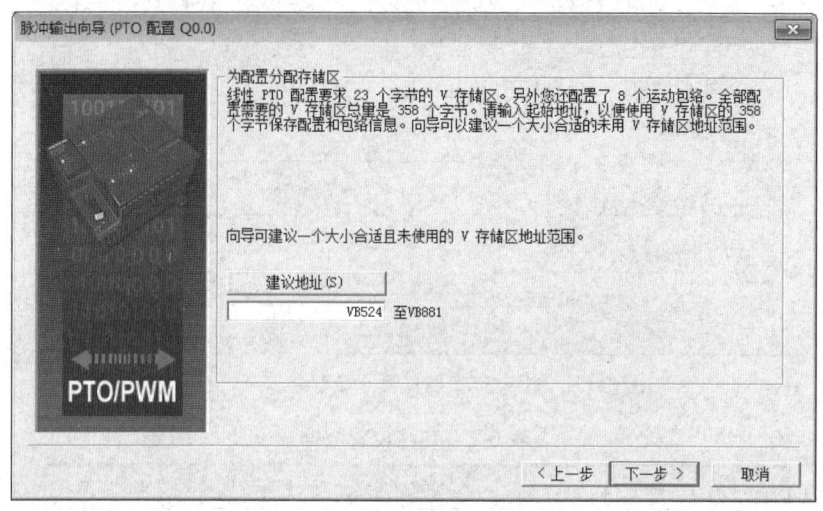

图 5-39　运动包络 V 存储地址分配

（5）单击"下一步"按钮，界面如图 5-40 所示，单击"完成"按钮，PTO 配置结束。

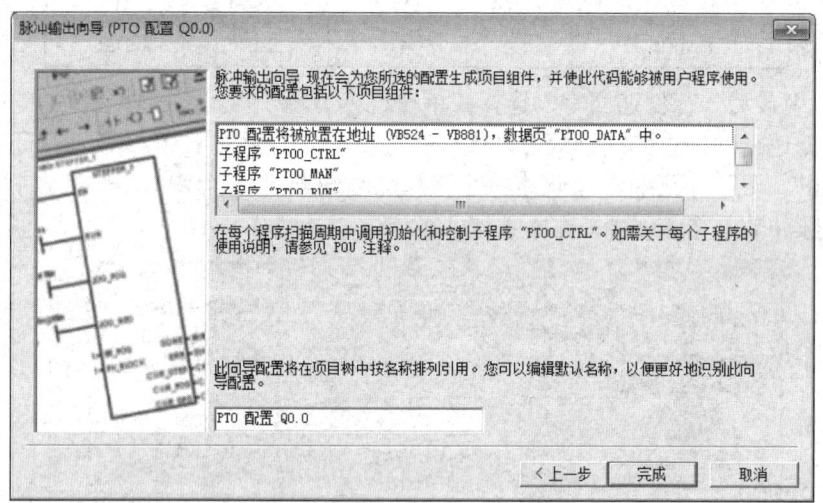

图 5-40　PTO 配置完成

2）使用位置控制向导生成的项目组件

在运动包络配置完成后，向导会为所选的配置生成 4 个项目组件（子程序），分别是：PTOx_CTRL 子程序（控制）、PTOx_RUN 子程序（运行包络），PTOx_LDPOS 和 PTOx_MAN 子程序（手动模式），其中"x"表示第几个脉冲发生器。一个由向导产生的项目组件就可以在程序中调用，如图 5-41 所示。

3）向导产生的项目组件功能

（1）PTOx_CTRL 子程序（控制）：启用和初始化 PTO 输出。在用户程序中只使用一次，并且请确定在每次扫描时得到执行，即始终使用 SM0.0 作为 EN 的输入。

（2）PTOx_RUN 子程序（运行包络）：命令 PLC 执行存储于配置/包络表的指定包络运动操作。

（3）PTOx_LDPOS 指令（装载位置）：改变 PTO 脉冲计数器的当前位置值为一个新值，可用该指令为任何一个运动命令建立一个新的零位置。

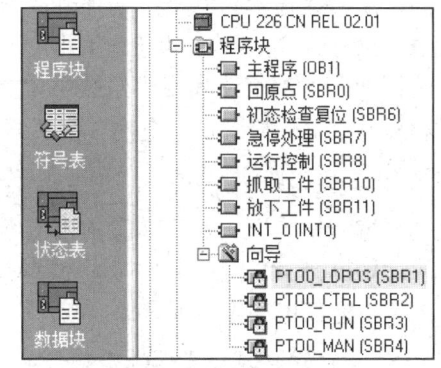

图 5-41 向导产生的项目组件

（4）PTOx_MAN 子程序（手动模式）：将 PTO 输出置于手动模式。执行这一子程序允许电动机启动、停止和按不同的速度运行。但当 PTOx_MAN 子程序已启用时，除 PTOx_CTRL 外，任何其他 PTO 子程序都无法执行。

为了调用这些子程序，编程时应预置一个数据存储区，用于存储子程序执行时间参数。存储区所存储的信息，可根据程序的需要调用。

3. 气动控制回路

输送站的气动系统主要包括气源、气动汇流板、直线气缸、摆动气缸、气动手指、单电控二路五通换向阀、双电控二路五通换向阀、单向节流阀、消声器、快插接头和气管等，它们的主要作用是完成机械手的伸缩、抓取、升降、旋转等操作。

1）输送站气动执行元件组成

输送站的气动执行元件由两个双作用气缸组成。图 5-42 为气动控制回路控制原理，其中，1B1、1B2 为提升气缸上的两个位置检测传感器（磁性开关），2B1、2B2 为摆动气缸上

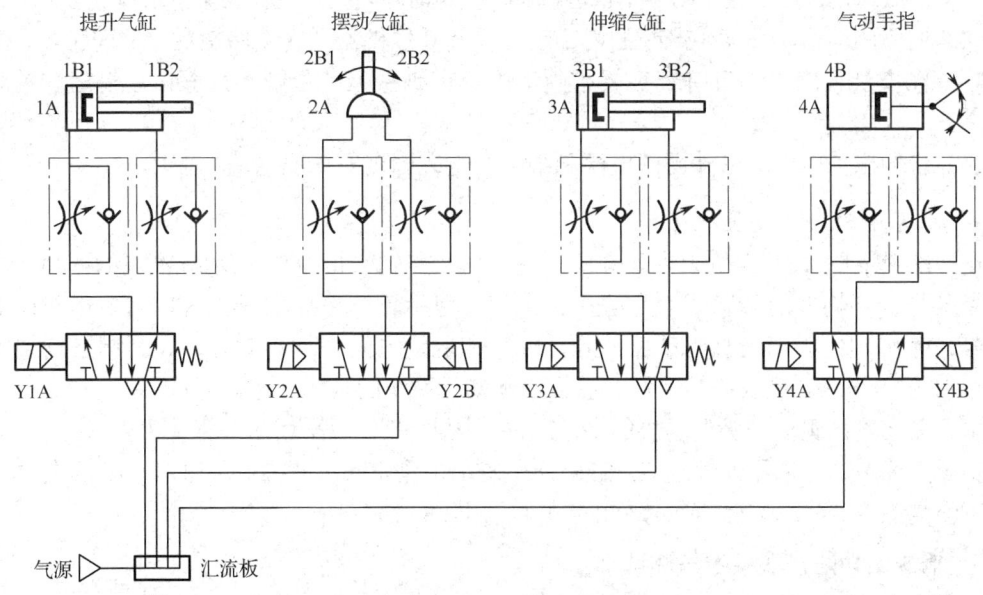

图 5-42 输送站气动控制回路控制原理

自动生产线技术应用

的两个位置检测传感器（磁性开关），3B1、3B2 为机械手伸缩气缸上的两个位置检测传感器（磁性开关），4B 为气动手指的夹紧位置检测传感器（磁性开关），单向节流阀用于气缸的调速，气动汇流板用于组装单电控换向阀及附件，单电控二位五通换向阀用于伸缩气缸和提升气缸的控制，双电控二位五通换向阀用于摆动气缸和气动手指的控制。

2）气动控制原理

输送站抓取机械手装置的所有气缸连接的气管沿拖链敷设，插接到电磁阀组上，控制原理如图 5-42 所示。在气动控制回路中，驱动摆动气缸和气动手指气缸的电磁阀采用的是二位五通双电控电磁阀。

4. 输送站其他元件的安装

输送站其他元件的安装包含各类传感器的安装、伺服电动机和伺服驱动器安装、输送站电气端子排安装和 PLC 安装等。

1）各类传感器的安装

输送站中有两个双作用气缸、一个摆动气缸、一个气动手指气缸，共 7 个磁性开关作为它们的极限位置检测元件。此外，还有两个限位开关分别安装在直线导轨的两端，用于对伺服电动机的初始位置和结束位置进行限定；一个原点开关作为起始位置判断。各类传感器开关的安装方法与供料站中磁性开关的安装方法相同。

2）伺服系统的安装

输送站的伺服系统选用松下 MIANAS-A5 系列伺服电动机及驱动器，电源电压为单相 200 V，额定功率为 200 W。安装过程中需要注意以下几点。

（1）使用电动机时请不要敲击。在电动机轴上装皮带轮时不要从侧面敲击。

（2）不要在电动机轴端上施加超过允许值的外力，否则轴端可能会断裂。

（3）伺服电动机和伺服驱动器是精密机器，搬运时一定要避免使其坠落或遭受强力冲击。

（4）伺服驱动器与自动生产线的内部组件以及其他机器之间须保持规定的间距。

（5）在安装伺服电动机时一定要牢固地固定在机械上，否则在伺服电动机运转的时候会脱离。

（6）将伸出伺服电动机外面的电源和编码器电缆固定在伺服电动机上。

3）输送站 PLC 的安装

输送站所需的 I/O 点数较多。其中，输入信号包括来自按钮/指示灯模块的按钮、开关等主令信号，各构件的传感器信号等；输出信号包括输出到抓取机械手装置各电磁阀的控制信号，输出到伺服电动机驱动器的脉冲信号和驱动方向信号；此外，须考虑在需要时输出信号到按钮/指示灯模块的指示灯，以显示本站或系统的工作状态。

由于需要输出驱动伺服电动机的高速脉冲，因此 PLC 应采用晶体管输出型。

基于上述考虑，选用西门子 S7-226 DC/DC/DC 型 PLC，共 24 点输入，16 点晶体管输出，工作电源为 AC 220 V，输入/输出电源均采用 DC 24 V。

5. 输送站功能模块接线与测试

输送站功能模块接线与系统编程是输送站的核心内容，也是日常教学的重点，要求学

项目 5 输送站系统调试

生能够读懂原理图,完成整个系统的安装与接线,并结合 I/O 分配表,编写 PLC 系统程序,实现输送站正常传送物料的功能。

1)输送站 I/O 分配

输送站 PLC 的 I/O 信号分配,如表 5-6 所示。

表 5-6 输送站 PLC 的 I/O 信号分配

输入信号				输出信号			
序号	PLC 输入点	信号名称	来源	序号	PLC 输出点	信号名称	来源
1	I0.0	原点传感器检测	装置侧	1	Q0.0	脉冲	装置侧
2	I0.1	右限位保护		2	Q0.1	方向	
3	I0.2	左限位保护		3	Q0.2		
4	I0.3	手爪升降下限检测		4	Q0.3	手爪升降台上升电磁阀	
5	I0.4	手爪升降上限检测		5	Q0.4	摆动气缸左旋电磁阀	
6	I0.5	手爪旋转左限检测		6	Q0.5	摆动气缸右旋电磁阀	
7	I0.6	手爪旋转右限检测		7	Q0.6	手爪伸出电磁阀	
8	I0.7	手爪伸出检测		8	Q0.7	手爪夹紧电磁阀	
9	I1.0	手爪缩回检测		9	Q1.0	手爪放松电磁阀	
10	I1.1	手爪夹紧检测		10	Q1.1		
11	I1.2	伺服报警		11	Q1.2		
12	I1.5			12	Q1.5	报警指示	按钮/指示灯模块
13	I1.6			13	Q1.6	运行指示	
14	I1.7			14	Q1.7	停止指示	
15	I2.4	启动按钮	按钮/指示灯模块				
16	I2.5	复位按钮					
17	I2.6	急停按钮					
18	I2.7	方式选择					

2)输送站模块接线

输送站接线包括各类传感器接线、伺服电动机和伺服驱动器接线、输送站电气端子排和 PLC 接线等。输送站 PLC 接线原理图如图 5-43 所示。

图中,左、右两极限开关 LK2 和 LK1 的动合触点分别连接到 PLC 输入点 I0.2 和 I0.1。必须注意的是,LK2、LK1 均提供一对转换触点,它们的静触点应连接到公共点 COM,而动断触点必须连接到伺服驱动器的控制端口 CNX5 的 CCWL(9 脚)和 CWL(8 脚)作为硬件联锁保护,目的是防范由于程序错误引起过冲极限故障而造成设备损坏。接线时务必注意,晶体管输出的 S7-200 系列 PLC,供电电源采用 DC 24 V,与前面各工作站的继电器输出的 PLC 不同。接线时也要注意,千万不要把 AC 220 V 电源连接到其电源输入端。

145

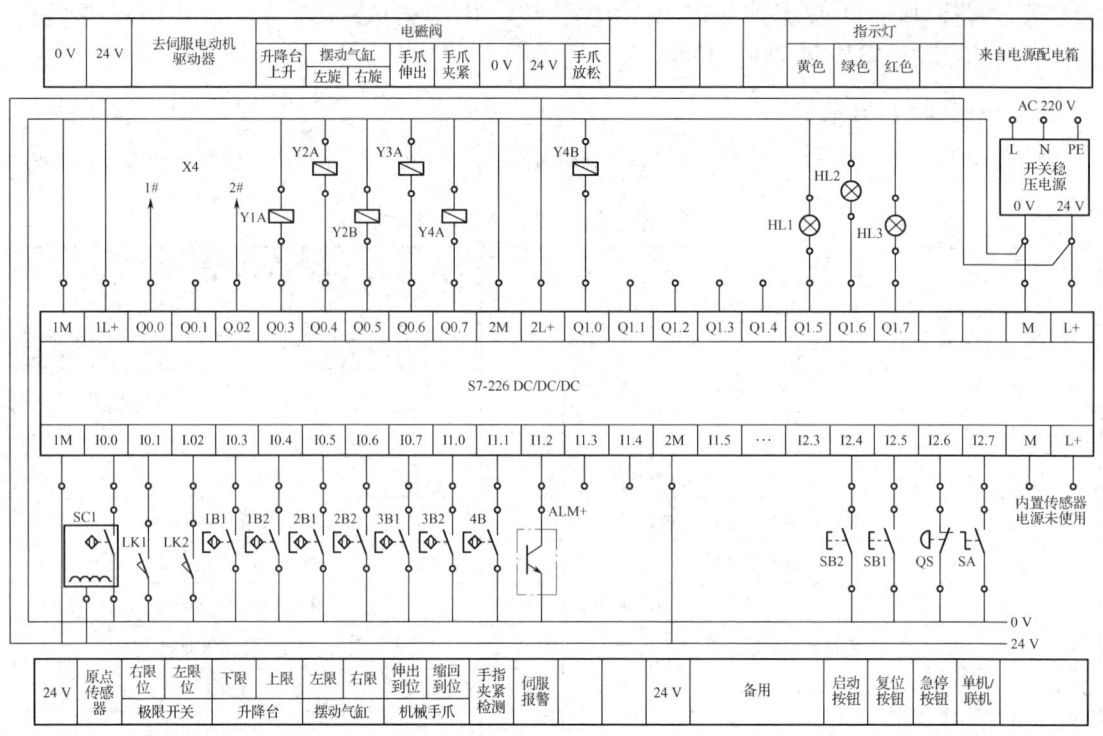

图 5-43 输送站 PLC 接线原理图

3）磁性开关接线

磁性开关为两线制（棕色+，蓝色-），借助端子排连接时，1B1、1B2、2B1、2B2、3B1、3B2、4B 的棕色线，分别接到 PLC 的 I0.3、I0.4、I0.5、I0.6、I0.7、I1.0、I1.1 输入点，蓝色线接 24 V 电源的负极。

4）金属接近开关接线

金属接近开关为三线制（棕色+，蓝色-，黑色信号输出），借助端子排连接时，棕色线接到 DC 24 V 电源的正极，蓝色线接 DC 24 V 电源的负极，黑色线接 PLC 输入点 I0.0。

5）伺服系统接线

输送站伺服系统的接线主要包括电动机端子接线、驱动器端子与 PLC 输出点的接线（借助于电气接线端子），如图 5-43 所示，把输送站各传感器信号线、电源线、0 V 线按规定接至装置侧左边较宽的接线端子排即可。

6）PLC 与端子排接线

PLC 侧接线包括电源接线和 PLC 输入/输出端子的接线，以及按钮模块的接线三个部分。PLC 侧接线端子排为双层两列端子，左边较窄的一列主要接 PLC 的输出端子，右边较宽的一列接 PLC 的输入端子。两列中的下层分别接 24 V 电源和 0 V。左列上层接 PLC 的输出信号，右列上层接 PLC 的输入信号。PLC 的按钮接线端子连接至 PLC 的输入口，信号指示灯信号端子接至 PLC 的输出口。

6. 输送站接线测试

输送站接线测试包括按钮功能测试、指示灯功能测试、各类传感器功能测试、电磁阀功能测试、伺服系统功能测试、PLC 功能测试等。

1）按钮功能测试

输送站通电（接通气源），用手按动启动按钮、复位按钮、急停按钮、单机/联机转换开关，观察 PLC I2.4、I2.5、I2.6、I2.7 的输入指示灯是否亮（灭），若不亮（灭），则应检查对应按钮及连接线。

2）指示灯功能测试

输送站通电（接通气源），进入 STEP 7-Micro/WIN 编程软件，利用强制功能，分别强制 PLC Q1.5、Q1.6、Q1.7 输出口接通/断开一次，观察 PLC Q1.5、Q1.6、Q1.7 的输入指示灯是否亮，外部指示灯黄色、绿色、红色是否亮，若不亮，则应检查指示灯及连接线。

3）传感器功能测试

（1）限位开关功能测试。输送站通电（接通气源），用手按动限位开关，观察 PLC I0.1、I0.2 的输入指示灯是否亮（灭），若不亮（灭），则应检查对应限位开关及连接线。

（2）磁性开关功能测试。输送站通电（接通气源），用手动控制电磁阀 Y1A、Y2A、Y2B、Y3A、Y4A、Y4B 工作，实现升降气缸、摆动气缸、伸缩气缸、气动手指的动作，观察 PLC I0.3、I0.4、I0.5、I0.6、I0.7、I1.0、I1.1 的输入指示灯是否亮，若不亮，则应检查磁性开关及连接线。

（3）金属接近开关功能测试。输送站通电（接通气源），将机械手返回到原始点，观察 PLC I0.0 的输入指示灯是否亮，若不亮，则应检查金属接近开关及连接线。

4）电磁阀功能测试

输送站通电（接通气源），进入 STEP 7-Micro/WIN 编程软件，利用强制功能，分别强制 PLC 接有电磁阀的输出口，使其接通/断开一次，观察 PLC 对应输出口的输入指示灯是否亮，认真听电磁阀是否有动作声音，观察外部气动手指和气缸是否执行动作，若不执行，则应检查气路连接部分及电磁阀接线。

5）伺服系统的功能测试

伺服系统的功能测试主要通过 PLC 发出 PWM 脉冲调速信号（Q0.0）和换向信号（Q0.2）给伺服驱动器，检查伺服电动机的运行速度和正、反向换向情况。同时，通过 PLC 设置不同位置的脉冲数量与伺服电动机的编码器脉冲数量比较，来精确定位机械手的位置。若不能运行或位置不准确，则应检查伺服系统及连接线。

6）PLC 的功能测试

PLC 的功能测试主要是对输送站测试程序（用户随意编写）进行上传与下载、监控功能的调试。在程序执行过程中，还要观察对应位指示灯是否亮灭，除此之外还要对相应的位进行测试，检查 I/O 情况。

7）伺服驱动器参数调节

完成系统的电气接线后，尚须对伺服电动机驱动器进行参数设置，如表 5-7 所示。

表 5-7 伺服电动机驱动器参数设置

序号	参数编号	参数名称	设置值	功能和含义
1	Pr4	行程限位禁止输入无效设置	2	当左或右限位开关动作,则会发生 Err38 行程限位禁止输入信号出错报警。设置此参数值必须在控制电源断电重启后才能修改、写入成功
2	Pr20	惯量比	1 678	该值自动调整得到,具体请参 AC 伺服电动机驱动器使用说明书
3	Pr21	实时自动增益设置	1	实时自动调整为常规模式,运行时负载惯量的变化情况很小
4	Pr22	实时自动增益的机械刚性选择	1	此参数值设置得越大,响应越快
5	Pr41	指令脉冲旋转方向设置	1	指令脉冲+指令方向。设置此参数值必须在控制电源断电重启后才能修改、写入成功
6	Pr42	指令脉冲输入方式	3	
7	Pr4B	指令脉冲分倍频分母	6 000	如果 Pr48 或 Pr49=0,Pr4B 即可设为电动机每转一圈所需的指令脉冲数

任务 5.3 编制输送站程序并调试

扫一扫看输送站编程调试(上)教学课件

扫一扫看输送站编程调试(上)微视频

5.3.1 输送站控制要求

从前面所述的传送工件功能测试任务可以看出,整个功能测试过程应包括通电后复位、传送功能测试、紧急停止处理和状态指示等。

传送功能测试是一个步进顺序控制过程,在子程序中可采用步进指令驱动实现。

紧急停止处理过程也要编写一个子程序单独处理。这是因为,当抓取机械手装置正在向某一目标点移动时按下急停按钮,PTOx_CTRL 子程序的 D_STOP 输入端变成高电位,停止启用 PTO,PTOx_RUN 子程序使能位 OFF 而终止,使抓取机械手装置停止运动。急停复位后,原来运行的包络已经终止,为了使机械手继续往目标点移动,可让它先返回原点,然后运行从原点到原目标点的包络。这样,当急停复位后,程序不能马上回到原来的顺控过程,而是要经过使机械手装置返回原点的一个过渡过程。

5.3.2 主程序编写的思路

输送站程序控制的关键是伺服电动机的定位控制,在编写程序时,应预先规划好各段的包络,然后借助位置控制向导组态 PTO 输出。表 5-8 的伺服电动机运行的运动包络数据,是根据工作任务的要求和各工作站的位置确定的。表中,包络 5 和包络 6 用于急停复位,经急停处理返回原点后重新运行的运动包络。

表 5-8 伺服电动机运行的运动包络

运动包络	站　　点	脉冲量	移动方向
0	低速回零	单速返回	DIR
1	供料站→加工站	430 mm	43 000
2	加工站→装配站	350 mm	35 000
3	装配站→分拣站	260 mm	26 000

项目5 输送站系统调试

续表

运动包络	站 点	脉冲量	移动方向
4	分拣站→高速回零前	900 mm	90 000	DIR
5	供料站→装配站	780 mm	78 000	
6	供料站→分拣站	1 040 mm	104 000	

前面已经指出，当运动包络编写完成后，位置控制向导会要求为运动包络指定 V 存储区地址，这里的起始地址指定为VB524。

5.3.3 输送站参考程序

 扫一扫看输送站编程调试（下）教学课件

 扫一扫看输送站编程调试（下）微视频

1. 主程序

综上所述，主程序应包括上电初始化、复位过程（子程序）、准备就绪后投入运行等。

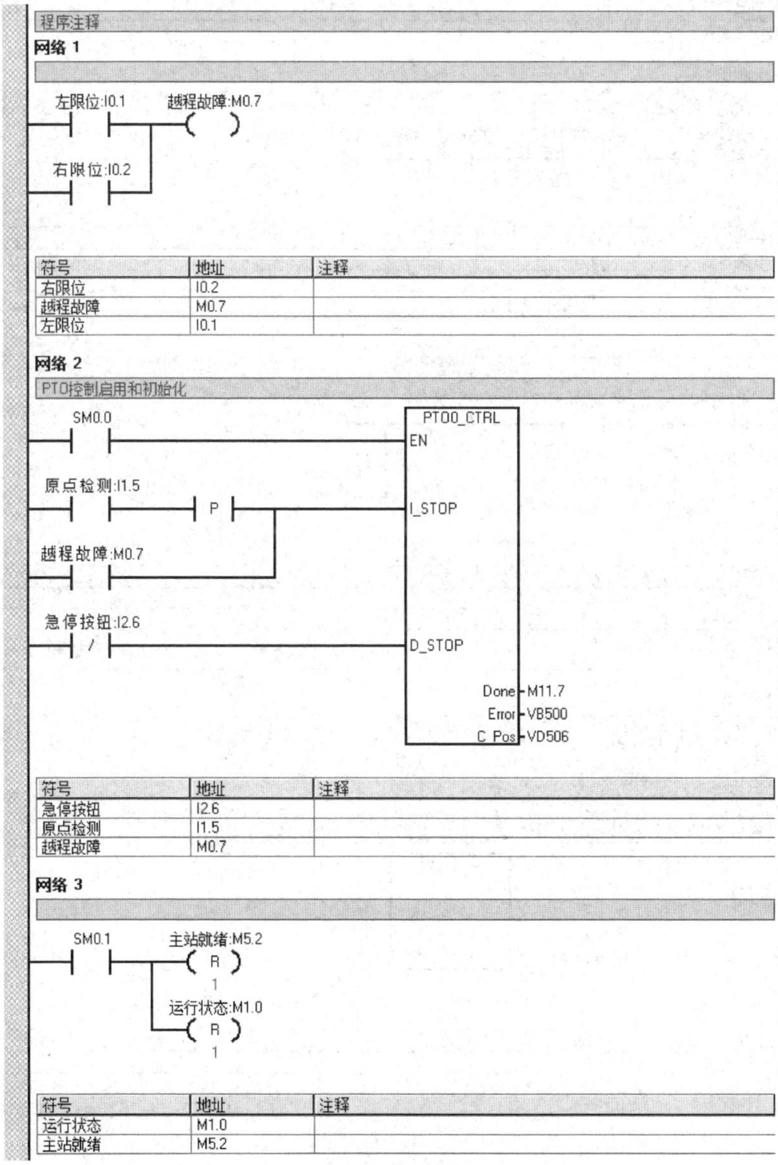

网络 4
初态检查包括主站初始状态检查及复位操作，以及各从站初始状态检查

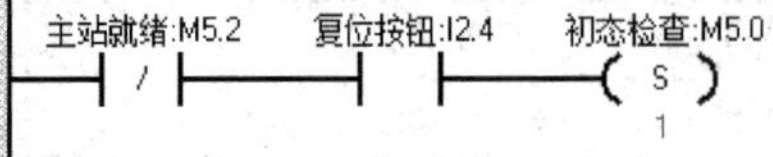

```
主站就绪:M5.2   复位按钮:I2.4        初态检查:M5.0
   ──|/|────────| |──────────────────( S )
                                        1
```

符号	地址	注释
初态检查	M5.0	
复位按钮	I2.4	
主站就绪	M5.2	

网络 5

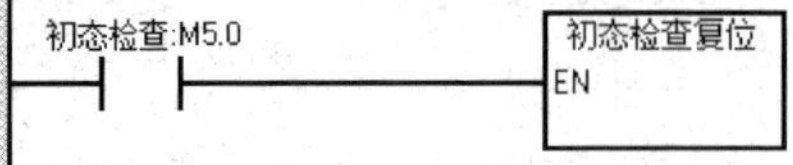

```
初态检查:M5.0      初态检查复位
    ──| |─────────┤ EN
```

符号	地址	注释
初态检查	M5.0	

网络 6
初始状态检查结束

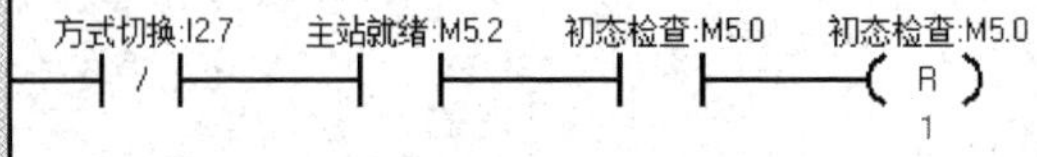

```
方式切换:I2.7   主站就绪:M5.2   初态检查:M5.0    初态检查:M5.0
   ──|/|────────| |─────────────| |──────────────( R )
                                                    1
```

符号	地址	注释
初态检查	M5.0	
方式切换	I2.7	
主站就绪	M5.2	

网络 7
启动操作

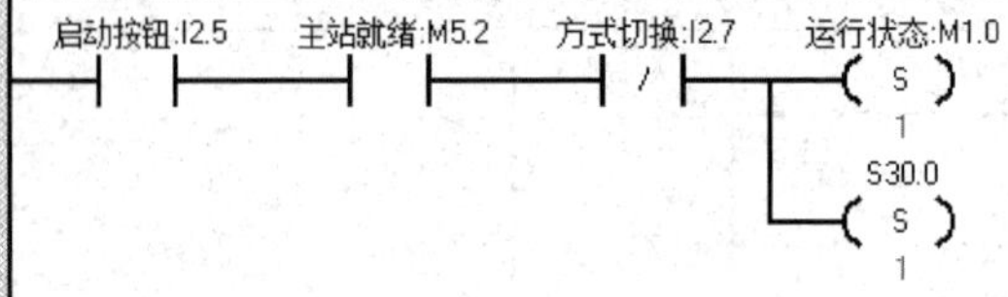

```
启动按钮:I2.5  主站就绪:M5.2  方式切换:I2.7      运行状态:M1.0
   ──| |────────| |────────────|/|───────────────( S )
                                                    1
                                                  S30.0
                                                 ( S )
                                                    1
```

符号	地址	注释
方式切换	I2.7	
启动按钮	I2.5	
运行状态	M1.0	
主站就绪	M5.2	

网络 8
///////////伺服包络说明///////////////////////////
包络0是连续速度；
包络1是供料站到加工站；
包络2是加工站到装配站；
包络3是装配站到分拣站；
包络5是原点到装配站；
包络6是原点到分拣站；

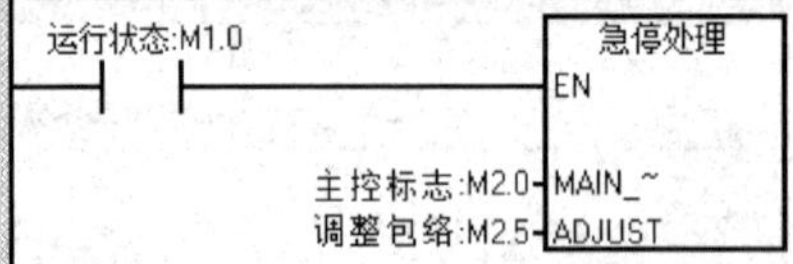

```
运行状态:M1.0          急停处理
   ──| |──────────────┤ EN

         主控标志:M2.0 ─ MAIN_~
         调整包络:M2.5 ─ ADJUST
```

符号	地址	注释
调整包络	M2.5	
运行状态	M1.0	
主控标志	M2.0	

项目5 输送站系统调试

网络 9

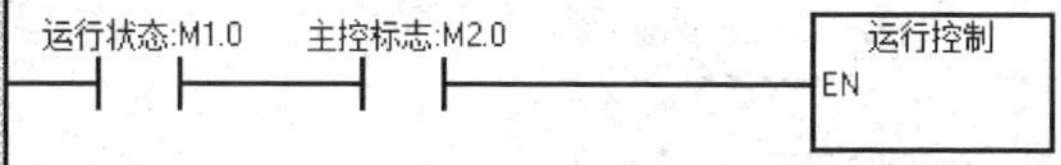

符号	地址	注释
运行状态	M1.0	
主控标志	M2.0	

网络 10

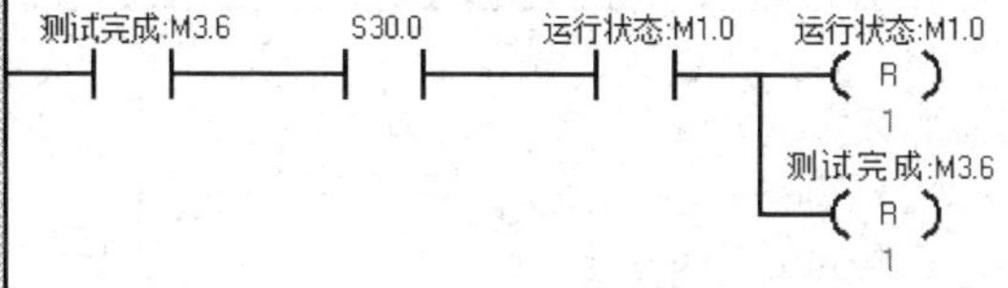

符号	地址	注释
测试完成	M3.6	单站运行测试结束
运行状态	M1.0	

网络 11

HL2（绿灯）控制

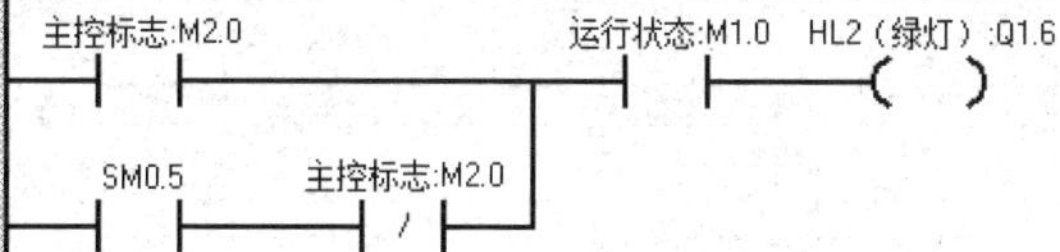

符号	地址	注释
HL2（绿灯）	Q1.6	
运行状态	M1.0	
主控标志	M2.0	

网络 12

按钮/指示灯黄灯控制 单机复位时1Hz闪烁 系统准备好黄灯常亮

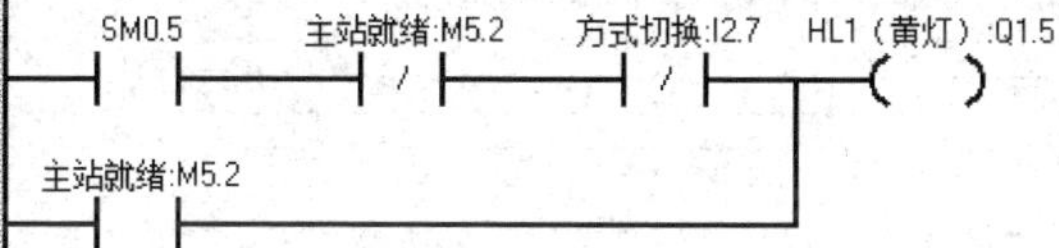

符号	地址	注释
HL1（黄灯）	Q1.5	
方式切换	I2.7	
主站就绪	M5.2	

2. 初态检查复位子程序

系统通电且按下复位按钮后，就调用初态检查复位子程序，进入初始状态检查和复位操作阶段，目标是确定系统是否准备就绪，若未准备就绪，则系统不能启动进入运行状态。

该子程序的内容是检查各气动执行元件是否处在初始位置，抓取机械手装置是否在原点位置，如否，则进行相应的复位操作，直至准备就绪。在子程序中，除调用回原点子程序外，主要是完成简单的逻辑运算。

网络 1
机械手指复位操作

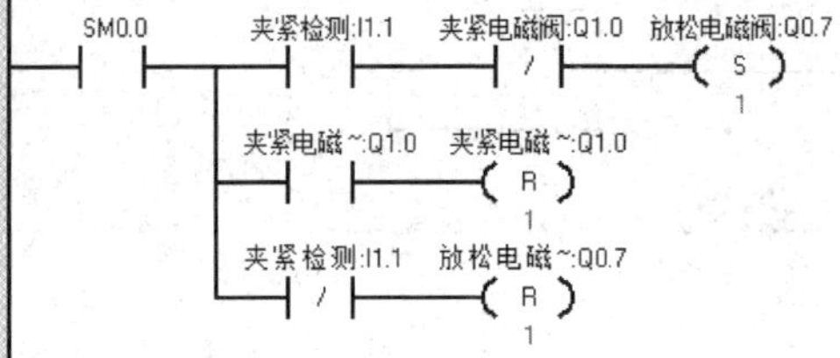

```
SM0.0    夹紧检测:I1.1    夹紧电磁阀:Q1.0    放松电磁阀:Q0.7
──┤├────────┤/├──────────┤/├──────────( S )
                                          1
         夹紧电磁~:Q1.0   夹紧电磁~:Q1.0
         ────┤├──────────┤├────────────( R )
                                          1
         夹紧检测:I1.1    放松电磁~:Q0.7
         ────┤/├──────────────────────( R )
                                          1
```

符号	地址	注释
放松电磁阀	Q0.7	
夹紧电磁阀	Q1.0	
夹紧检测	I1.1	

网络 2

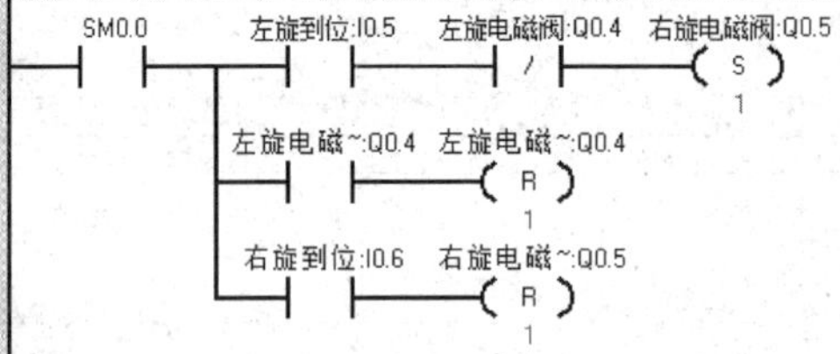

```
SM0.0    左旋到位:I0.5    左旋电磁阀:Q0.4    右旋电磁阀:Q0.5
──┤├────────┤├────────────┤/├──────────( S )
                                          1
         左旋电磁~:Q0.4    左旋电磁~:Q0.4
         ────┤├──────────┤├────────────( R )
                                          1
         右旋到位:I0.6    右旋电磁~:Q0.5
         ────┤├──────────────────────( R )
                                          1
```

符号	地址	注释
右旋到位	I0.6	
右旋电磁阀	Q0.5	
左旋到位	I0.5	
左旋电磁阀	Q0.4	

网络 3
检查主站初始位置，如在初始位置，执行回原点操作

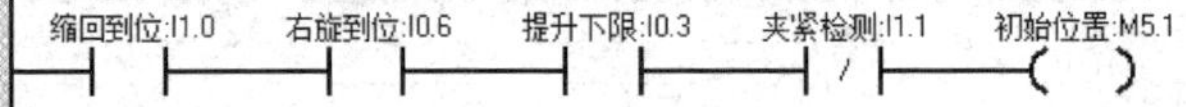

```
缩回到位:I1.0  右旋到位:I0.6  提升下限:I0.3  夹紧检测:I1.1  初始位置:M5.1
──┤├──────────┤├──────────┤├──────────┤/├──────────( )
```

符号	地址	注释
初始位置	M5.1	
夹紧检测	I1.1	
缩回到位	I1.0	
提升下限	I0.3	
右旋到位	I0.6	

网络 4

```
SM0.0                          ┌──────────┐
──┤├───────────────────────────┤回原点    │
                               │EN        │
初始位置:M5.1   原点检测:I1.5    │          │
────┤├─────────┤/├─────────────┤START     │
                               └──────────┘
```

符号	地址	注释
初始位置	M5.1	
原点检测	I1.5	

网络 5
搬运站在初始状态则主站就绪

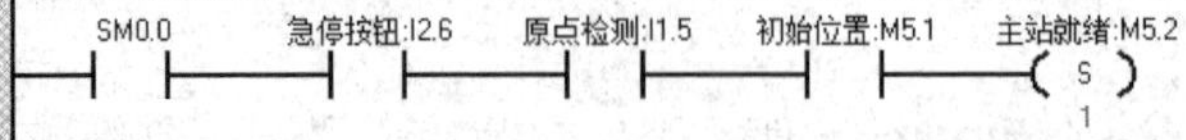

```
SM0.0   急停按钮:I2.6   原点检测:I1.5   初始位置:M5.1   主站就绪:M5.2
──┤├──────┤├──────────┤├──────────┤├──────────( S )
                                                1
```

符号	地址	注释
初始位置	M5.1	
急停按钮	I2.6	
原点检测	I1.5	
主站就绪	M5.2	

项目 5 输送站系统调试

3. 回原点子程序

抓取机械手装置返回原点的操作，在输送站的整个工作过程中，都会频繁地进行，因此编写一个子程序供需要时调用是必要的。回原点子程序是一个带形式参数的子程序，在其局部变量表中定义了一个 BOOL 型输入参数 START，当使能输入（EN）和 START 输入为 ON 时，启动子程序调用。当 START（即局部变量 L0.0）输入为 ON 时，置位 PLC 的方向控制输出 Q0.0，并且这一操作放在 PTO0_RUN 指令之后，确保了方向控制输出的下一个扫描周期才开始脉冲输出。

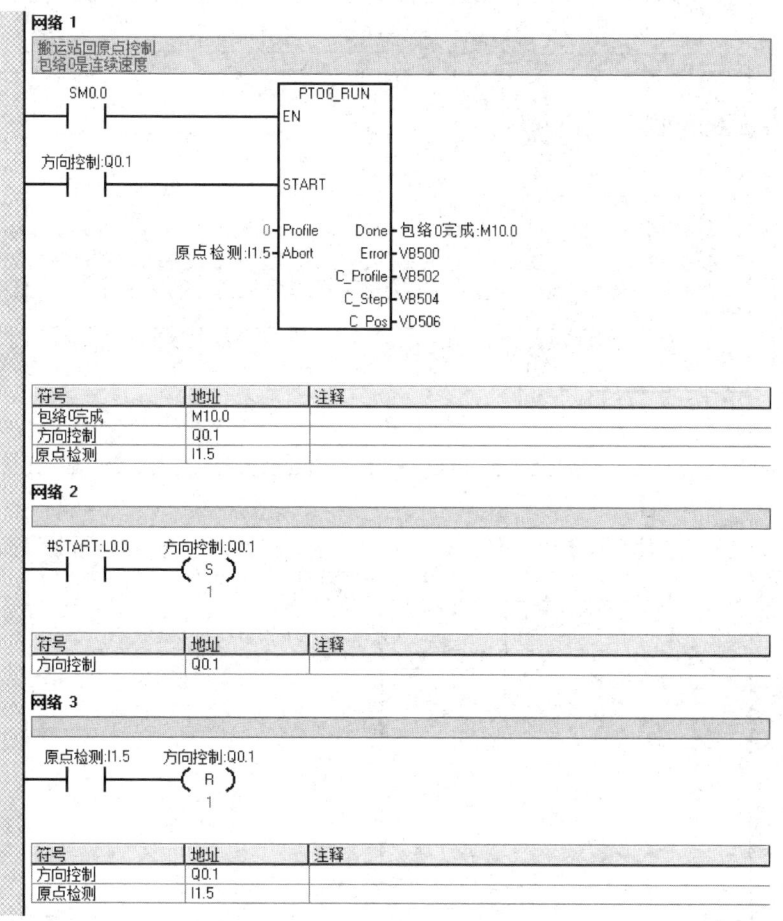

4. 急停处理子程序

当系统进入运行状态后，在每一扫描周期都调用急停处理子程序。

该子程序也带形式参数，在其局部变量表中定义了两个 BOOL 型输入/输出参数 ADJUST 和 MAIN_CTR，参数 MAIN_CTR 传递给全局变量主控标志 M2.0，并由 M2.0 当前状态维持，此变量的状态决定了系统在运行状态下能否执行正常的传送功能测试过程。参数 ADJUST 传递给全局变量包络调整标志 M2.5，并由 M2.5 当前状态维持，此变量的状态决定了系统在移动抓取机械手的工序中，是否需要调整运动包络号。

急停处理子程序的说明如下。

（1）当急停按钮被按下时，MAIN_CTR 置 0，M2.0 置 0，传送功能测试过程停止。

（2）若急停前抓取机械手正在前进中（从供料站前往加工站，或从加工站前往装配站，或从装配站前往分拣站），则当急停复位的上升沿到来时，需要启动使抓取机械手低速回原点过程。到达原点后，置位 ADJUST 输出，传递给包络调整标志 M2.5，以便在传送功能测试过程重新运行后，给处于前进工步的过程调整包络用。例如，对于从加工站到装配站的过程，急停复位重新运行后，将执行从原点（供料站处）到装配站的包络。

（3）若急停前抓取机械手正在高速返回中，则当急停复位的上升沿到来时，使高速返回步复位，转到下一步即摆台右转和低速返回。

符号		变量类型	数据类型	注释
	EN	IN	BOOL	
		IN		
		IN_OUT	BOOL	
L0.0	MAIN_CTR	IN_OUT	BOOL	
L0.1	ADJUST	IN_OUT	BOOL	
		IN_OUT		
		OUT	BOOL	
		OUT		
L0.2	停后返回	TEMP	BOOL	
		TEMP		

子程序注释

网络 1　网络标题

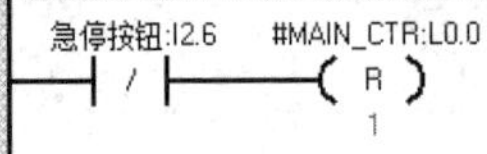

急停按钮:I2.6　　　#MAIN_CTR:L0.0
──┤/├──────────(R)
　　　　　　　　　　　1

符号	地址	注释
急停按钮	I2.6	

网络 2

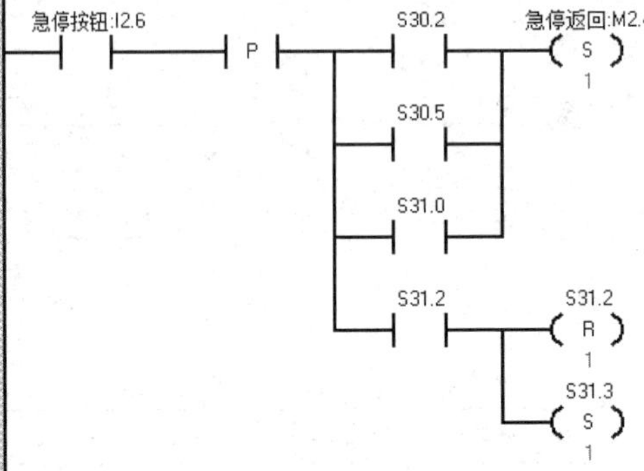

急停按钮:I2.6　　　　　　S30.2　　　急停返回:M2.4
──┤├──┤P├──┬──┤├──────(S)
　　　　　　　│　　　　　　　　　　　1
　　　　　　　├──┤S30.5├──
　　　　　　　│
　　　　　　　├──┤S31.0├──
　　　　　　　│
　　　　　　　└──┤S31.2├──　S31.2
　　　　　　　　　　　　　　　　(R)
　　　　　　　　　　　　　　　　　1
　　　　　　　　　　　　　　　　S31.3
　　　　　　　　　　　　　　　　(S)
　　　　　　　　　　　　　　　　　1

符号	地址	注释
急停按钮	I2.6	
急停返回	M2.4	急停按钮被按下后，重新复位时返回原点

网络 3

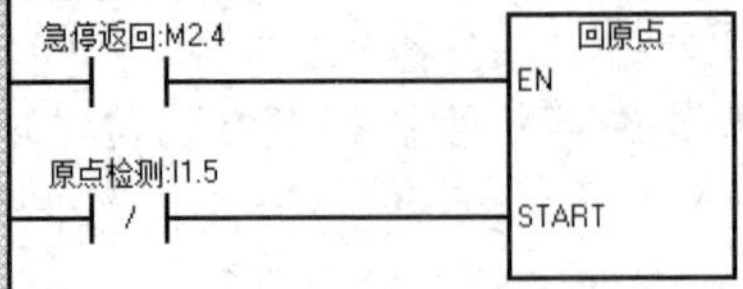

急停返回:M2.4　　　　　　回原点
──┤├──────────┤EN
原点检测:I1.5
──┤/├─────────┤START

符号	地址	注释
急停返回	M2.4	急停按钮被按下后，重新复位时返回原点
原点检测	I1.5	

项目5 输送站系统调试

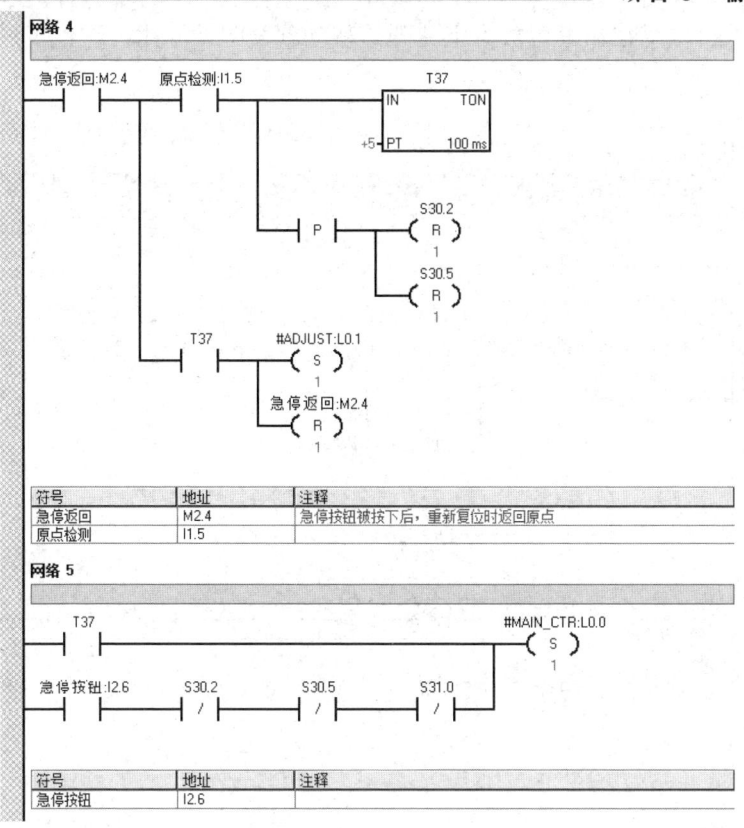

5. 传送功能测试子程序

传送功能测试过程是一个单序列的步进顺序控制。在运行状态下，若主控标志 M2.0 为 ON，则调用该子程序。传送功能测试子程序流程如图 5-44 所示。

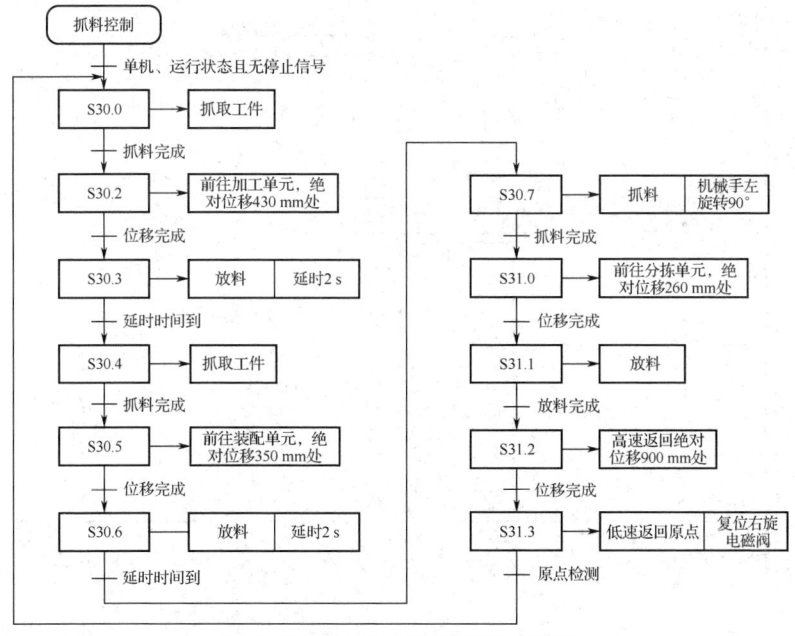

图 5-44 传送功能测试子程序流程

自动生产线技术应用

下面以抓取机械手在加工台放下工件开始移动到装配站为止,这三步过程为例说明编程思路。

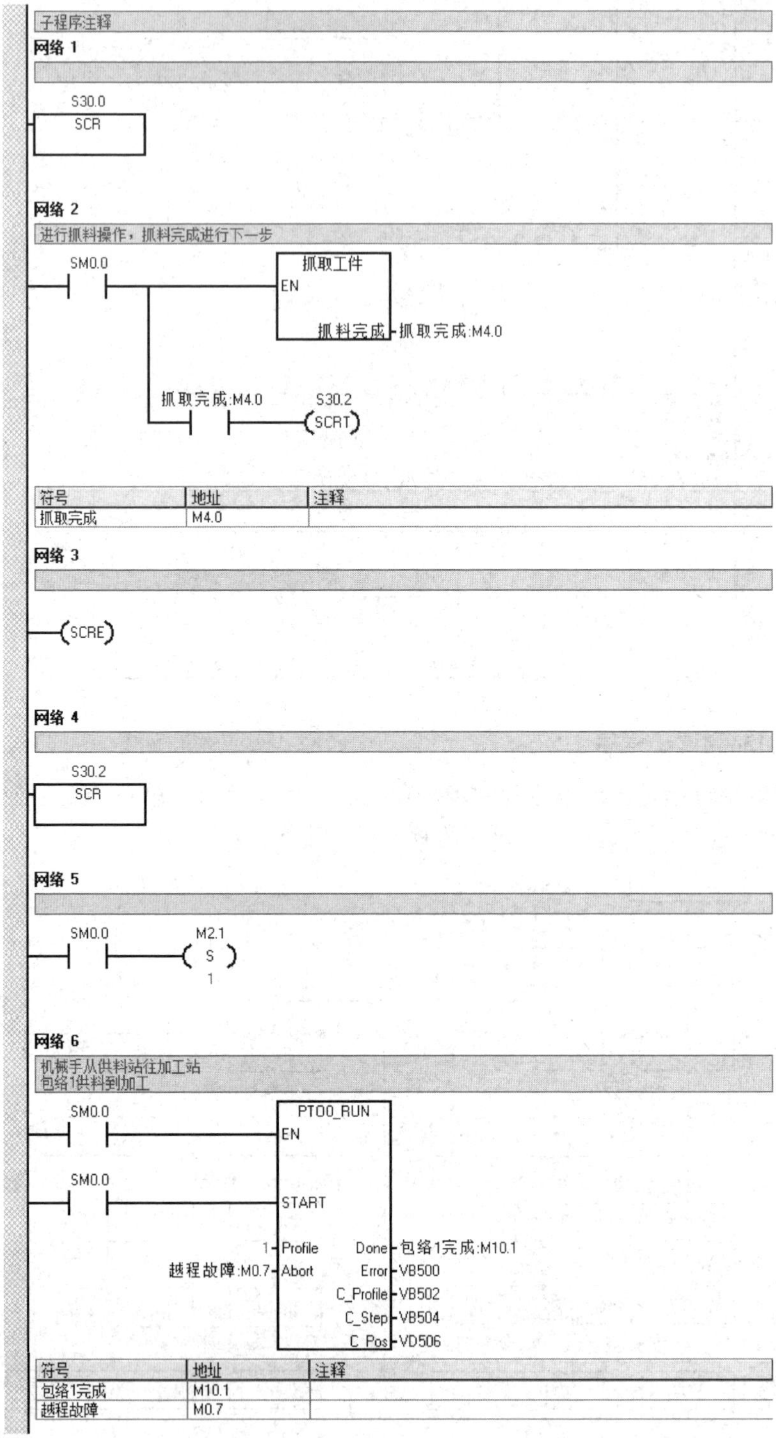

```
子程序注释
网络 1

        S30.0
        SCR

网络 2
进行抓料操作,抓料完成进行下一步
    SM0.0                抓取工件
     ┤├─────────────────EN
                        抓料完成 — 抓料完成:M4.0

    抓料完成:M4.0      S30.2
      ┤├───────────────( SCRT )


符号        地址        注释
抓料完成    M4.0

网络 3

   ( SCRE )


网络 4

        S30.2
        SCR

网络 5
    SM0.0       M2.1
     ┤├────────( S )
                 1

网络 6
机械手从供料站往加工站
包络1供料到加工
    SM0.0                PT00_RUN
     ┤├─────────────────EN

    SM0.0
     ┤├─────────────────START

                    1 — Profile    Done — 包络1完成:M10.1
          越程故障:M0.7 — Abort    Error — VB500
                                C_Profile — VB502
                                   C_Step — VB504
                                    C_Pos — VD506

符号        地址        注释
包络1完成    M10.1
越程故障     M0.7
```

项目5 输送站系统调试

网络 7

包络1完成:M10.1　　P　　S30.3
　├─┤　├─┤P├──(SCRT)

符号	地址	注释
包络1完成	M10.1	

网络 8

──(SCRE)

网络 9

S30.3
SCR

网络 10
进行放料操作

SM0.0　　　放下工件
├─┤　　　　EN
　　　　　　　放料完~─放料完成:M4.1

符号	地址	注释
放料完成	M4.1	

网络 11

放料完成:M4.1　　　T101
├─┤　　　　　　　　IN　　TON
　　　　　　　　+20─PT　100 ms

符号	地址	注释
放料完成	M4.1	

网络 12
全线运行信号,加工站加工完成信号进行抓取
单机运行信号,放料完成2 s后,进行抓取

T101　　S30.4
├─┤──(SCRT)

网络 13

──(SCRE)

网络 14

S30.4
SCR

157

自动生产线技术应用

网络 15
抓取操作

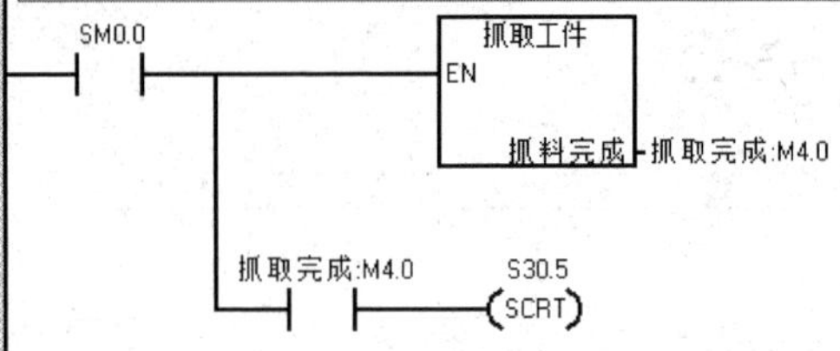

```
   SM0.0          ┌──────────────┐
───┤ ├──────┬─────┤   抓取工件    │
              │      │ EN           │
              │      │              │
              │      │   抓料完成 ─ 抓取完成:M4.0
              │      └──────────────┘
              │
              │   抓取完成:M4.0    S30.5
              └──────┤ ├──────────(SCRT)
```

符号	地址	注释
抓取完成	M4.0	

网络 16

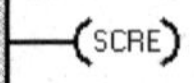

```
───(SCRE)
```

网络 17

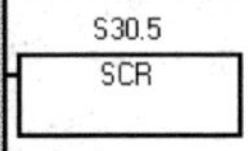

```
  S30.5
  ┌────┐
  │ SCR│
  └────┘
```

网络 18

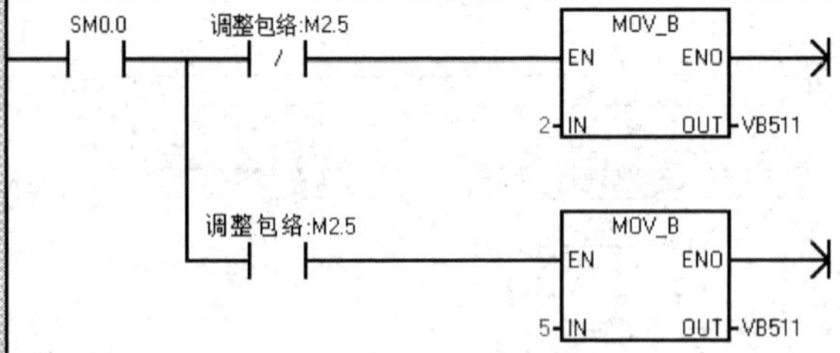

```
   SM0.0      调整包络:M2.5         ┌────────┐
───┤ ├──────────┤/├──────────────┤ MOV_B  │
                                  │ EN  ENO├──
                                  │        │
                                2─┤IN   OUT├─ VB511
                                  └────────┘

             调整包络:M2.5          ┌────────┐
           ──┤ ├──────────────────┤ MOV_B  │
                                  │ EN  ENO├──
                                  │        │
                                5─┤IN   OUT├─ VB511
                                  └────────┘
```

符号	地址	注释
调整包络	M2.5	

网络 19
去装配站
包络2加工站到装配站

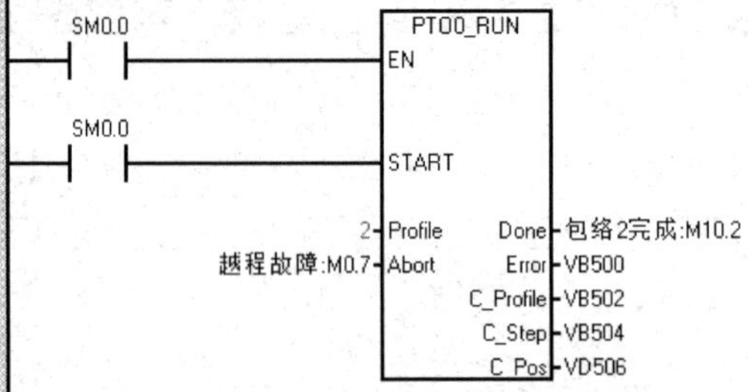

```
  SM0.0                    ┌──────────────┐
──┤ ├────────────────────┤ PTO0_RUN     │
                         │ EN           │
  SM0.0                  │              │
──┤ ├────────────────────┤ START        │
                         │              │
                       2─┤ Profile  Done├─ 包络2完成:M10.2
          越程故障:M0.7 ─┤ Abort   Error├─ VB500
                         │      C_Profile├─ VB502
                         │        C_Step├─ VB504
                         │         C_Pos├─ VD506
                         └──────────────┘
```

符号	地址	注释
包络2完成	M10.2	
越程故障	M0.7	

158

项目5 输送站系统调试

网络 20

```
包络2完成:M10.2      调整包络:M2.5
    ──┤ ├──┤P├──────( R )
                         1
                       S30.6
                      (SCRT)
```

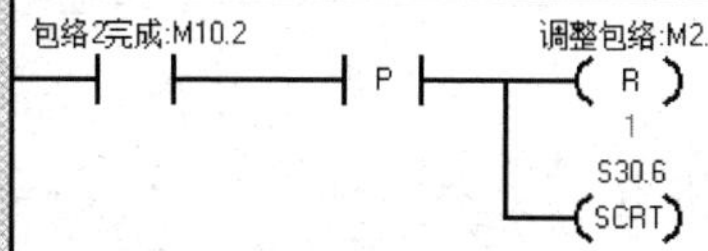

符号	地址	注释
包络2完成	M10.2	
调整包络	M2.5	

网络 21

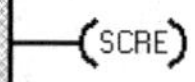

```
(SCRE)
```

网络 22

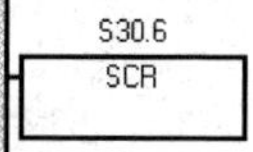

```
S30.6
 SCR
```

网络 23

进行放料操作

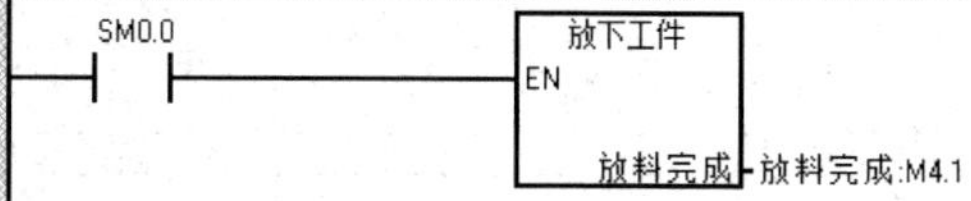

```
SM0.0              放下工件
──┤ ├──────────────┤EN     │
                   │       │
                   │ 放料完成├── 放料完成:M4.1
```

符号	地址	注释
放料完成	M4.1	

网络 24

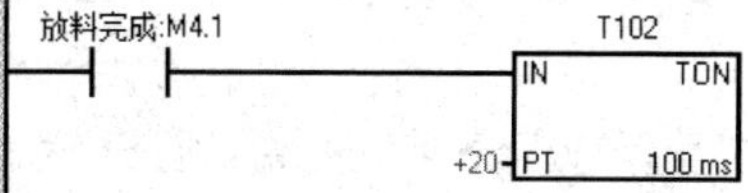

```
放料完成:M4.1         T102
──┤ ├───────────────┤IN   TON│
                +20─┤PT  100 ms│
```

符号	地址	注释
放料完成	M4.1	

网络 25

放料完成2s后,进行抓取

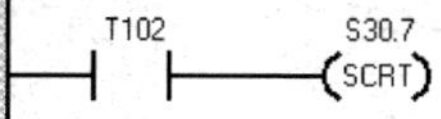

```
T102    S30.7
──┤ ├──(SCRT)
```

网络 26

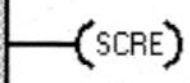

```
(SCRE)
```

网络 27

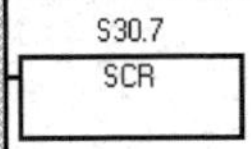

S30.7
SCR

网络 28

进行抓取操作，抓取完成，机械手左旋

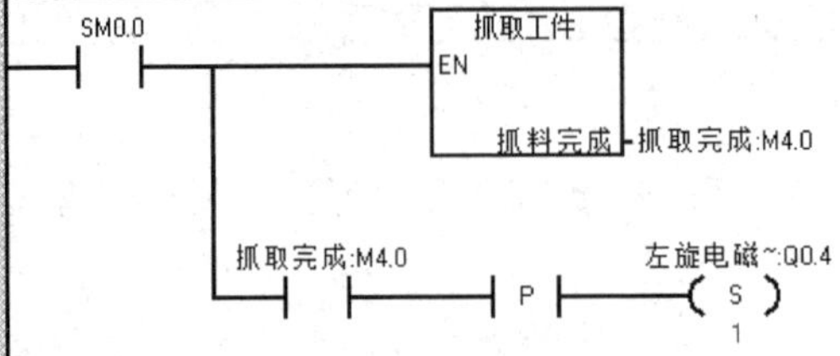

```
SM0.0          抓取工件
──┤├───────────┤EN
                     抓料完成─抓取完成:M4.0

       抓取完成:M4.0                左旋电磁~:Q0.4
      ──┤├──────┤P├─────────( S )
                                              1
```

符号	地址	注释
抓取完成	M4.0	
左旋电磁阀	Q0.4	

网络 29

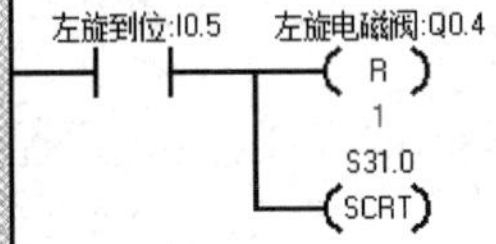

```
左旋到位:I0.5   左旋电磁阀:Q0.4
──┤├──────────( R )
                       1
                    S31.0
                   (SCRT)
```

符号	地址	注释
左旋到位	I0.5	
左旋电磁阀	Q0.4	

网络 30

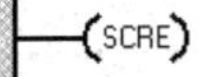

(SCRE)

网络 31

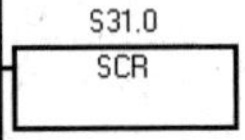

S31.0
SCR

网络 32

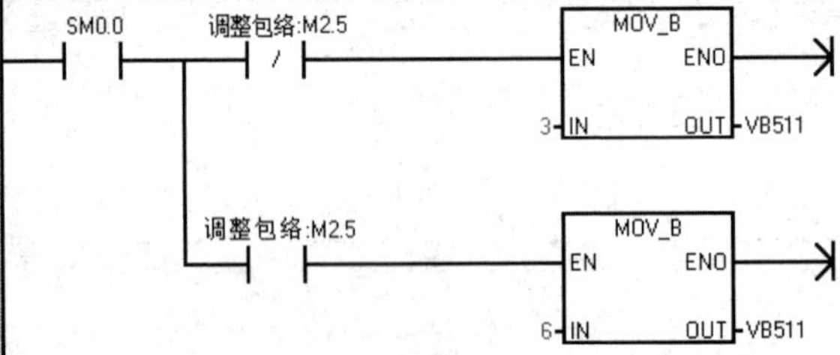

```
SM0.0    调整包络:M2.5          MOV_B
──┤├────────┤/├──────────┤EN   ENO├──
                                              3─┤IN  OUT├─VB511

           调整包络:M2.5          MOV_B
          ──┤├──────────┤EN   ENO├──
                                              6─┤IN  OUT├─VB511
```

符号	地址	注释
调整包络	M2.5	

项目 5 输送站系统调试

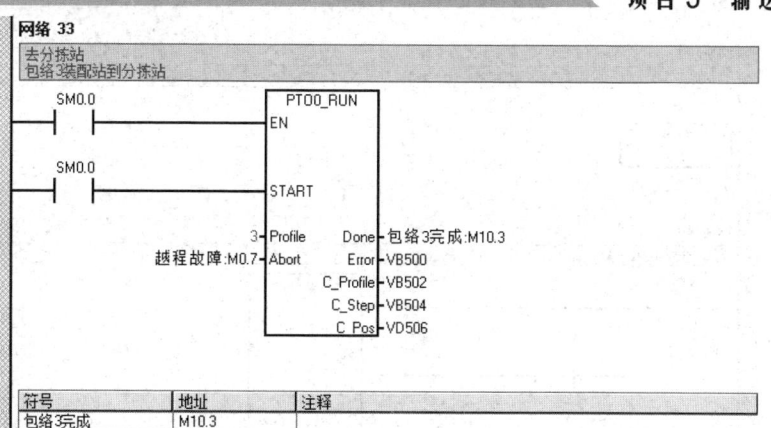

网络 34

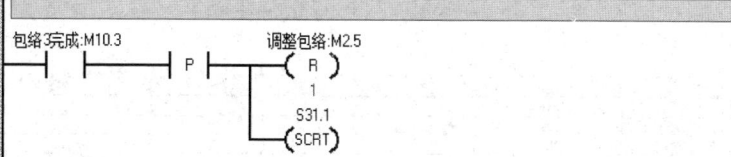

网络 35

—(SCRE)

网络 36

S31.1
SCR

网络 37

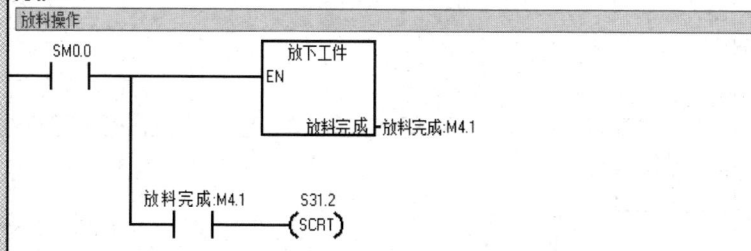

符号	地址	注释
放料完成	M4.1	

网络 38

—(SCRE)

自动生产线技术应用

网络 39

```
  S31.2
  SCR
```

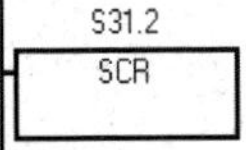

网络 40

以500mm/s的速度高速返回900mm

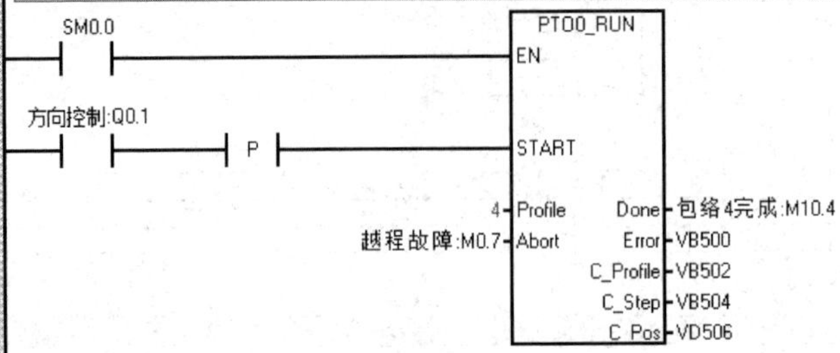

```
  SM0.0                              PTO0_RUN
───┤├──────────────────────────────┤EN
                                    │
  方向控制:Q0.1                      │
───┤├─────────┤P├─────────────────┤START
                                    │
                               4 ─┤Profile   Done├─ 包络4完成:M10.4
                                    │
                       越程故障:M0.7─┤Abort     Error├─ VB500
                                    │          C_Profile├─ VB502
                                    │          C_Step├─ VB504
                                    │          C_Pos├─ VD506
```

符号	地址	注释
包络4完成	M10.4	
方向控制	Q0.1	
越程故障	M0.7	

网络 41

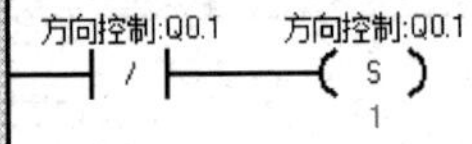

```
  方向控制:Q0.1         方向控制:Q0.1
───┤/├───────────────────( S )
                           1
```

符号	地址	注释
方向控制	Q0.1	

网络 42

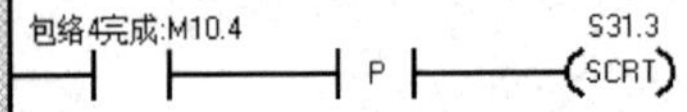

```
  包络4完成:M10.4              S31.3
───┤├──────────┤P├──────────(SCRT)
```

符号	地址	注释
包络4完成	M10.4	

网络 43

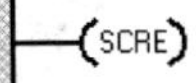

```
───(SCRE)
```

网络 44

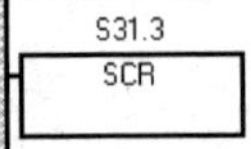

```
  S31.3
  SCR
```

网络 45

1s等待右旋完成（非常重要，不加等待造成Q0.5无法复位）

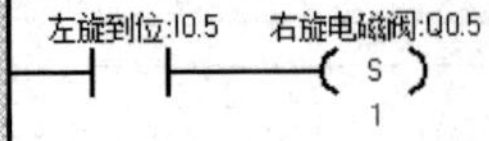

```
  左旋到位:I0.5      右旋电磁阀:Q0.5
───┤├─────────────────( S )
                         1
```

符号	地址	注释
右旋电磁阀	Q0.5	
左旋到位	I0.5	

项目5 输送站系统调试

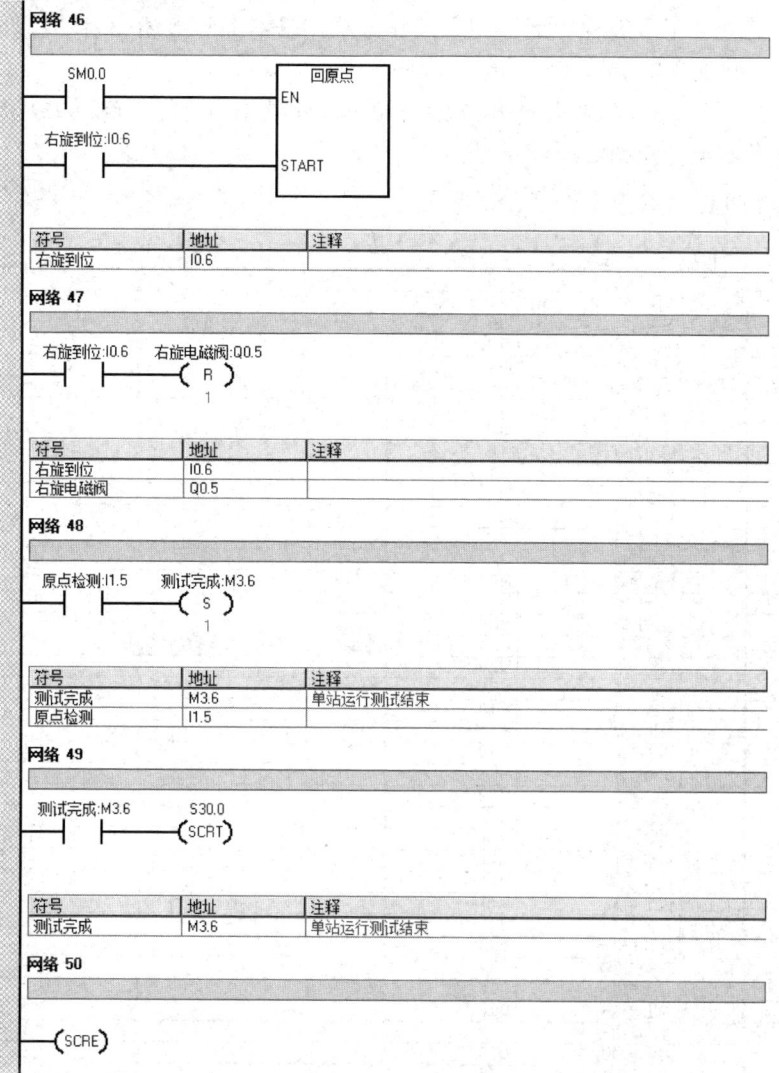

在抓取机械手执行放下工件的工作步中，调用"放下工件"子程序，在执行抓取工件的工作步中，调用"抓取工件"子程序。这两个子程序都带有 BOOL 型输出参数，当抓取或放下工作完成时，输出参数为 ON，传递给相应的"放料完成"标志 M4.1 或"抓取完成"标志 M4.0，作为顺序控制程序中步转移的条件。

抓取机械手在不同的阶段抓取工件或放下工件的动作顺序是相同的。抓取工件的动作顺序为：手臂伸出→手爪夹紧→升降台上升→手臂缩回。放下工件的动作顺序为：手臂伸出→升降台下降→手爪松开→手臂缩回。采用子程序调用的方法来实现抓取工件和放下工件的动作控制使程序编写得以简化。

在 S30.5 步，执行抓取机械手装置从加工站往装配站运动的操作，运行的包络有两种情况，在正常情况下使用包络 2，急停复位回原点后再运行的情况则使用包络 5，选择依据是"调整包络标志" M2.5 的状态，包络完成后请记住使 M2.5 复位。这一操作过程，同样适用于抓取机械手装置从供料站往加工站或装配站往分拣站运动的情况，只是从供料站往加工站时不需要调整运行包络，但包络过程完成后使 M2.5 复位仍然是必需的。

事实上，其他各工步编程中运用的思路和方法，基本上与上述 3 步类似。按此方法，读者不难编制出传送功能测试过程的整个程序。

"抓取工件"和"放下工件"子程序较为简单，此处不再详述。输送站单站运行的全部程序清单请参考本项目视频资源。

6. 输送站 PLC 符号表

		符号	地址	注释
1		原点检测	I1.5	
2		左限位	I0.1	
3		右限位	I0.2	
4		提升下限	I0.3	
5		提升上限	I0.4	
6		左旋到位	I0.5	
7		右旋到位	I0.6	
8		伸出到位	I0.7	
9		缩回到位	I1.0	
10		夹紧检测	I1.1	
11		复位按钮	I2.4	
12		启动按钮	I2.5	
13		急停按钮	I2.6	
14		方式切换	I2.7	
15		越程故障	M0.7	
16		运行状态	M1.0	
17		主控标志	M2.0	
18		急停返回	M2.4	急停按钮被按下后，重新复位时返回原点
19		调整包络	M2.5	
20		测试完成	M3.6	单站运行测试结束
21		抓取完成	M4.0	
22		放料完成	M4.1	
23		初态检查	M5.0	
24		初始位置	M5.1	
25		主站就绪	M5.2	
26		包络0完成	M10.0	
27		包络1完成	M10.1	
28		包络2完成	M10.2	
29		包络3完成	M10.3	
30		包络4完成	M10.4	
31		方向控制	Q0.1	
32		提升电磁阀	Q0.3	
33		左旋电磁阀	Q0.4	
34		右旋电磁阀	Q0.5	
35		伸缩电磁阀	Q0.6	
36		放松电磁阀	Q0.7	
37		夹紧电磁阀	Q1.0	
38		HL1（黄灯）	Q1.5	
39		HL2（绿灯）	Q1.6	

课后习题 5

扫一扫看本习题参考答案

一、选择题

1. 漫射式光电传感器利用光照射到被测工件上后会发生（　　）的原理而工作。
   A. 反射　　　　B. 折射　　　　C. 衍射　　　　D. 干涉

2. SPWM 的载波信号为（　　）。
   A. 正弦波　　　B. 方波　　　　C. 双指数波　　D. 三角波

3. PLC 程序（　　）包含丰富的指令，采用文本编程方式。
   A. LAD　　　　B. STL　　　　C. FBD　　　　D. 以上均否

4. YL-335B 自动生产线空气压力要求为（　　）MPa。
   A. 0.4　　　　B. 0.5　　　　C. 0.6　　　　D. 0.7

5. YL-335B 自动生产线中，使用伺服驱动器的是（　　）。
   A．供料站　　　　B．加工站　　　　C．输送站　　　　D．分拣站
6. 以下（　　）不是对伺服系统的基本要求。
   A．稳定性好　　　B．精度高　　　　C．快速响应无超调　　D．高速，转矩小
7. 通过（　　）可以进一步减小步进电动机的步距角，从而提高其走步精度。
   A．细分　　　　　B．提高频率　　　C．减小电源电压　　　D．改变控制算法

二、填空题

1. 电容式传感器可分为_____、_____和_____ 3 种。
2. 在光电编码器的检测光栅上有两组条纹 A 和 B，A、B 条纹错开_____节距。
3. PLC 的基本组成包括_____和_____两部分。
4. 气动控制元件是控制和调节压缩空气_____、_____和_____及发送信号的重要元件。
5. 连接 S7-200 系列 PLC 与个人计算机需要使用_____编程软件。
6. 步进电动机是一种将脉冲信号转换为相应的_____的机电元件。
7. 步进电动机不能直接连接到工频交流或直流电源上工作，而必须使用专门的_____供电。
8. 伺服电动机内部的转子是永久磁铁，驱动器控制的 U/V/W 三相电形成电磁场，转子在此磁场的作用下转动。同时，电动机自带的_____反馈信号给驱动器，驱动器根据反馈值与目标值进行比较，调整转子转动的角度，伺服电动机的精度决定于_____的精度或线数。
9. 输送站 PLC 的配置是 S7-226 DC/DC/DC，共_____点输入，_____点晶体管输出，该 PLC 的工作电源是_____的直流电。

三、判断题

1．YL-335B 自动生产线设备的安装顺序是先进行供料站安装，最后安装输送站。（　　）
2．YL-335B 自动生产线的交流伺服电动机中易损坏的部件是电动机轴。（　　）
3．步进电动机的转速由脉冲数决定。（　　）
4．交流伺服电动机由于结构简单、成本低廉、无电刷磨损、维修方便，被认为是一种理想的伺服电动机。（　　）
5．旋转编码器只能用于线位移的测量。（　　）
6．连续控制的要求是：精确定位，并随时控制进给轴伺服电动机的转向和转速。（　　）

四、简答题

1．设计输送站的气动控制回路，并分析其工作原理。
2．TPC706K 人机界面有哪些接口？这些接口各自有何用途？
3．简述磁性开关的工作原理和接线方法。
4．简述下图中的磁性开关在生产线中的应用情况，分析磁性开关在应用中的调整方法。

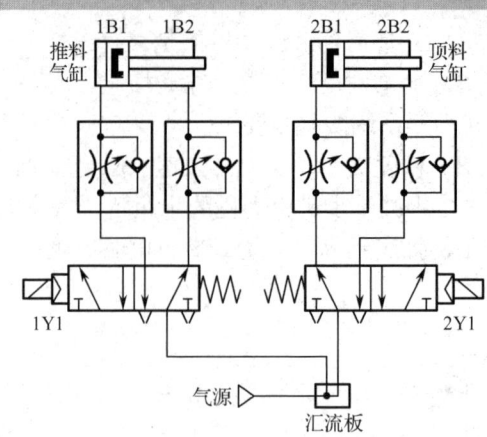

5. 简述电感式接近传感器的工作原理。
6. 简述漫射式光电开关的工作原理。
7. 伺服电动机和步进电动机的区别有哪些？它们各自的优点是什么？
8. 运动包络指的是什么？
9. 在 S7-200 PLC 中，高速计数器有哪几种？

项目 6 整机运行

在前面的项目中,重点介绍了 YL-335B 自动生产线的各个组成工作站作为独立设备工作时用 PLC 对其实现控制的基本思路,这相当于模拟了一个简单的单体设备的控制过程。本项目将以 YL-335B 自动生产线的出厂功能为实例,介绍如何通过 PLC 实现对几个相对独立的工作站组成的一个群体设备(生产线)的控制功能。

YL-335B 自动生产线的控制方式采用每一工作站由一台 PLC 承担其控制任务,各 PLC 之间通过 RS-485 串行通信实现互连的分布式控制方式。组建成网络后,系统中的每一个工作站也称作工作单元。

PLC 网络的具体通信模式取决于所选厂家的 PLC 类型。YL-335B 自动生产线的标准配置为:PLC 选用 S7-200 系列,通信方式采用 PPI 协议通信。

任务 6.1 整体控制的网络组建

扫一扫看 PLC 组网技术教学课件

扫一扫看 PLC 组网技术微视频

6.1.1 西门子 PPI 通信

PPI 协议是 S7-200 CPU 最基本的通信方式,也是 S7-200 默认的通信方式,通过自身端口(PORT0 或 PORT1)即可实现。

PPI 是一种主—从协议通信,主—从站在一个令牌环网中,主站发送要求到从站器件,从站器件响应;从站器件不发信息,只是等待主站的要求并对要求做出响应。如果在用户程序中使能 PPI 主站模式,就可以在主站程序中使用网络读写指令来读写从站信息,而从站程序没有必要使用网络读写指令。

6.1.2 PPI 通信网络的安装与连接

1. 通信电缆

PPI 通信网络使用 Profibus DP 电缆，这种电缆采用实心裸铜线导体作芯线，内部有一红一绿两根线，加厚铝箔和加密裸金属丝编织层屏蔽效果好，紫色 PVC 外护套具有良好的信号传输性能，如图 6-1 所示。

2. 网络连接器

西门子提供了两种网络连接器，一种连接器仅提供连接到 PLC 的接口，而另一种连接器增加了一个编程接口，如图 6-2 所示。带有编程接口的连接器可以把编程器或者装有编程软件的计算机增加到网络中，不用改动现有的网络连接。

图 6-1　Profibus DP 电缆

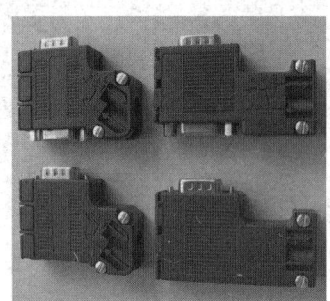

图 6-2　网络连接器

3. PPI 网络的连接

上述两种网络连接器都可以连接网络的输入和输出，两种网络连接器还带有网络偏置和终端匹配的选择开关。通信电缆的两个末端必须有终端匹配和偏置，即必须将连接器的选择开关置于 ON 位置，而网络中的非终端站点连接器的选择开关则应置于 OFF 位置，如图 6-3 所示。

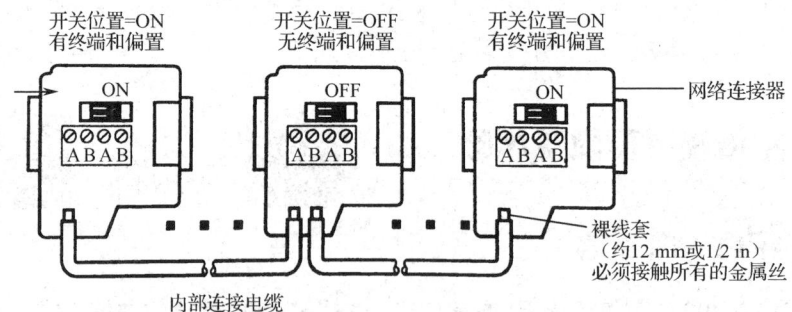

图 6-3　网络连接器选择开关的使用

6.1.3 组态 PPI 通信网络

下面以 YL-335B 自动生产线各工作站 PLC 实现 PPI 通信的操作步骤为例，说明使用 PPI 协议实现通信网络的步骤。

（1）对网络上每一台 PLC，都要设置其系统块中的通信端口参数，对用作 PPI 通信的端口(PORT0 或 PORT1),要指定其地址(站号)和波特率。设置后需要把系统块下载到该 PLC,具体操作如下。

运行计算机上的 STEP 7-Micro/WIN 程序,打开设置端口界面,如图 6-4 所示。利用 PPI/RS-485 编程电缆单独地把输送站 CPU 端口 0 设置为 1 号站,波特率为 19.2 kbps,如图 6-5 所示。用同样方法设置供料站 CPU 端口 0 为 2 号站,波特率为 19.2 kbps;加工站 CPU 端口 0 为 3 号站,波特率为 19.2 kbps;装配站 CPU 端口 0 为 4 号站,波特率为 19.2 kbps;最后设置分拣站 CPU 端口 0 为 5 号站,波特率为 19.2 kbps。最后,分别把系统块下载到相应的 CPU 中。

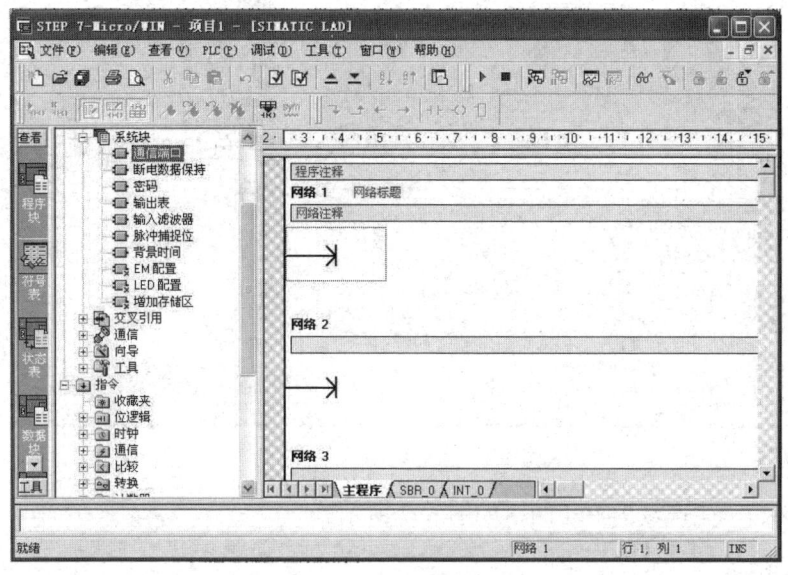

图 6-4 设置端口界面

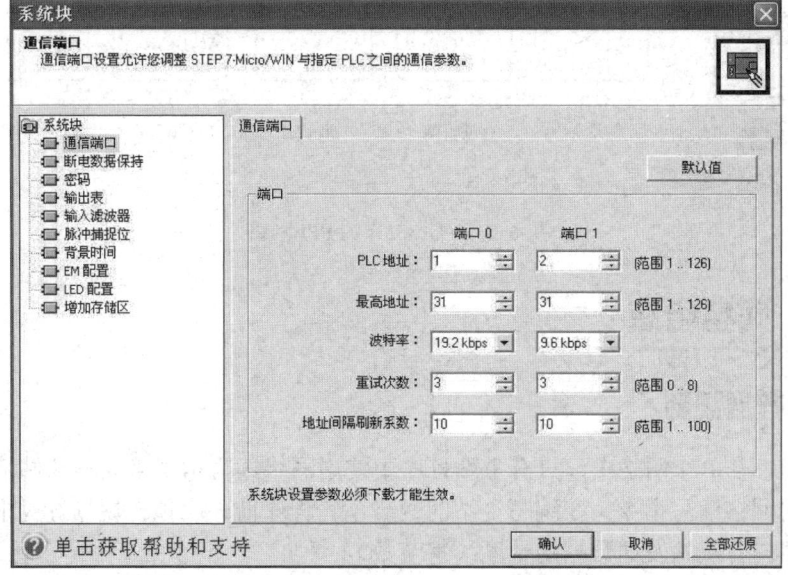

图 6-5 设置输送站 PLC 端口 0 参数

（2）利用网络连接器和网络线把各台 PLC 中用作 PPI 通信的端口 0 连接起来，所使用的网络连接器中，2#～5#站用的是标准网络连接器，1#站用的是带编程接口的连接器，该编程接口通过 RS-232/PPI 多主站电缆与计算机连接。

（3）利用 STEP 7-Micro/WIN 软件和 PPI/RS-485 编程电缆，搜索出 PPI 网络的 5 个站，如图 6-6 所示，该图表明 5 个站已经完成 PPI 网络连接。

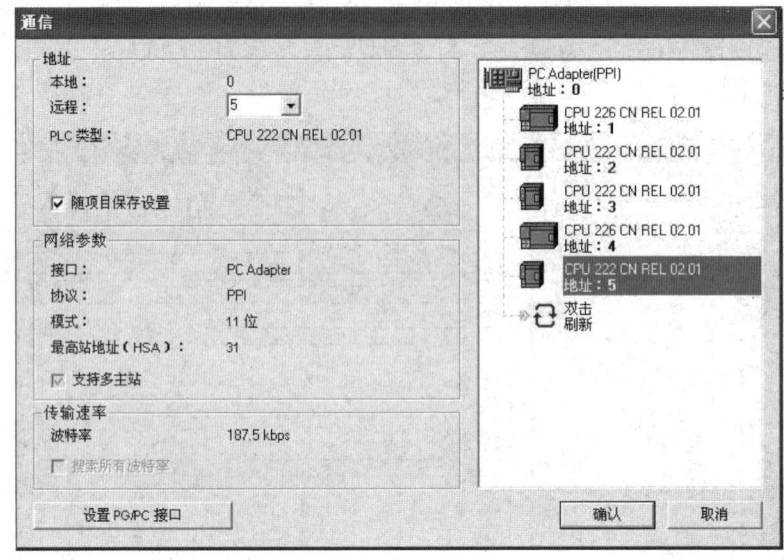

图 6-6　PPI 网络上的 5 个站

YL-335B 自动生产线的 PPI 网络如图 6-7 所示。

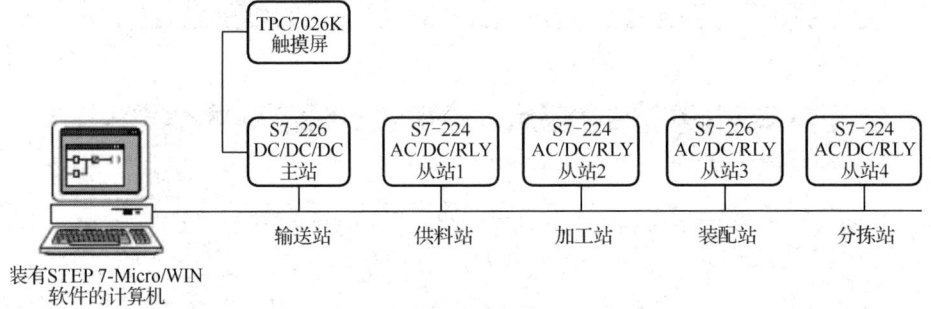

图 6-7　YL-335B 的 PPI 网络

任务 6.2　网络组态

6.2.1　数据规划

如前所述，在 PPI 网络中，只有主站程序中使用网络读写指令来读写从站信息，而从站程序不必使用网络读写指令。在编写主站的网络读写程序前，应预先规划好以下数据。

（1）主站向各从站发送数据的长度（字节数）。

（2）发送的数据位于主站何处。

（3）数据发送到从站的何处。
（4）主站从各从站接收数据的长度（字节数）。
（5）主站从从站的何处读取数据。
（6）接收到的数据存放在主站何处。

以上数据，应根据系统工作要求，信息交换量等统一筹划。在 YL-335B 中，各工作站 PLC 需要交换的信息量不大，主站向各从站发送的数据只是主令信号，从从站读取的也只是各从站状态信息，发送和接收的数据长度均 1 个字（2 个字节）已经足够。根据本项目工作要求规划的数据如表 6-1 所示。

表 6-1 根据要求规划的数据

	输送站	供料站	加工站	装配站	分拣站
	1#站（主站）	2#站（从站）	3#站（从站）	4#站（从站）	5#站（从站）
发送数据的长度		2 字节	2 字节	2 字节	2 字节
从主站何处发送		VB1000	VB1000	VB1000	VB1000
发往从站何处		VB1000	VB1000	VB1000	VB1000
接收数据的长度		2 字节	2 字节	2 字节	2 字节
数据来自从站何处		VB1010	VB1010	VB1010	VB1010
数据存到主站何处		VB1200	VB1204	VB1208	VB1212

6.2.2 组态过程

在 STEP 7-Micro/WIN 软件命令菜单中选择"工具"→"指令导向"，并且在指令向导窗口中选择 NETR/NETW（网络读写），即可根据向导的指引，逐步完成组态过程，如表 6-2 所示。

表 6-2 组态过程

步骤	图示	功能说明
1	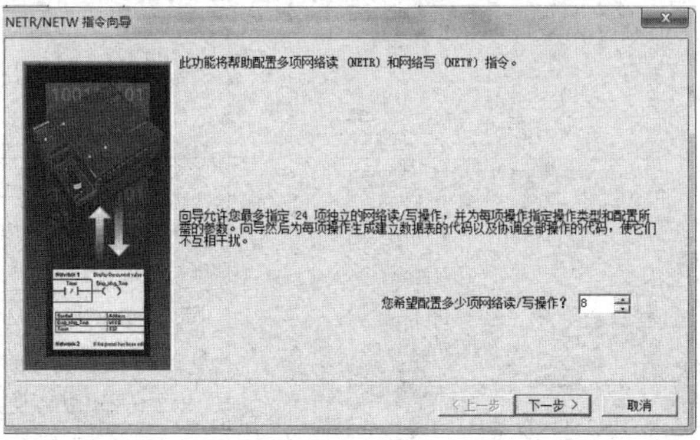	网络读写指令可以向远程站发送或接收 16 个字节的信息，在 CPU 内同一时间最多可有 8 条指令被激活。本项目有 4 个从站，故考虑同时激活 4 条网络读指令和 4 条网络写指令

续表

步骤	图示	功能说明
2	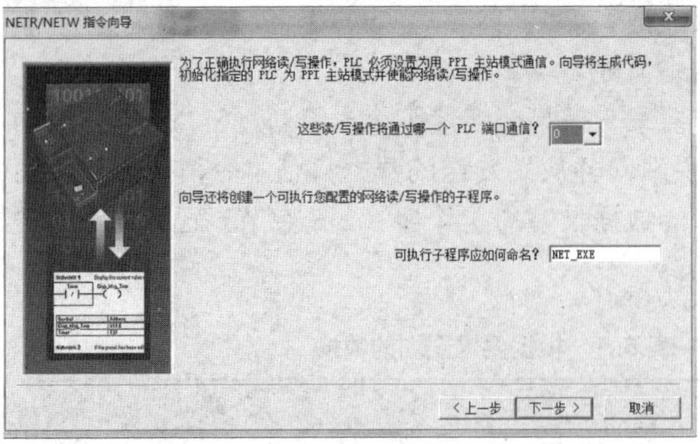	指定进行读写操作的通信端口及配置完成后生成的子程序名称
3~6	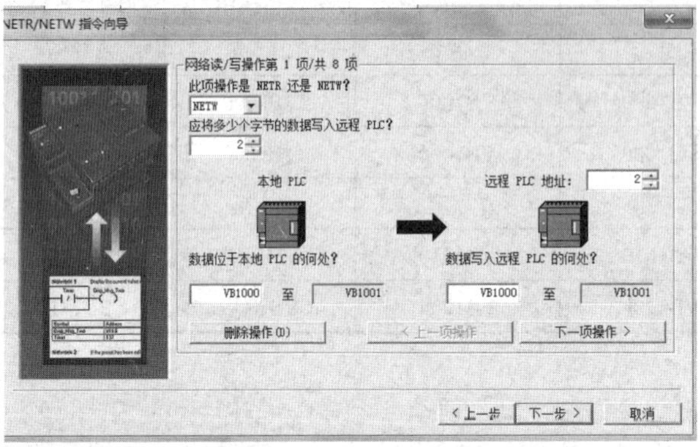 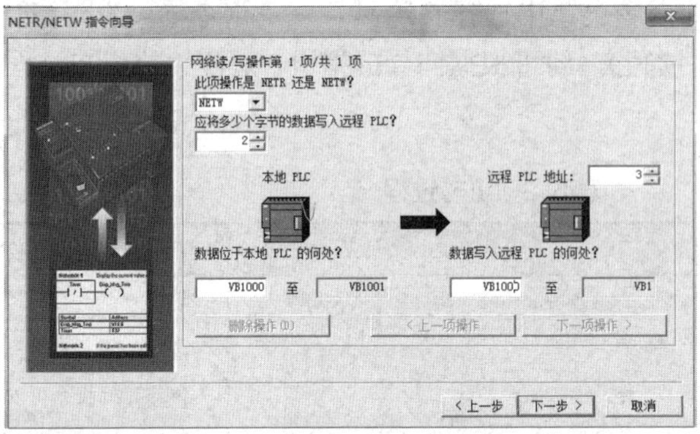	网络写指令的参数配置，主站向供料站、装配站、加工站、分拣站发送数据，数据都位于主站PLC的VB1000~VB1001区，各从站PLC的VB1000~VB1001区接收数据。左图是主站向2#站（供料站）和3#站（加工站）写数据的网络读操作配置界面。3~6步操作都是相同的，仅站号不一样
7~10	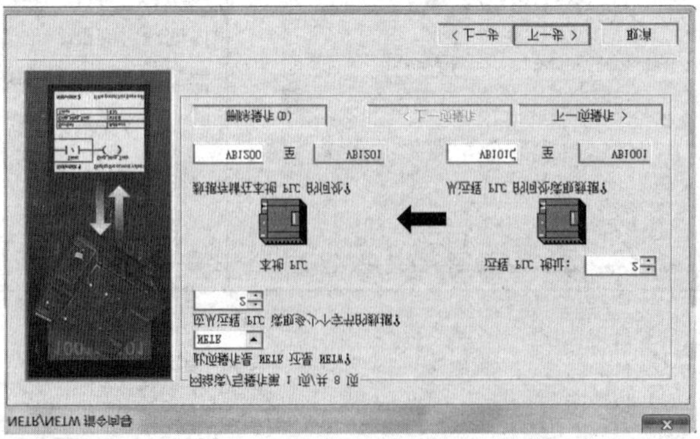	网络读指令的参数配置，主站从供料站、装配站、加工站、分拣站PLC的VB1010~VB1011区读取数据，依次写入主站PLC自VB1200开始的存储区。左图是主站从2#站（供料站）和3#站（加工站）读入数据的网络读操作配置界面。4#站、5#站的操作与此相似

项目6 整机运行

续表

步骤	图示	功能说明
7~10	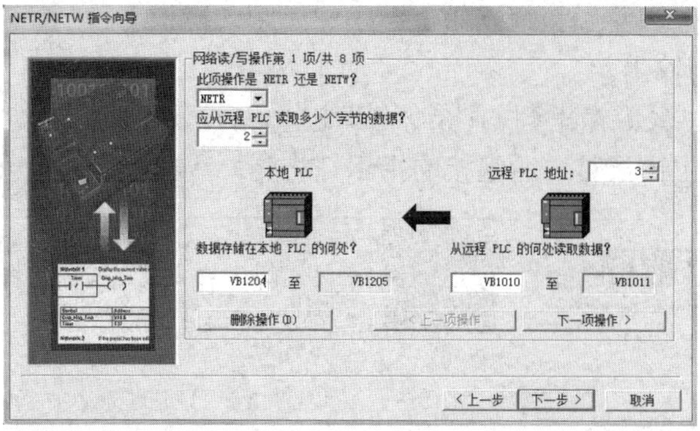 NETR/NETW 指令向导 网络读/写操作第 1 项/共 8 项 此项操作是 NETR 还是 NETW？ NETR 应从远程 PLC 读取多少个字节的数据？ 本地 PLC　　　　远程 PLC 地址：3 数据存储在本地 PLC 的何处？　从远程 PLC 的何处读取数据？ VB1204 至 VB1205　　VB1010 至 VB1011 删除操作(D)　上一项操作　下一项操作 上一步　下一步　取消	网络读指令的参数配置，主站从供料站、装配站、加工站、分拣站 PLC 的 VB1010~VB1011 区读取数据，依次写入主站 PLC 自 VB1200 开始的存储区。左图是主站从 2#站（供料站）和 3#站（加工站）读入数据的网络读操作配置界面。4#站、5#站的操作与此相似
11	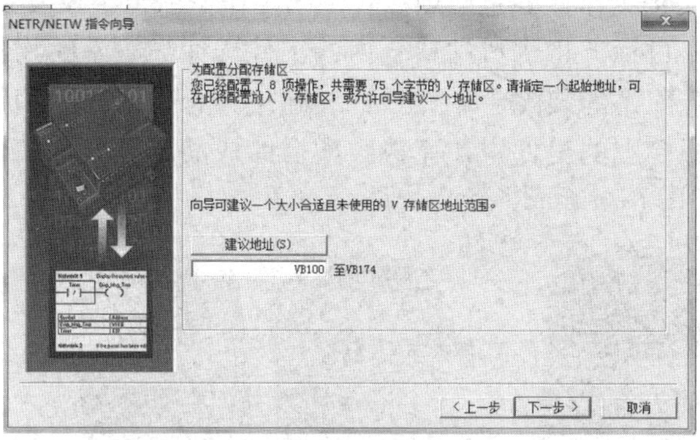 NETR/NETW 指令向导 为配置分配存储区 您已经配置了 8 项操作，共需要 75 个字节的 V 存储区。请指定一个起始地址，可将此配置放入 V 存储区；或允许向导建议一个地址。 向导可建议一个大小合适且未使用的 V 存储区地址范围。 建议地址(S) VB100 至 VB174 上一步　下一步　取消	前面的 8 项配置完成后，导向程序将指定一个 V 存储器的起始地址，以便将此配置放入 V 存储区。用户可以自行设置一个起始地址（如 VB100），或使用"建议地址"
12	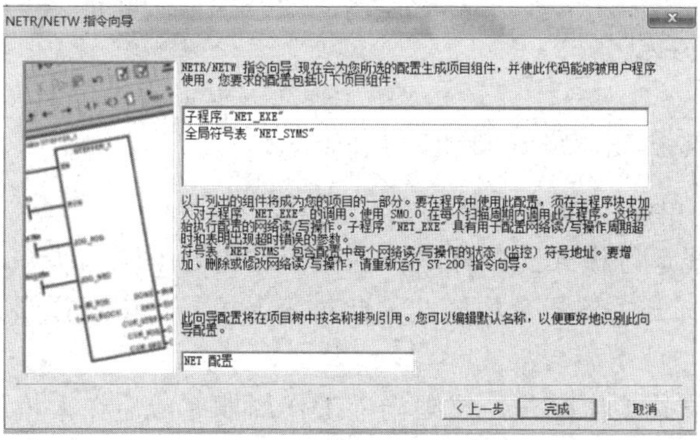 NETR/NETW 指令向导 NETR/NETW 指令向导，现在会为您所选的配置生成项目组件，并使此代码能够被用户程序使用。您要求的配置包括以下项组件： 子程序 "NET_EXE" 全局符号表 "NET_SYMS" 以上列出的组件将成为您的项目的一部分。要在程序中使用此配置，须在主程序块中加入对子程序 "NET_EXE" 的调用。使用 SM0.0 在每个扫描周期内调用此子程序。这些程序将开始执行/写操作。子程序 "NET_EXE" 具有一个配置网络读/操作周期时间和明显的错误报告输出。 符号表 "NET_SYMS" 包含此配置中每个网络读/写操作的状态（监控）符号地址。要增加、删除网络读/写操作，请重新运行 S7-200 指令向导。 此向导配置将在项目树中按名称排列引用。您可以编辑默认名称，以便更好地识别此向导配置。 NET 配置 上一步　完成　取消	全部配置完成后，向导将为所选的配置生成项目组件。确认图中各项配置内容后，单击"完成"按钮，配置网络读/写操作结束。此时，指令向导界面将消失，程序编辑器窗口将增加 NET_EXE 子程序标记

要在程序中使用上面所完成的配置，须在主程序块中加入对子程序 "NET_EXE" 的调用。使用 SM0.0 在每个扫描周期内调用此子程序，将开始执行配置的网络读/写操作。梯形图如图 6-8 所示。

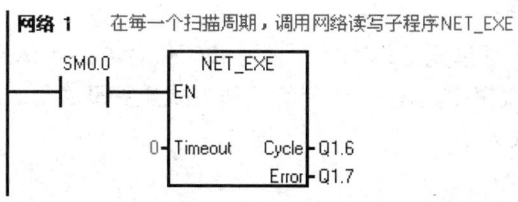

图 6-8 子程序 NET_EXE 的调用梯形图

由图 6-8 可见，NET_EXE 有 Timeout、Cycle、Error 等几个参数，它们的含义如下：

（1）Timeout：设定的通信超时时限，范围为 1～32 767 s，若=0，则不计时。

（2）Cycle：输出开关量，所有网络读/写操作每完成一次后切换状态。

（3）Error：发生错误时报警输出。

本例中 Timeout 设定为 0，Cycle 输出到 Q1.6；故网络通信时，Q1.6 所连接的指示灯将闪烁。Error 输出到 Q1.7，当发生错误时，所连接的指示灯将亮。

任务 6.3　编制整机运行程序

扫一扫看整机编程调试（上）教学课件

扫一扫看整机编程调试（上）微视频

6.3.1　任务描述

YL-335B 自动生产线整体实训工作任务是一项综合性的工作，适于小组（3～5 位）学生共同协作。自动生产线的工作目标：将供料站仓内的工件送往加工站的物料台，加工完成后，把加工好的工件送往装配站的装配台，然后把装配站料仓内的白色和黑色两种不同颜色的小圆柱零件嵌入到装配台上的工件中，完成装配后的成品送往分拣站分拣输出。已完成加工和装配工作的工件如图 6-9 所示。

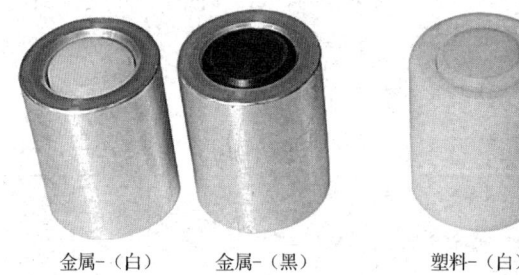

图 6-9　已完成加工和装配工作的工件

生产线系统的工作模式分为单站工作模式和全线运行模式。

从单站工作模式切换到全线运行模式的条件是：各工作站均处于停止状态，各站的按钮/指示灯模块上的工作方式选择开关置于全线模式，此时将人机界面中选择开关切换到全线运行模式即可。

要从全线运行模式切换到单站工作模式，仅限当前工作周期完成后在人机界面中将选择开关切换到单站运行模式才有效。

在全线运行模式下，各工作站仅通过网络接收来自人机界面的主令信号，除主站急停按钮外，所有本站主令信号无效。

1. 单站运行模式测试

在单站运行模式下，各单元工作的主令信号和工作状态显示信号来自其 PLC 旁边的按钮/指示灯模块。并且，按钮/指示灯模块上的工作方式选择开关 SA 应置于"单站方式"位置。各站的具体控制要求如下。

1）供料站单站运行工作要求

（1）设备通电和气源接通后，若工作站的两个气缸满足初始位置要求，且料仓内有足

够的待加工工件，则正常工作指示灯 HL1 常亮，表示设备已准备好。否则，该指示灯以 1 Hz 频率闪烁。

（2）若设备已准备好，按下启动按钮，工作站启动，设备运行指示灯 HL2 常亮。启动后，若出料台上没有工件，则应把工件推到出料台上。出料台上的工件被人工取出后，若没有停止信号，则进行下一次推出工件操作。

（3）若在运行中按下停止按钮，则在完成本工作周期任务后，各设备停止工作，HL2 指示灯熄灭。

（4）若在运行中料仓内工件不足，则工作站继续工作，但正常工作指示灯 HL1 以 1 Hz 的频率闪烁，设备运行指示灯 HL2 保持常亮。若料仓内没有工件，则 HL1 指示灯和 HL2 指示灯均以 2 Hz 频率闪烁。工作站在完成本周期任务后停止。除非向料仓补充足够的工件，否则工作站不能再启动。

2）加工站单站运行工作要求

（1）设备通电和气源接通后，若各气缸满足初始位置要求，则正常工作指示灯 HL1 常亮，表示设备已准备好。否则，该指示灯以 1 Hz 频率闪烁。

（2）若设备准备已好，按下启动按钮，设备启动，设备运行指示灯 HL2 常亮。当待加工工件送到加工台上并被检出后，设备执行将工件夹紧，送往加工区域冲压，完成冲压动作后返回待料位置，工件加工工序完成。如果没有停止信号输入，当再有加工工件送到加工台上时，加工站又开始下一周期工作。

（3）在工作过程中，若按下停止按钮，加工站在完成本周期的动作后停止工作。HL2 指示灯熄灭。

（4）当待加工工件被检出且加工过程开始后，如果按下急停按钮，本工作站所有设备应立即停止运行，HL2 指示灯以 1 Hz 频率闪烁。当急停按钮复位后，设备从急停前的断点开始继续运行。

3）装配站单站运行工作要求

（1）设备通电和气源接通后，若各气缸满足初始位置要求，料仓上已经有足够的小圆柱零件，工件装配台上没有待装配工件，则正常工作指示灯 HL1 常亮，表示设备已准备好；否则，该指示灯以 1 Hz 频率闪烁。

（2）若设备已准备好，按下启动按钮，装配站启动，设备运行指示灯 HL2 常亮。如果回转台的料盘 1 内没有小圆柱零件，就执行下料操作；如果料盘 1 内有小圆柱零件，而料盘 2 内没有零件，执行回转台回转操作。

（3）如果回转台的料盘 2 内有小圆柱零件且装配台上有待装配工件，执行装配机械手抓取小圆柱零件，放入待装配工件中的控制。

（4）完成装配任务后，装配机械手应返回初始位置，等待下一次装配。

（5）若在运行过程中按下停止按钮，则供料机构应立即停止供料，在装配条件满足的情况下，装配站在完成本次装配后停止工作。

（6）在运行中发生零件不足报警时，指示灯 HL3 以 1 Hz 的频率闪烁，HL1 和 HL2 灯常亮；在运行中发生零件没有报警时，指示灯 HL3 以亮 1 s、灭 0.5 s 的方式闪烁，HL2 熄灭，HL1 常亮。

自动生产线技术应用

4）分拣站单站运行工作要求

（1）初始状态：设备通电和气源接通后，若工作站的 3 个气缸满足初始位置要求，则正常工作指示灯 HL1 常亮，表示设备已准备好。否则，该指示灯以 1 Hz 频率闪烁。

（2）若设备已准备好，按下启动按钮，系统启动，设备运行指示灯 HL2 常亮。当传送带上的入料口人工放下已装配的工件时，变频器立即启动，驱动电动机以 30 Hz 频率运行，把工件带往分拣区。

（3）如果金属工件的小圆柱零件为白色，则该工件到达 1 号滑槽中间时，传送带停止，工件对被推到 1 号槽中；如果塑料工件的小圆柱零件为白色，则该工件到达 2 号滑槽中间时，传送带停止，工件对被推到 2 号槽中；如果工件的小圆柱零件为黑色，则该工件到达 3 号滑槽中间时，传送带停止，工件对被推到 3 号槽中。工件被推出滑槽后，该工作站的一个工作周期结束。仅当工件被推出滑槽后，才能再次向传送带下料。如果在运行期间按下停止按钮，该工作站在本工作周期结束后停止运行。

5）输送站单站运行工作要求

单站运行的目的是测试设备传送工件的功能。要求其他各工作站已经就位，并且在供料站的出料台上放置了工件。具体测试过程要求如下。

（1）输送站在通电后，按下复位按钮 SB1，执行复位操作，使抓取机械手装置回到原点位置。在复位过程中，正常工作指示灯 HL1 以 1 Hz 的频率闪烁。当抓取机械手装置回到原点位置，且输送站各个气缸满足初始位置的要求时，则复位完成，正常工作指示灯 HL1 常亮。按下启动按钮 SB2，设备启动，设备运行指示灯 HL2 也常亮，开始功能测试过程。

（2）抓取机械手装置从供料站出料台抓取工件，抓取的顺序是：手臂伸出→手爪夹紧抓取工件→升降台上升→手臂缩回。

（3）抓取动作完成后，伺服电动机驱动机械手装置向加工站移动，移动速度不小于 300 mm/s。

（4）抓取机械手装置移动到加工站物料台的正前方后，即把工件放到加工站物料台上。抓取机械手装置在加工站放下工件的顺序是：手臂伸出→升降台下降→手爪松开放下工件→手臂缩回。

（5）放下工件动作完成 2 s 后，抓取机械手装置执行抓取加工站工件的操作。抓取的顺序与供料站抓取工件的顺序相同。

（6）抓取动作完成后，伺服电动机驱动抓取机械手装置移动到装配站物料台的正前方后把工件放到装配站物料台上。其动作顺序与加工站放下工件的顺序相同。

（7）放下工件动作完成 2 s 后，抓取机械手装置执行抓取装配站工件的操作。抓取的顺序与供料站抓取工件的顺序相同。

（8）抓取机械手装置的手臂缩回后，气动摆台逆时针旋转 90°，伺服电动机驱动抓取机械手装置从装配站向分拣站运送工件，到达分拣站传送带上方入料口后把工件放下，动作顺序与加工站放下工件的顺序相同。

（9）放下工件动作完成后，抓取机械手装置的手臂缩回，然后执行返回原点的操作。伺服电动机驱动抓取机械手装置以 400 mm/s 的速度返回，返回 900 mm 后，气动摆台顺时针旋转 90°，然后以 100 mm/s 的速度低速返回原点停止。

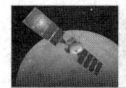

当抓取机械手装置返回原点后，一个测试周期结束。当供料站的出料台上放置了工件时，再按一次启动按钮 SB2，即可开始新一轮的测试。

2. 系统正常的全线运行模式测试

全线运行模式下各工作站部件的工作顺序以及对输送站抓取机械手装置运行速度的要求，与单站运行模式一致。全线运行步骤如下。

1）正常运行

（1）系统通电

当 PPI 网络正常后开始工作。触摸人机界面上的复位按钮，执行复位操作，在复位过程中，绿色警示灯以 2 Hz 的频率闪烁，红色和黄色指示灯均熄灭。复位过程包括：使输送站抓取机械手装置回到原点位置和检查各工作站是否处于初始状态。

各工作站初始状态是指：

① 各工作站气动执行元件均处于初始位置；
② 供料站料仓内有足够的待加工工件；
③ 装配站料仓内有足够的小圆柱零件；
④ 输送站的紧急停止按钮未按下。

当输送站抓取机械手装置回到原点位置，且各工作站均处于初始状态时，复位完成，绿色警示灯常亮，表示允许启动生产线系统。这时，若触摸人机界面上的启动按钮，生产线系统启动，绿色和黄色警示灯均常亮。

（2）供料站的运行

生产线系统启动后，若供料站的出料台上没有工件，则应把工件推到出料台上，并向生产线系统发出出料台上有工件信号。若供料站的料仓内没有工件或工件不足，则向生产线系统发出报警或预警信号。出料台上的工件被输送站抓取机械手装置取出后，若生产线系统仍然需要推出工件进行加工，则进行下一次推出工件操作。

（3）输送站运行 1

当工件被推到供料站出料台后，输送站抓取机械手装置应执行抓取供料站工件的操作。抓取动作完成后，伺服电动机驱动抓取机械手装置移动到加工站加工物料台的正前方，把工件放到加工站的加工台上。

（4）加工站运行

加工站加工台的工件被检出后，执行加工过程。当加工好的工件重新送回待料位置时，向生产线系统发出冲压加工完成信号。

（5）输送站运行 2

生产线系统接收到加工完成信号后，输送站抓取机械手装置应执行抓取已加工工件的操作。抓取动作完成后，伺服电动机驱动抓取机械手装置移动到装配站物料台的正前方，然后把工件放到装配站物料台上。

（6）装配站运行

装配站物料台的传感器检测到工件到来后，开始执行装配过程。装配完成后，向生产线系统发出装配完成信号。如果装配站的料仓或料槽内没有小圆柱零件或工件不足，应向生产线系统发出报警或预警信号。

（7）输送站运行3

系统接收到装配完成信号后，输送站抓取机械手装置应抓取已装配的工件，然后从装配站向分拣站运送工件，到达分拣站传送带上方入料口后把工件放下，然后执行返回原点的操作。

（8）分拣站运行

输送站抓取机械手装置放下工件、缩回到位后，分拣站的变频器立即启动，驱动电动机以 80%最高运行频率（由人机界面指定）的速度，把工件带入分拣区进行分拣，工件分拣原则与单站运行时相同。当分拣气缸活塞杆推出工件并返回后，应向生产线系统发出分拣完成信号。

（9）周期循环以及停止

仅当分拣站分拣工作完成，且输送站抓取机械手装置回到原点，生产线系统才认为一个工作周期结束。如果在工作周期内没有触摸过人机界面上的停止按钮，系统在延时 1 s 后开始下一周期工作。如果在工作周期内曾经触摸过人机界面上的停止按钮，生产线系统工作结束后停止，黄色指示灯熄灭，绿色指示灯仍保持常亮；若再次按下启动按钮，则系统又重新工作。

2）异常工作状态测试

（1）工件供给状态的信号警示

如果发生来自供料站或装配站的"工件不足"预警信号或"工件没有"报警信号，则系统进行如下动作。

① 如果发生"工件不足"的预警信号红色指示灯以 1 Hz 的频率闪烁，绿色指示和黄色指示灯保持常亮，则系统继续工作。

② 如果发生"工件没有"的报警信号，红色指示灯以亮 1 s、灭 0.5 s 的方式闪烁；黄色指示灯熄灭，绿色指示灯保持常亮。此时，若"工件没有"的报警信号来自供料站，且供料站物料台上已推出工件，则系统继续运行，直至完成该工作周期尚未完成的工作。当该工作周期工作结束，生产线系统将停止工作，除非"工件没有"的报警信号消失，否则生产线系统不能再启动。若"工件没有"的报警信号来自装配站，且装配站回转台上已落下小圆柱零件，则生产线系统继续运行，直至完成该工作周期尚未完成的工作。当该工作周期的工作结束后，系统将停止工作，除非"工件没有"的报警信号消失，否则生产线系统不能再启动。

（2）急停与复位

在生产线系统工作过程中按下输送站的急停按钮，则输送站立即停车。在急停按钮复位后，应从急停前的断点开始继续运行。但若急停按钮按下时，抓取机械手装置正在向某一目标点移动，则急停按钮复位后输送站抓取机械手装置应先返回原点位置，然后再向原目标点运动。

6.3.2 知识点链接

1. 认知 TPC7062KS 人机界面

YL-335B 自动生产线采用了昆仑通态 TPC7062KS 人机界面，这是一款嵌入式一体化触摸屏，使用 MCGS 嵌入版组态软件组态。

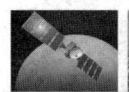

项目 6　整机运行

该产品设计采用了 7 英寸高亮度 TFT 液晶显示屏（分辨率为 800 像素×480 像素），四线电阻式触摸屏（分辨率为 4 096 像素×4 096 像素），色彩达 64K 彩色。CPU 主板：ARM 结构嵌入式低功耗 CPU 为核心，主频 400 MHz，64 MB 存储空间。

2. TPC7062KS 人机界面的硬件连接

TPC7062KS 人机界面的电源连线、各种通信接口均在其背面，其中 USB1 口用来连接鼠标和 U 盘等，USB2 口用作工程项目下载，COM（RS-232）用来连接 PLC，如图 6-10 所示。

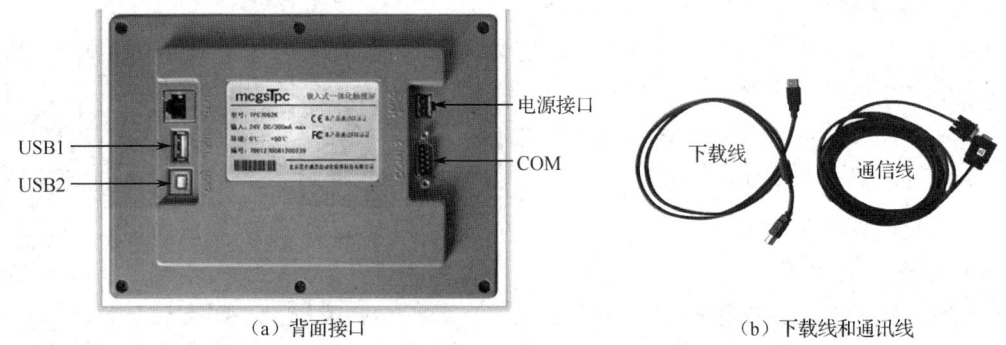

（a）背面接口　　　　　　　　　　（b）下载线和通讯线

图 6-10　TPC7062KS 人机界面的连接

1）触摸屏与计算机的连接

在 YL-335B 自动生产线中，TPC7062KS 触摸屏是通过 USB2 口与计算机进行连接的。在连接以前，计算机应先安装 MCGS 组态软件。当需要在 MCGS 组态软件上把资料下载到 HMI 时，只要在"下载配置"对话框里，选择"连机运行"，单击"工程下载"即可，如图 6-11 所示。如果工程项目要在计算机上进行模拟测试，则选择"模拟运行"，然后下载工程。

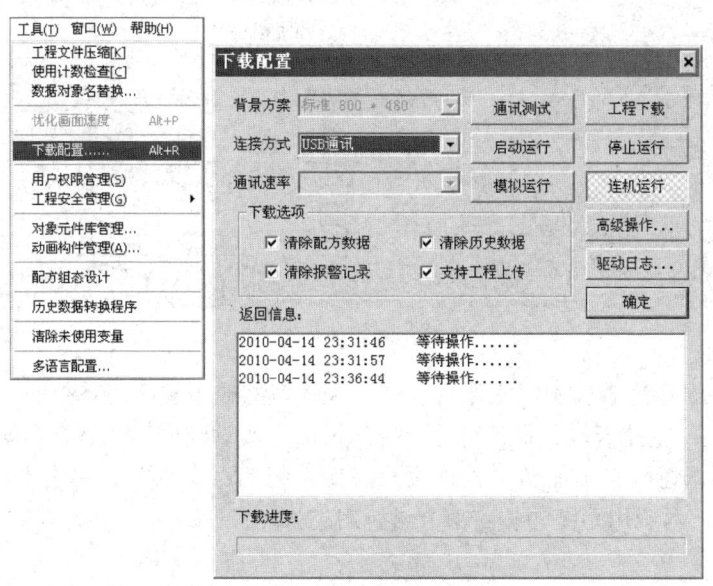

图 6-11　工程下载方法

2）触摸屏与 PLC 的连接

在 YL-335B 自动生产线中，TPC7062KS 触摸屏通过 COM 口直接与输送站的 PLC（PORT1）的编程口连接。所使用的通信线采用西门子 PC-PPI 电缆，PC-PPI 电缆把 RS-232 转为 RS-485。PC-PPI 电缆 9 针母头插在触摸屏侧，9 针公头插在 PLC 侧。

为了实现正常通信，除正确进行硬件连接外，尚须对触摸屏的串行口 0 属性进行设置，这需要在设备窗口组态中实现，设置方法将在后面的工作任务中详细说明。

3）触摸屏的启动

使用 DC 24 V 电源给 TPC7062KS 触摸屏供电，开机启动后屏幕出现"正在启动"提示进度条，此时不需要任何操作，系统将自动进入工程运行界面，如图 6-12 所示。

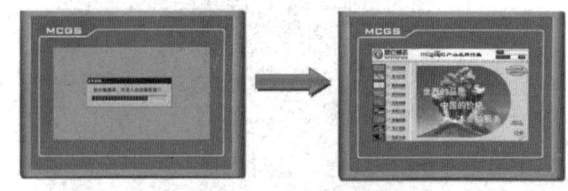

图 6-12 TPC7062KS 触摸屏启动及运行界面

4）触摸屏设备组态

为了通过触摸屏设备操作机器或生产线系统，必须给触摸屏设备组态用户界面，该过程称为"组态阶段"。系统组态就是通过 PLC 以"变量"方式进行操作单元与机械设备或过程之间的通信。变量值写入 PLC 的存储区域（地址），由操作单元从该区域读取。运行 MCGS 嵌入版组态软件，单击菜单"文件"→"新建工程"，弹出图 6-13 所示界面。

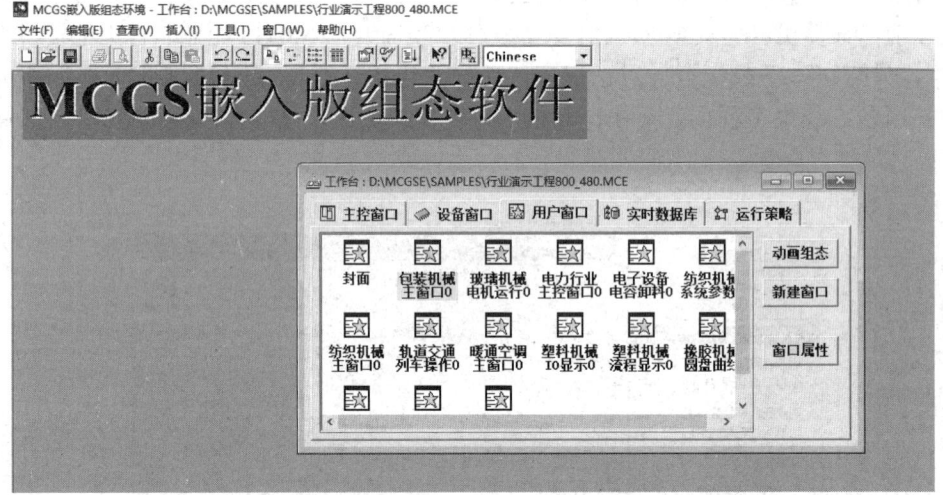

图 6-13 工作台

MCGS 嵌入式组态软件用"工作台"窗口来管理构成用户应用系统的 5 个部分，工作台上的 5 个标签：主控窗口、设备窗口、用户窗口、实时数据库和运行策略，对应于 5 个不同的窗口页面，每一个页面负责管理用户应用系统的一个部分，单击不同的标签即可选取不同窗口页面，对应用系统的相应部分进行组态操作。

5）主控窗口

MCGS 嵌入版组态软件的主控窗口是组态工程的主窗口，是所有设备窗口和用户窗口的父窗口，它相当于一个大的容器，可以放置一个设备窗口和多个用户窗口，负责这些窗口的管理和调度,并调度用户策略的运行。同时,主控窗口又是组态工程结构的主框架,可在主控窗口内设置系统运行流程及特征参数,方便用户的操作。

6)设备窗口

设备窗口是 MCGS 嵌入版组态软件系统与作为测控对象的外部设备建立联系的后台作业环境,负责驱动外部设备,控制外部设备的工作状态。系统通过设备与数据之间的通道,把外部设备的运行数据采集进来,送入实时数据库,供系统其他部分调用,并且把实时数据库中的数据输出到外部设备,实现对外部设备的操作与控制。

7)用户窗口

用户窗口本身也是一个容器,用来放置各种图形对象(图元、图符和动画构件),不同的图形对象对应不同的功能。通过对用户窗口内多个图形对象的组态,可生成漂亮的图形界面,为实现动画显示效果做准备。

8)实时数据库

在 MCGS 嵌入版组态软件中,用数据对象来描述生产线系统中的实时数据,用对象变量代替传统意义上的值变量,把数据库技术管理的所有数据对象的集合称为实时数据库。实时数据库是 MCGS 嵌入版组态软件系统的核心,是应用系统的数据处理中心。系统各个部分均以实时数据库为交换数据的公用区,实现各个部分协调动作。设备窗口通过设备构件驱动外部设备,将采集的数据送入实时数据库;由用户窗口组成的图形对象,与实时数据库中的数据对象建立连接关系,以动画形式实现数据的可视化;运行策略通过策略构件,对数据进行操作和处理。实时数据库的数据流如图 6-14 所示。

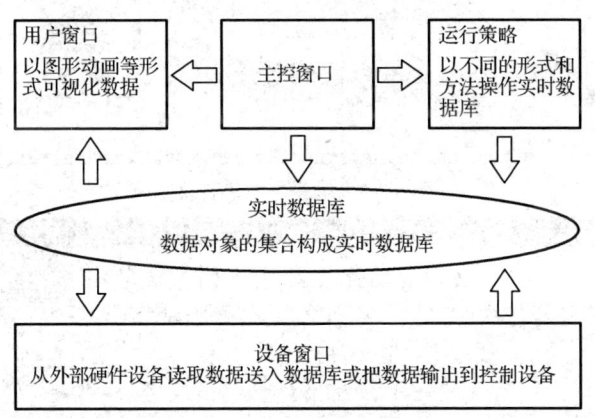

图 6-14 实时数据库的数据流

9)运行策略

对于复杂的工程,监控系统必须设计成多分支、多层循环嵌套式结构,按照预定的条件,对系统的运行流程及设备的运行状态进行有针对性的选择和精确的控制。为此,MCGS 嵌入版组态软件引入运行策略的概念,用以解决上述问题。

所谓"运行策略",是用户为实现对系统运行流程自由控制所组态生成的一系列功能块的总称。MCGS 嵌入版组态软件为用户提供了进行策略组态的专用窗口和工具箱。运行策略的建立,使系统能够按照预先设定的顺序和条件,操作实时数据库,控制用户窗口的打开、关

闭以及设备构件的工作状态,从而实现对生产线系统工作过程的精确控制及有序调度管理。

6.3.3 触摸屏用户界面设计

触摸屏应连接到生产线系统中主站的 PLC 编程口,当触摸屏上的欢迎界面任意位置时,都将切换到主窗口界面。主窗口界面组态应具有下列功能。

(1)提供系统工作方式(单机/联机)选择信号和系统复位、启动和停止信号。

(2)在人机界面上设定分拣站变频器的输入运行频率(40~50 Hz)。

(3)在人机界面上动态显示输送站抓取机械手装置的当前位置。

(4)指示网络的运行状态(正常、故障)。

(5)指示各工作站的运行、故障状态。

(6)指示全线运行时系统的紧急停止状态。

TPC7062K 人机界面组态画面要求:用户窗口包括主界面和欢迎界面两个窗口,其中欢迎界面是启动界面,触摸屏通电后运行,屏幕上方的标题文字向右循环移动。欢迎界面和主界面分别如图 6-15 和图 6-16 所示。

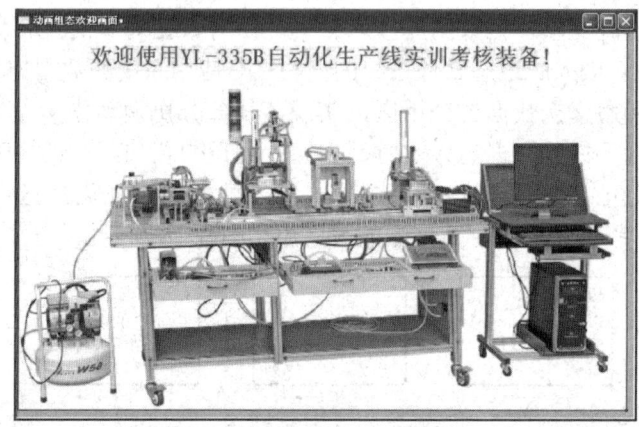

图 6-15 触摸屏欢迎界面

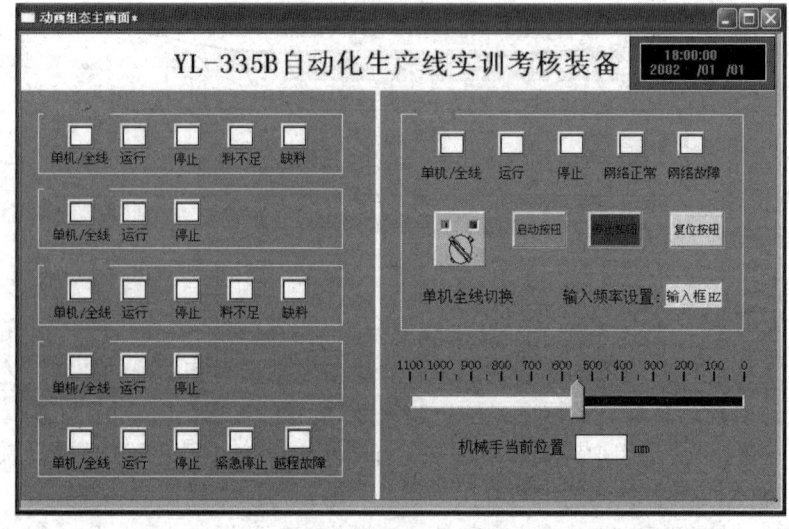

图 6-16 触摸屏主界面

6.3.4 程序编制及调试

1. 编程前的数据规划

规划网络数据的基本原则就是以尽可能精简的通信数据，满足工作任务中网络信息交换的要求，同时通信数据区应留有足够余地。所以，在进行规划前应仔细分析整个生产线系统的工艺过程。本项目是一个分布式控制的自动生产线，在设计整体控制程序时，应首先从系统性着手，组建网络，规划通信数据，使生产线系统组织起来，然后按各工作站的工艺要求，分别编制各工作站的控制程序。

1）规划 PPI 网络数据

主站发送、从站接收的通信数据定义如表 6-3 所示，主站接收、从站发送的通信数据定义如表 6-4 所示。表中主要列出需要使用的数据地址，这些数据由主站 PLC 网络读写程序写入和读出。

表 6-3 PPI 主站发送、从站接收的通信数据定义

主站数据 发送区地址	数据意义	供料站数据 接收区地址	装配站数据 接收区地址	加工站数据 接收区地址	分拣站数据 接收区地址
V1000.0	系统运行命令	V1000.0	V1000.0	V1000.0	V1000.0
V1000.1	急停指令	V1000.1	V1000.1	V1000.1	V1000.1
V1000.2	请求供料	V1000.2	V1000.2（×）	V1000.2（×）	V1000.2（×）
V1000.3	装配进料完成	V1000.3（×）	V1000.3（×）	V1000.3（×）	V1000.3（×）
V1000.4	加工进料完成	V1000.4（×）	V1000.4（×）	V1000.4	V1000.4（×）
V1000.5	分拣进料完成	V1000.5（×）	V1000.5（×）	V1000.5（×）	V1000.5
V1000.6	供料不足	V1000.6（×）	V1000.6	V1000.6（×）	V1000.6（×）
V1000.7	缺料故障	V1000.7（×）	V1000.7	V1000.7（×）	V1000.7（×）
V1001.0	来料金属	V1001.0	V1001.0（×）	V1001.0（×）	V1001.0
V1002	变频器频率设置	×	×	×	VW1002

表 6-4 PPI 主站接收、从站发送的通信数据定义

主站数据 接收区地址	数据意义	供料站数据 发送区地址	装配站数据 发送区地址	加工站数据 发送区地址	分拣站数据 发送区地址
V1200.0	供料站全线模式	V1010.0			
V1200.1	供料站准备就绪	V1010.1			
V1200.2	供料运行状态	V1010.2			
V1200.3	工件不够	V1010.3			
V1200.4	没有工件	V1010.4			
V1200.5	供料完成	V1010.5			
V1200.6	金属工件	V1010.6			
V1202.0	装配站全线模式		V1010.0		

续表

主站数据接收区地址	数据意义	供料站数据发送区地址	装配站数据发送区地址	加工站数据发送区地址	分拣站数据发送区地址
V1202.1	装配站准备就绪		V1010.1		
V1202.2	装配站运行状态		V1010.2		
V1202.3	零件不够		V1010.3		
V1202.4	没有零件		V1010.4		
V1202.5	装配完成		V1010.5		
V1204.0	加工站全线模式			V1010.0	
V1204.1	加工站准备就绪			V1010.1	
V1204.2	加工站运行状态			V1010.2	
V1204.3	加工完成			V1010.3	
V1206.0	分拣站全线模式				V1010.0
V1206.1	分拣站准备就绪				V1010.1
V1206.2	分拣站运行状态				V1010.2
V1206.3	分拣允许进料				V1010.3
V1206.4	分拣完成				V1010.4
VW1208	变频器运行频率				VW1012
VW1210	套件1完成数				VW1014
VW1212	套件2完成数				VW1016

注：① 表中的大部分数据，如各工作站运行模式、运行状态、故障情况等，都是与人机界面主窗口的构件有关，人机界面提供了整个系统主要状态的显示，用户根据这些状态进行操作，实现监控功能。

② 主站发送到各从站的开关量数据是相同的（均为2个字节），各从站则视需要而使用，不需要使用的数据用"×"标出。

2）规划中间变量存储区

PLC程序的中间变量存储区如表6-5所示。

表6-5 PLC程序的中间变量存储区

中间变量含义	变量	中间变量含义	变量
初始化操作	M0.0~M0.7	工作模式及状态	M3.0~M3.7
系统运行操作	M1.0~M1.7	异常状态	M4.0~M4.7
准备就绪检查	M2.0~M2.7	HMI通信	M6.0~M6.7

3）人机界面实时数据库的数据对象与PLC内部变量的链接

人机界面数据与PLC内部变量的链接如表6-6所示。

表6-6 人机界面数据与PLC内部变量的链接

序号	链接变量	通道名称	序号	链接变量	通道名称
1	复位命令（W）	M6.1	3	系统启动（W）	M6.3
2	系统停止指令（W）	M6.2	4	越程故障标志（R）	M4.0

续表

序号	链接变量	通道名称	序号	链接变量	通道名称
5	网络故障标志（R）	M4.4	19	装配站运行状态（R）	V1202.2
6	急停状态（R）	M4.5	20	零件不足（R）	V1202.3
7	输送站联机模式（R）	M3.0	21	没有零件（R）	V1202.4
8	输送站准备就绪（R）	M2.0	22	加工站全线模式（R）	V1204.0
9	系统准备就绪（R）	M2.1	23	加工站就绪（R）	V1204.1
10	输送站运行状态（R）	M1.0	24	加工站运行状态（R）	V1204.2
11			25	分拣站全线模式（R）	V1206.0
12	供料站全线模式（R）	V1200.0	26	分拣站就绪（R）	V1206.1
13	供料站就绪（R）	V1200.1	27	分拣站运行状态（R）	V1206.2
14	供料站运行状态（R）	V1200.2	28	机械手位置（R）	VD80
15	工件不足（R）	V1200.3	29	变频设定频率（W）	VW1002
16	没有工件（R）	V1200.4	30	变频输出频率（R）	VW1208
17	装配站联机模式（R）	V1202.0	31	套件1完成数（R）	VW1210
18	装配站就绪（R）	V1202.1	32	套件2完成数（R）	VW1212

注：R 表示只读属性，W 表示只写属性。

2. 整机运行程序

在联机运行情况下，由于程序较长，这里就不一一列出了，请读者自行将前面各个单站程序进行补充修改。

课后习题 6

一、选择题

1. YL-335B 自动生产线控制系统采用 PPI（　　）进行通信。
   A. 串行总线　　　B. 并行总线　　　C. 串并行同时通信
2. 在 PPI 网络配置中 NETR 是（　　）指令。
   A. 网络读　　　B. 网络写　　　C. 写网络　　　D. 读网络
3. PLC 在工作时候采用（　　）原理。
   A. 循环扫描　　　B. 输入输出　　　C. 集中采样　　　D. 分段输出
4. 在 PPI 网络配置中，NETW 是（　　）指令。
   A. 网络读　　　B. 网络写　　　C. 写网络　　　D. 读网络
5. TPC7062KS 人机界面的供电电源为（　　）电源。
   A. DC 24 V　　　B. AC 24 V　　　C. AC 220 V　　　D. DC 12 V

二、填空题

1. S7-200 PLC PPI 通信参数为：地址是＿＿＿＿，波特率是＿＿＿＿ kbps，起始位是＿＿＿＿，偶校验位是＿＿＿＿。

2．回转物料台的回转角度能在_____、_____之间任意调节。

三、判断题

1．TPC7062KS 触摸屏的电源连线、各种通信接口都在背面。（   ）

2．为了通过触摸屏设备操作机器或生产线系统，必须给触摸屏设备组态用户界面，该过程称为"组态阶段"。系统组态就是通过 PLC 以"变量"方式进行操作单元与机械设备或过程之间的通信。变量值写入 PLC 的存储区域（地址），由操作单元从该区域读取。（   ）

3．在系统联调时，如果发生"工件不足"的报警信号，红色指示灯以 1 Hz 的频率闪烁，绿色和黄色指示灯保持常亮。但是系统将继续工作，不会立即停止下来。（   ）

4．可以通过 MCGS 的输入框组件实现人机数据交互修改。（   ）

5．MCGS 嵌入版组态软件的主控窗口是组态工程的主窗口，是所有设备窗口和用户窗口的父窗口，它相当于一个大的容器，可以放置一个设备窗口和多个用户窗口，负责这些窗口的管理和调度，并调度用户策略的运行。同时，主控窗口又是组态工程结构的主框架，可在主控窗口内设置系统运行流程及特征参数，方便用户的操作。（   ）

6．在系统联调过程中，系统的启动和停止信号是由触摸屏人机界面发出的。（   ）

7．气源装置给系统提供足够清洁、干燥且具有一定压力和流量的压缩空气。（   ）

8．光电传感器不能安装在水、油、灰尘多的地方。（   ）

四、简答题

1．在自动生产线整机联调时，各工作站的初始状态是什么？

2．在编写程序前，需要先规划好哪些数据？

3．在编制通信程序前应做哪些前期设计工作？这些工作和系统的整体编程有什么关系？

4．举例说明主站如何获得从站的控制方式和工作状态。

参考文献

[1] 雷声勇. 自动化生产线装调综合实训教程[M]. 北京：机械工业出版社，2014.

[2] 徐沛. 自动化生产线应用技术[M]. 北京：北京邮电大学出版社，2015.

[3] 吕景泉. 自动化生产线安装与调试[M]. 北京：中国铁道出版社，2017.

[4] 廖常初. 人机界面（触摸屏）组态与应用技术[M]. 北京：机械工业出版社，2008.

[5] 浙江亚龙教育装备股份有限公司. 亚龙 YL-335B 型自动化生产线实训考核装备实训指导书（西门子 PLC S7-200 版本 V2.0）. 2013.

[6] 北京昆仑通态有限公司. MCGS 嵌入版说明书.

[7] 宁宗奇. 自动化生产线安装、调试与维修[M]. 北京：机械工业出版社，2011.

[8] 周洋，许艳英. 自动化生产线安装与调试实训教程[M]. 北京：北京大学出版社，2012.

[9] 赵振，王秋敏. 自动化生产线安装与调试[M]. 天津：天津大学出版社，2014.

[10] 宋云艳，张鑫. 自动生产线安装与调试[M]. 北京：电子工业出版社，2012.

[11] 肖威，李庆海. PLC 及触摸屏组态控制技术[M]. 北京：电子工业出版社，2010.

[12] 西门子（中国）有限公司，SIEMENS.AG.S7-200CN 可编程序控制器产品样本[Z]. 2013.

[13] 西门子（中国）有限公司，SIEMENS.AG.S7-200CN 可编程序控制器系统手册[Z]. 2008.

[14] 廖常初. S7-200 PLC 编程及应用[M]. 3 版. 北京：机械工业出版社. 2019.

[15] 廖常初. S7-200 PLC 基础编程[M]. 4 版. 北京：机械工业出版社. 2019.

[16] 廖常初. S7-200 PLC 应用技术问答[M]. 北京：机械工业出版社. 2006.

反侵权盗版声明

电子工业出版社依法对本作品享有专有出版权。任何未经权利人书面许可，复制、销售或通过信息网络传播本作品的行为，歪曲、篡改、剽窃本作品的行为，均违反《中华人民共和国著作权法》，其行为人应承担相应的民事责任和行政责任，构成犯罪的，将被依法追究刑事责任。

为了维护市场秩序，保护权利人的合法权益，我社将依法查处和打击侵权盗版的单位和个人。欢迎社会各界人士积极举报侵权盗版行为，本社将奖励举报有功人员，并保证举报人的信息不被泄露。

举报电话：（010）88254396；（010）88258888
传　　真：（010）88254397
E-mail：　dbqq@phei.com.cn
通信地址：北京市海淀区万寿路 173 信箱
　　　　　电子工业出版社总编办公室
邮　　编：100036